정보처리기술사

보안(security) 3.0

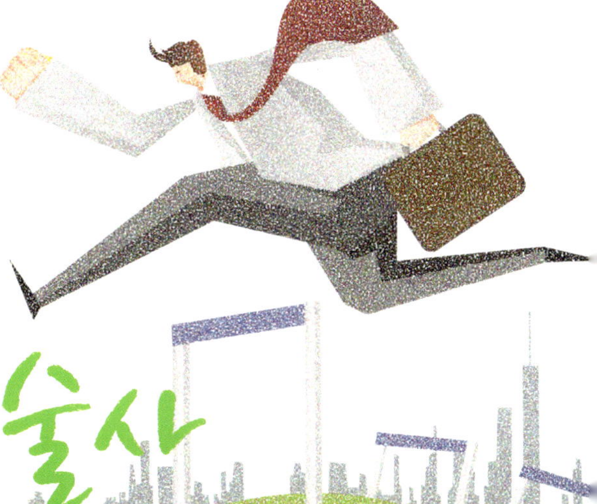

정보처리기술사

보안(security) 3.0

세리기술사회 | www.serigisulsa.com

| 임호진 · 백신혜 지음 |
정보제공 김동협

이담 Books

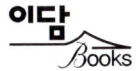

정보처리기술사
보안3.0

특장점

최근 합격 패러다임의 전달

* 세리기술사 합격전략 오프라인 강의 CD 제공

* 시작부터 채점 및 자격증 수령까지 전 과정의 정보 제공

* 합격 노하우 및 기술사 합격후기

* 최근 기술사들이 말하는 토픽 및 학습전략

* 실전 세리 모의고사 풀이

저자 임호진, 백신혜

세리기술사회
www.serigisulsa.com

저자소개
임호진

(現) SPE 기술사 컨설팅 CEO, 서울산업대학교 박사수료
(現) 한국공인감리단 비상근 감리원
　　　IBM 컨설팅서비스 차장, 동양종합금융증권 과장
74회 정보관리기술사, 수석감리원, PMP, ITIL,
MCSE, OCP, 투자상담사, 교원자격
메일 limhojin@lycos.co.kr 전화 010-9043- 5223

경력
- IBM SCS: 건강보험심사 평가원 차세대 데이터웨어하우스 컨설팅
- 동양종합금융증권: 차세대 금융시스템(ISP/EA/SOA), 홈 트레이딩 시스템, 고객접점 CRM, 온라인 경영정보시스템 외 다수
- 건강보험심사 평가원 차세대 DW 컨설팅
- 일본 NTT Data, NTT DoCoMo CTI 프로젝트
- 토지개발공사, 소방방재청 외 다수 감리

강의
- 정보처리기술사 수검전략, 경영, 소프트웨어공학, 데이터베이스, 네트워크, 컴퓨터 구조, 보안 등 전 부분 강의(6년)
- 삼성전자: 소프트웨어 분석설계 강의
- 비트컴퓨터: 소프트웨어 공학 강의
- 중소기업협회: 정보시스템 보안 강의
- 행자부: IT 프로페셔널, IT 최신 기술 강의

저서

- 정보처리기술사를 위한 IT 산업 정보시스템
- 정보처리기술사 수검전략(세리기술사회에서 추천하는)
- 정보처리기술사 디지털 데이터 매니지먼트
- 정보처리기술사 기출문제 해설집
- 정보처리기술사 제86회 기출문제 해설집
- 정보처리기술사 합격전략서
- 정보처리기술사 핵심문제 해설집 1편, 2편
- 정보시스템감리사 합격전략서
- 정보시스템감리사 기출문제 해설집
- Advanced Oracle Database 활용과 튜닝
- 고성능 데이터베이스 구축 방법론
- CEO의 관점으로 IT를 바라보자
- FP를 활용한 소프트웨어 비용산정 기법
- IT 투자평가 프로세스

수상

 – 총기 전산화 시스템 구축으로 사단장 표창
 – MMDB 구축 사례 공모전 대상

논문

– 추계 IT 서비스 학회: 금융권 EA기반의 SA 구축
– 대한 산업공학회: 금융권 MMDB 구축 사례

저자소개
백신혜

(現) (주)한국전산감리원 수석
80회 전자계산조직응용 기술사
정보시스템 수석감리원
정보통신 특급감리원
www.serigisulsa.com에서 3명의 스터디 팀원과 함께 고득점 합격
(10개월 학습)

경력
– 현재 정보시스템 감리 전자여권 솔루션, 온라인복권 신발매 시스템,
  수출보험공사 차세대 통합시스템 외 다수 감리
– 산업자원부 국책과제 수행 생활용품 부분 GPS를 이용한
  Outdoor용 단말기 개발
– 기술혁신 부분 네트워킹기반 실시간 지능형 영상감시시스템 개발
– 네트워크 기반 Embedded 보안 영상 제품 다수 개발
– PC Based 보안영상 시스템(DVR) 제품 다수 개발
– 부산시 문화관광 정보시스템 프로젝트
– 현대중공업 배전반 전기결선 자동추출 프로젝트

강의
– IT 테크놀로지
– 보안

정보처리기술사
합격전략서
머리말

  본 책은 세리기술사회에서 과거 기술사 자료를 혁신적으로 개편한 책입니다. 본 책은 기술사 책으로 유일하게 답안형 구조와 설명형 구조 두 가지 형태를 동시에 가지는 초보 예비 기술사를 위한 책입니다. 최근 들어 공공기업과 금융업계의 해킹이 사회적으로 이슈화 되고 있습니다. 그러다 보니 정보처리기술사 시험에서도 보안 과목의 중요성이 더욱더 증대되고 있고 다양한 보안기법과 그를 대응하기 위한 방법이 중요하게 떠오르고 있습니다. 그러므로 여러분은 본 책을 활용하여 정보처리기술사 시험에서 요구하는 문제에 완벽히 대비할 수가 있을 것입니다. 또한 이해가 되지 않는 부분은 설명 형태로 다시 제공하므로 그것을 활용하여 보다 심도 있는 학습이 가능 할 것입니다.

  이해되지 않는 부분이나 기술사 관련 어떤 내용으로도 저에게 연락을 주셔도 좋습니다.

◆ 정보처리기술사 관련 세리 기술사 핵심 커뮤니티
    – www.seirigisulsa.com
    – www.seri.org/forum/gisulsa

◆ 정보시스템감리사 관련 세리 감리사 핵심 커뮤니티
    – www.serigamrisa.com
    e–mail: (limhojin@lycos.co.kr 및 limhojin123@paran.com, HP:010–9043–5223)

  여러분께 합격의 영광이 있기를 바랍니다.

제74회 정보관리기술사/수석감리원 임호진

오늘날은 정보통신 및 정보시스템 기술의 발전으로 환경에 관계없이 다양한 서비스를 이용할 수 있는 시대입니다. 보안은 정보시스템뿐만 아니라, 사회 전 분야에 걸쳐 주목받고 있는 부분이므로 정보관리 및 전자계산기조직응용기술사 시험에 출제비중이 증가하고 있는 추세입니다.

　이전 보안과목의 기출문제는 기본적인 개념수준에 대한 것이었지만, 최근 정보관리 및 조직응용기술사 기출문제를 보면, 데이터베이스, 소프트웨어, 시스템아키텍처, 유비쿼터스 네트워크 등 다양한 분야에서의 보안관련 문제가 많이 출제되고 있습니다.

　보안과목 공부전략은 정보보호 조건을 보장하는 보안의 기본개념에 대한 이해를 바탕으로, 다양한 분야의 보안취약점과 침해 전후의 대응방안을 생각해 보는 것입니다.

　보안관련 문제에 대한 답안에는 보안취약점과 대응방안이 반드시 반영되어야 하고, 정보관리 및 전자계산기조직응용기술사답게 관리적/기술적 방안에 대한 내용이 포함된다면 고득점 답안이 될 수 있습니다.

　수험생 여러분의 입장에서 답안을 쓴다는 생각으로 만들었습니다. 각 토픽별 내용뿐만 아니라 표현하는 방법까지 참고하셔서 합격에 도움이 되었으면 합니다.

　감사합니다.

제80회 전자계산기조직응용기술사/수석감리원 백신혜

본 책은 정보관리기술사 및 전자계산기조직응용기술사 학습의 방향성 제시를 통한 단기간 합격을 위해서 어떤 전략을 가지고 접근해야 정보처리기술사 최종 합격의 기간을 줄일 수 있는지에 초점을 맞추어 작성되었다.

기존의 타 합격방법서와 다르게 예비 기술사들이 학습 시 문의하는 것 중에서 가장 궁금해 하는 부분에 중점을 두어 기술하였으며 총 3단계로 나누어 구성되었다. 첫 번째는 1차 필기 합격을 위해서 준비해야 할 사항 중에서 초기학습의 열쇠를 찾는 방법에 대해서 1단계 "정보처리기술사 학습 입문하기(입문편)"에서 다루었고, 두 번째는 2단계 "정보처리기술사 최종 합격하기(응용편)"에서 정보처리기술사 기초학습이 완료된 상태에서 1차 합격을 위해 반드시 필요한 부분이 무엇인지에 대해 기술했다. 마지막으로 3단계 "최종 합격과 다음의 비전(비전편)"에서 2차 면접시험을 위해서 준비해야 할 사항과 최종 합격 후 비전 및 또 다른 도전 분야에 대해서 설명하고 있다.

분류된 각 단계에 맞게 정보처리기술사 공부를 하는 예비기술사 또는 최종 합격자의 눈높이와 관심사항에 맞는 부분을 찾아서 학습에 대한 방향과 합격 후의 비전에 대한 가이드를 얻기 바란다.

세리기술사 커뮤니티는 정보처리기술사 공부 시 학습에 대한 전반적인 지식을 상호 공유하고 학습에 대한 가이드를 제공하는 커뮤니티이다. 본 커뮤니티는 매년 해를 거듭할 때마다 발전하고 있으며 현재는 정보처리기술사들의 모임인 '세리기술사회'라는 기술사 조직에서 주도적으로 관리한다. 본 세리 커뮤니티는 정보처리기술사 학습에 필요한 모든 것을 알 수 있도록 정보가 공개되어 있다. 세리기술사회 멤버와 정보처리기술사에 대해 관심을 가진 회원분들의 활동을 통해 사이트가 운영되며, 집단지성의 특성인 상호 Open Mind에 기초하여 질문 및 답변, 자료공유 등의 행위가 자유롭게 진행되고 있다.

정보처리기술사 공부를 시작하는 첫 단계에서부터 합격의 길로 접어드는 단계에 이르기까지 http://www.serigisulsa.com(또는 www.seri.org/forum/gisulsa)이라는 인프라를 통해서 많은 정보를 얻을 수 있을 것이다.

크게 세 개의 파티션으로 나뉘어서 기술되어 있다. 기술사 학습에 대한 관심을 가지고 막 시작하려는 분에서부터 학습기간 3개월 미만인 분들을 대상으로 한 "정보처리기술사 학습 입문하기(입문편)"는 정보처리기술사에 대한 이해와 공부 시작 시 준비사항, 공부 초반 학습방법 및 학습전략, 공부 초반에 정보처리기술사를 준비하는 분들이 가장 궁금해 하는 부분들에 중점을 두어 기술되어 있다. 두 번째 파티션 "정보처리기술사 최종 합격하기(응용편)"에서는 학습한 토픽을 근거로 하여 빠른 상위권 진입방법과 합격을 위한 최종 준비단계 부분에 대해 설명하고 있으며 이 부분의 이해를 통해서 자신만의 색깔을 가진 답안전략을 세움으로써 정보처리기술사 합격을 목표로 하는 분들에게 학습 방향의 지름길을 제공하여 좀 더 빠른 1차 합격의 길로 들어갈 수 있게 하는 데 중점을 두어 기술하였다. 마지막 파티션 "최종 합격과 다음의 비전(비전편)" 부분에서는 면접준비 사항, 면접 스터디, 면접의 메커니즘, 최종 합격 후 비전에 대한 방향성에 대해서 기술하였다.

정보처리기술사
합격전략서
목차

정보보호

보안의 취약점
(정보화의 역기능)

정보보호 기본방안
- 암호화

STEP

정보보호 기본방안
– 접근통제

STEP

데이터베이스 보안

STEP

정보처리기술사
합격전략서
목차

시스템 보안방안

8 STEP

디지털 콘텐츠 보안

정보처리기술사
합격전략서
목차

위험관리

STEP

10 STEP 보안응용

정보처리기술사
합격전략서
목차

11
STEP

정보보안 실전 모의고사 풀이

STEP 1

정보보호

1. 정보보호의 개요

- 정보자산을 공개/노출, 변조/수정, 지체/재난 등의 위협으로부터 보호하여 정보의 기밀성, 무결성, 가용성을 확보 하는 것
- 정보의 수집, 가공, 저장, 검색, 송신, 수신 중에 정보의 훼손, 변조, 유출 등을 방지하기 위한 관리적, 기술적 수단 또는 행위

2. 정보보호의 목적(조건)

구분	주요w 내용	대응방안(기술)
기밀성 (Confidentiality)	정보의 노출이나 탈취 시 데이터 해독이 불가하여 비밀 보장	암호화, 접근통제
무결성 (Integrity)	정보의 위/변조 보장, 수신자에게 정확한 내용전달 보장	인증, 전자서명, 접근통제
가용성 (Availability)	인가를 받은 사용자가 정보나 서비스를 시기 적절한 접근 및 사용 보장	이중화, Fault Tolerant 시스템, 백업장비, DRS, 해킹대응시스템
인증성 (Authenticity)	전송자의 신원 보장 방안제시 및 보장 확신	패스워드, 전자서명, 인증서, 메시지 다이제스트
부인방지 (Non-Repudiation)	작성한 메시지를 작성하지 않았다고 부인하는 경우 증명할 수 있는 방안	전자서명
책임추적성 (Accountability)	주체의 행동, 활동을 기록하여 차후 추적 가능케 하는 특성	식별, 인증, 권한부여, 접근통제, 감사

[길라잡이]

- 정보보호의 보안통제의 목표는 조직이 감수 할 수 있는 수준으로 취약성과 위협을 감소시키는 것이지 완벽하게 대응하는 것이 아니다.

3. 보안의 위협형태

보안목표	위협	상세 내용
가용성 (Availability)	방해 (Interruption)	송신자의 데이터가 수신자에게 전달되지 못하도록 중간에서 하드웨어나 소프트웨어를 파괴하거나 네트워크를 단절 및 전송 중인 패킷 변조
기밀성 (Confidentiality)	가로채기 (Interception)	통신서로를 도청하거나 패킷을 스니핑하여 송수신자 간의 데이터를 가 로채서 권한이 없는 사람이 그 내용을 보는것
무결성 (Integrity)	불법수정 Modification)	송신자의 데이터를 중간에서 변조하여 수신자에게 전송, 수신자는 잘못 된 정보를 받거나 악의적인 행위를 하는 코드를 내장한 파일을 실행
인증성 (Authenticity)	위조 (Fabrication)	악의가 있는 송신자가 인증된 사용자로 가장하여 수신자에게 데이터 전송

4. 정보보안의 체계

구성 요소	보안방안
물리적 보안	– 환경, 물리적 접근 , 물리적 가용성 등에 대한 정보보호 위험 예방 – 정보 시스템 컴퓨터실 또는 관련시설에 출입통제 시설을 설치
관리적 보안	– 행정적, 조직적, 인적 정보보호 위험 예방 – 정보보호의 지침이나 기준 등을 규정한 보안정책 수립
컴퓨터 보안	– 컴퓨터시스템에 다양한 보안위협으로부터 사전 예방 – 기본 시스템, 응용시스템, 데이터베이스 보안
네트워크보안	– LAN, WAN, PSTN, Internet 등과 같은 네트워크를 통한 보안위협 방지 – Open Network의 보안강화

:: 도우미 임기술사

[설명]

정보보호는 정보자산의 방해, 가로채기, 불법수정, 위조 등의 위협으로부터 기밀성, 무결성, 가용성, 인증성, 부인방지, 책임 추적성을 확보하기 위한 물리적, 관리적, 기술적 수단이나 행위를 뜻한다. 정보보호를 위한 조건은 기밀성, 무결성, 가용성, 인증성, 부인방지, 책임추적성인데, 기밀성은 정보의 노출시 데이터 해독을 불가능하게 하여 비밀을 보장할 수 있는 것으로, 암호화 및 접근통제 방법이 있고, 무결성은 정보의 위/변조를 보장하여 수신자에게 정확한 내용을 보장하는 것으로 인증이나 전자서명, 접근 통제 등의 방법이 있다. 가용성은 인가를 받은 사용자가 정보나 서비스에 대한 접근 및 사용을 보장하는 것으로, 이중화 및 Fault Tolerant 시스템, 백업장비, DRS, 해킹대응시스템 등의 방법이 있다. 부인방지는 작성한 메시지를 작성하지 않았다고 부인하는 경우 증명할 수 있는 방법으로 전자서명 등이 이용되고, 책임추적성은 주체의 행등이나 활동을 기록하여 차후 추적이 가능하도록 하는 것으로 식별, 인증, 권한부여, 접근통제, 감사 등의 방법으로 보장이 가능하다. 보안의 위협으로는 가용성의 방해나 기밀성을 위협하는 가로채기, 불법수정, 위조 등이 있는데, 정보보안을 위한 체계로 대응이 가능하다. 정보보안 체계로는 물리적보안, 관리적보안, 컴퓨터보안, 네트워크보안으로 구분된다. 물리적보안은 환경 및 물리적 접근이나 물리적 가용성 등에 대한 정보보호 위험을 예방하고, 정보시스템 관련 시설에 출입통제 시설을 설치하는 방법이다. 관리적보안은 행정 및 조직적, 인적 정보보호 위험을 예방하고 정보보호의 지침이나 기준 등을 규정한 보안정책을 수립하는 것이며, 컴퓨터 보안은 시스템에 대한 보안위협으로부터 사전예방하기 위해 기본시스템, 응용시스템, 데이터베이스 등 모든 부분에 보안을 고려하는것이다. 또한 네트워크 보안은 LAN, WAN, Internet 등과 같은 네트워크 환경에 대한 보안 위협방지를 위해 Open Network의 보안강화를 수행한다.

[키워드]

- 정보보호의 조건(목적): 기밀성, 무결성, 가용성, 인증성, 부인방지, 책임추적성
- 정보보호 기술: 암호화, 접근통제, 전자서명, DRS, 메시지 다이제스트, 인증
- 관리적 보안, 물리적 보안, 컴퓨터 보안, 네트워크 보안

[기출문제]

1) 77회 조직응용: 소프트웨어 공학 5대 목표

[예상문제]

• 1 교시형

1) 정보보안의 3대 목표에 대해서 설명하시오.

답안제시

[출처] 세리 제14회 정보처리기술사 정규 모의고사 풀이집

문제〉 정보보안 목표
답〉
1. 정보보안의 개요
  가. 정보보안의 개념
    - 정보를 불의의 사고나 악의적인 크레킹으로부터 보호함과 동시에 시스템의 안전성과 신뢰성을 확보하여 위험(Risk)를 줄이려는 노력
    - 위험성(Risk) = 위협(Threats) * 자산(Asset) * 위협(Vulnerability)
  나. 정보보안의 범주
    - 정보보안의요소: 보안공격(소극적, 적극적), 보안요구사항(보안목표), 보안메커니즘(암   복호화기술)
    - 정보보인의 분류: 정석보안, 농적보안, 시스템보안

2. 정보보안의 목표
가. 정보보안의 주요 목표(CIA Triad)

목표	내용	위협 및 해결 방법
기밀성 (Confidentiality)	– 정보누출의 방지, 접근 권한이 없는 자들에 대한 정보누출의 예방	가로채기, 암호화
무결성 (Integrity)	– 정보의 변조 및 파괴를 예방하고 방지 – 정보가 의도적 또는 비 의도적으로 변조되지 않음을 보장하는 특성	변조, 전자서명
가용성 (Availability)	– 해킹으로 부터 시스템 동작 불능 예방 – 시스템을 언제든지 사용할수 있도록 하는 것	서비스거부, 고가용성, 백업, DRS

나. 기타 목표
　1) 인증: 정당한 사용자임을 확인, 위협: 위조, 해결: 전자서명, 인증서
　2) 책임추적성: 작성한 메시지를 작성하지 않았다고 부인할 수 없게 하는 특성, 해결: 전자서명

3. 정보보안의 목표와 보안공격과의 연관성

보안 공격 보안 서비스	소극적 공격		적극적 공격			
	도청	트래픽 분석	위장	재전송	메시지 변조	서비스 거부
기밀성	V	V				
무결성				V	V	
인증			V	V		
부인방지			V			
가용성						V

– 하나의 보안목표를 여러 가지 다른 종류의 보안 메커니즘으로 구현가능,
　특히 암복호화, 전자서명, 메시지 인증 등의 보안기술의 적용및 연구는 주요 사안임

"끝"

• 참조: 위의 풀이에 대한 해설은 제 14회 정보처리기술사 정규 모의고사 해설집 참조
　(김동협 기술사 편)

STEP 2

보안의 취약점(정보화의 역기능)

1 공격과 해킹

1) 공격(Attacks)의 개요

(1) 공격(Attacks)의 개념

- 해킹과 유사한 의미로 혼용되나, 주로 가용성의 파괴에 중점을 두는 행위
- DOS(Denial of Service)가 공격의 대표적인 예

[길라잡이]

- DOS는 정상적인 서비스를 수행하는 애플리케이션에 집중적으로 트랜잭션을 발생시켜 서비스를 거부 시키는 해킹기법이다.
- DOS 기법의 종류는 DDoS, DrDoS, TCP Sync Flooding, Smurfing 기법이 존재한다.

(2) 공격의 종류

구 분	주요 내용	주요 사례
수동적 공격 (Passive Attack)	- 공격 대상 시스템에 실제적인 악의적 행위를 하지 않음, 주로 도청이나 트래픽 분석을 통한 비밀 자료 취득이 목적, 기밀성 해침 - 탐지가 어려움	Sniffing, Traffic Analysis
능동적 공격 (Active Attack)	- 공격 대상 시스템에 실제로 악의적 행위를 하여 무결성, 가용성 해침 - 탐지가 가능함(공격 결과가 눈에 보임)	Spoofing, Replay Attack, 메시지 변조, DOS, Session Hijacking

(3) 공격 순서

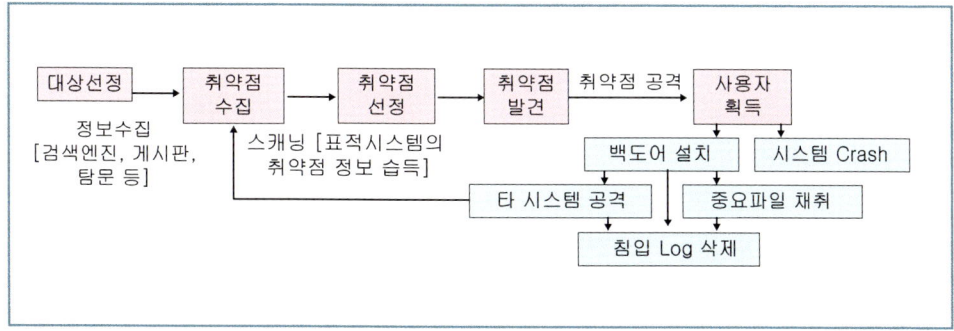

2) 해킹(Hacking)의 개요

(1) 해킹(Hacking)의 개념

– 정보 시스템을 파괴, 마비 시키거나 정상적인 운용을 방해 하는 행위
– 정보 시스템에 침투하여 정보를 위조, 변조, 파괴, 유출 하는 등의 행위
– 정보 시스템의 기밀성, 무결성, 가용성을 해치는 모든 행위

(2) 최근 해킹의 특징

– 은닉화(Stealth), 분산화(Distributed), 에이전트화(Agent), 자동화(Automation)
– 해킹 기법의 고도화, 지능화, 익명성으로 인한 공개성 악용

3) 해킹 대응 절차(기업관점)

절 차	내 용	고려 사항
준비단계	침해사고 이전단계, 예방적 활동 수행, 비상연락체계 구축	보안솔루션 도입, 보안교육 및 훈련
인식단계	사고발생 직후, 사고처리 팀 구성, 실제 침해여부파악	증거물 보관
봉쇄단계	사태악화 방지, 해당 시스템을 네트워크로부터 분리	바이너리 백업, 패스워드 교체
근절단계	취약점 및 사고원인 발견, 계층적 보안강화	취약점 분석, 사고원인제거
복구단계	사고이전 백업 본으로 시스템 복귀, 모니터링	복구유형 결정
Follow-Up	Follow-Up 보고서 작성	

:: 도우미 임기술사

[설명]

보안관점에서의 공격(Attack)은 주로 가용성 파괴에 중점을 두는 행위로, 비밀자료 취득이 주요 목적이고 탐지가 어려운 수동적 공격과 무결성 및 가용성을 해치며 공격결과가 눈에 보여 탐지가 가능한 능동적 공격으로 분류 할 수 있다. 공격은 공격대상을 선정 후 취약점을 발견하면 사용권한을 획득하여 타 시스템을 공격하거나 중요파일을 채취하는 순서로 진행된다. 해킹은 시스템에 침투하여 정보를 위조, 변조, 파괴 및 유출하거나 시스템의 정상적 운용을 방해하여 정보시스템의 기밀성, 무결성, 가용성을 해치는 모든 행위를 말하는 것으로, 해킹기법이 고도화, 은닉화, 자동화 되고 있는 추세이다. 기업관점에서의 해킹대응은 예방적 활동 수행단계에서 사고 인식, 봉쇄, 근절, 복구, Follow-Up 등의 단계를 거친다.

[키워드]

– 공격: 정보시스템의 가용성 파괴에 중점을 두는 보안위협 행위

– 공격종류: 수동적 공격(기밀성 위협, 탐지 어려움), 능동적 공격(무결성 및 가용성 위협, 탐지 가능)

– 해킹: 정보시스템 정상 운용방해, 정보 위변조 및 유출, 기밀성, 무결성, 가용성 등을 위협

– 해킹특징: 은닉화, 분산화, 에이전트화, 자동화

– 해킹대응단계: 준비 – 인식 – 봉쇄 – 근절 – 복구 – Follow-Up

[기출문제]

2) 75 조직응용: 해킹기법

답안제시

[정리] 84회 조직응용기술사

1. 정보시스템에 대한 지능화된 공격인 해킹

가. 해킹(Hacking)의 개념

 – 정보시스템에 불법적 침투를 통해 권한탈취, 악성코드설치   등의 악의적 활동에 의해 피해를 주는 행위

나. 해킹의 목적

목적	내용
침입	불법적인 시스템자원의 사용, 열람, 변조, 파괴
서비스거부	특정 서버나 N/W의 서비스를 정지
정보유출	중요정보를 누출하여 불법적 행위에 사용

2. 주요해킹기법 및 절차
가. 주요해킹 기법

구분	기법	대응방안
Buffer Overflow	Named/Bind, FTPD, RPC 등의 취약점 이용	버그패치, 버전업
악성프로그램	트로이목마(백오리피스) 바이러스, 웜, 논리폭탄	최신 백신
서비스거부	Smurf 공격, Tear Drop, DOS, DDoS, DrDoS	공격감시, 접속제어, 패치
위장사이트	Phishing, Pharming	보안교육
사회공학	사회관습, 통념이용	보안교육, 훈련
사용자도용	개인사용자계정 도용	OTP
네트워크 취약점	Sniffing, Spoofing	암호화, 패킷TIME 삽입

나. 해킹의 일반적 절차
1) 1단계: 목표로 하는 호스트 내부에 침입하여 일반 사용자의 권한을 취득
2) 2단계: 기술적 고난도 기법(커널 변형 후 재부팅 등)을 이용, 관리자(root) 권한을 획득
3) 3단계: 관리자 권한으로 목적 완수 후 재 침입을 위한 확보를 위해 Backdoor를 만들어 놓음

3. 해킹의 대응방안

구분	대응방안	설명
기술적	보안패치	주기적 보안패치, 취약점 분석
	보안장비	F/W, IDS, IPS 설치
	접근통제	OTP, SSO, SecureOS
	암호화	SSL, IPSec
관리적	보안정책	정보보안정책 및 조직 구성
	교육, 훈련	정기적 보안교육 및 훈련
	보안검토	정기적 보안검토회의 개최
물리적	접근제어	허가받은 사람 외 접근통제, 생체인식 등

4. 해킹의 최신동향 및 전망

가. 해킹의 최신동향

 - H/W 및 N/W 성능의 향상에 따른 다양한 방식 출현 및 점점 치명적
 - 강력한 해킹툴의 등장으로 비전문가까지 해킹에 참여가능 및 해킹가능자 증가
 - 사회공학을 이용한 지능화된 수법활발 및 내부사의 공격사건 증가

나. 해킹의 전망

 - 점점 고도화되는 해킹수법 등장에 따라 탐색 및 사후 추적 난해
 - 대규모기업은 막대한 보안장비를 투입하여 방어하고 있으나 중소기업은 경제적 어려움으로 해킹의 위협
   에서 무방비 상태임

1) 웹 애플리케이션 공격(웹 해킹 기법)

(1) 주요특징

- 방화벽, IDS 등 기존의 보안 대책으로 대응 어려움
- 반드시 서버관리자 권한을 뺏는 것이 목적이 아님
- 각 웹 애플리케이션마다 공격 패턴이 다름
- 바이러스나 웜이 아니므로 백신에서 탐지 불가
- 대부분 공격 흔적이 로그에 남지 않음

(2) 웹 해킹 기법 종류

구분	해킹 기법
인증(Authentication)	Brute Force Attack(무차별공격), Insufficient Authentication
인가(Authorization)	Credential/Session Prediction(자격증명/세션예측), Session Expiration Insufficient Authorization, Insufficient, Session Fixation
Client-Side Attacks	XSS (Cross-site Scripting)
명령어 수행	Buffer Overflow, Format String Attack, LDAP Injection, OS Commanding, SQL Injection, Blind SQL Injection, SSI 인젝션 공격, XPath Injection
Information Disclosure	Directory Indexing, Information Leakage, Path Traversal, Predictable Resource Location
Logical Attacks	Abuse of Functionality, Denial of Service, Insufficient Process Validation

(3) Web 2.0의 취약성

- 기존 HTTP요청(GET, POST)같은 방식으로 인해 정보노출 취약점이 존재
- 암호화된 데이터를 복호화 하는 과정에서 Key 노출의 위험 존재
- 원격코드를 삽입하거나 악의적인 사용자에 의한 데이터 조작
- XSS, SQL Injection 취약점(Literal Script Injection, HTML Entity Injection, 통합 Injection))
- 설계상 또는 잘못된 응용프로그램 구현으로 인한 취약점

:: **도우미 임기술사**

[설명]

　웹 애플리케이션 공격은 각 웹 애플리케이션마다 공격패턴이 다르고, 백신에서 탐지가 불가능하며 공격의 흔적이 로그에 거의 남지 않아 기존의 보안 대책으로는 대응이 어려운 웹 해킹 기법이다. 웹해킹 기법은 로는 인증부분에서 Brute Force Attack, Insufficient Authentication, 인가부분에서 자격증명/세션예측, Insufficient Authorization, Insufficient, Session Fixation, 사용자 측면에서 의 공격부분에서 XSS, 명령어 수행측면에서는 Buffer Overflow, Format String Attack 등이 있다. 웹 2.0 환경에서의 웹 애플리케이션 공격의 취약점으로는 기존 HTTP 요청 같은 방식으로 정보노출, 암호화된 데이터를 복호화 하는 과정에서 Key 노출, 원격코드 삽입이나 악의적 사용사에 의한 데이터소삭, XSS 및 SQL Injection, 설계상 또는 잘못된 응용 프로그램 구현 등으로 인한 취약점이 있다.

[키워드]

- 특징: 기존 보안대책으로 대응 어려움, 웹 애플리케이션마다 공격패턴 다름, 백신에

서 탐지불가, 공격 흔적이 로그에 남지 않음
- 웹해킹기법 종류 분야: 인증/인가, Client-Side Attack, 명령어수행, Information Disclosure, Logical Attacks
- Web 2.0에서 웹 애플리케이션 공격 취약점: HTTP와 같은 방식으로 인한 정보노출, 복호화과정에서 Key 노출, 데이터조작, XSS, SQL Injection, 응용프로그램 설계 및 구현으로 인한 취약점

[기출문제]
3) 83회 정보관리: XSS

[예상문제]
• 2교시형
1) 최근 Web 사용자들의 증대로 인해서 Web 콘텐츠를 사용자 스스로 제공하고 정보를 공유하는 Web 2.0이 활성화 되고 있다. 이러한 Web 2.0에서 발생할 수 있는 보안 문제점을 제시하시오.

2) XSS(Cross Site Scripting)

(1) XSS의 개념

- 웹사이트가 공격자가 제공하는 실행가능 코드를 재전송하도록 강요하는 공격기법

(2) XSS의 공격대상

- 사용되는 태그(예: 〈script〉 태그)

- 대상 스크립트 언어(java Script, VB Script, Active X, HTML, Flash)
- 취약 코드들(CGI Scripts, Search Engines, Interactive Bulletin boards, Cus-
  tom Error Pages)

(3) 공격방법

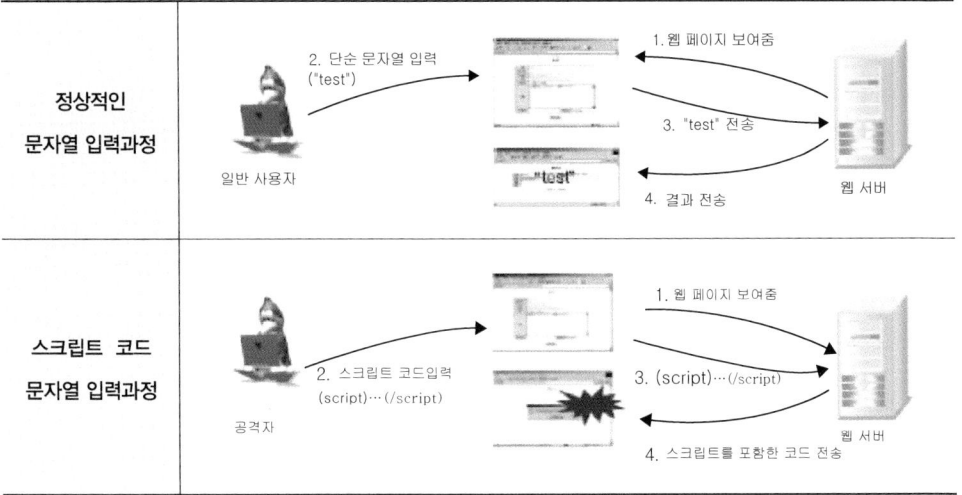

(4) XSS 취약점 공격과정

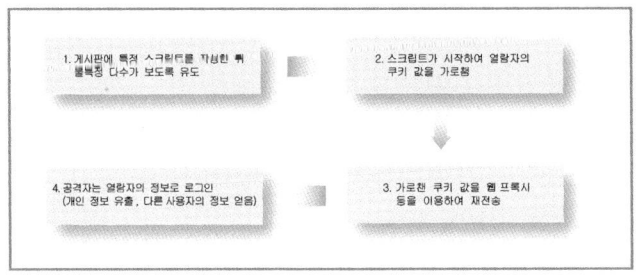

(5) XSS의 유형

수행 시점	Unpersistent Attack	악성코드를 만들어 특정링크에 방문유도 하고, URL에 내장된 코드가 에코되어 사용자의 웹브라우저 내에서 수행
	Persistent Attack	악성코드가 일정기간 저장되었던 웹사이트에 제출될 때 발생 (게시판의 게시물, 웹메일 메시지, 웹채팅 소프트웨어)
전달 방법	Client to Client	Client to Itself(매개체, 자동화 사용)

(6) XSS 대응방안

구 분	대응 방안
개발자	– 사용자의 입력값에 대한 적절한 필터링 수행
사이트관리자	– 중요정보는 쿠키에 저장하지 않음 – 스크립트코드에 사용되는 특수문자에 대한 이해와 정확한 필터링 – 게시판에서 HTML포맷의 입력 사용 불가 설정 – 스크립트를 대체하여 무효화 – 자체적 취약점 점검과 보안컨설팅 등을 통한 취약점의 주기적 점검
사용자	– 이메일 링크가 아닌 직접 URL 주소 입력으로 사이트 방문 – 웹브라우저의 최신 패치로 자체 취약점 공격에 미리 대응 – 웹브라우저의 개인정보 등급의 상향 조절

:: 도우미 임기술사

[설명]

사용태그나 스크립트언어 등 취약한 코드에 대하여 웹사이트에서 공격자가 제공하는 실행가능 코드를 재전송하도록 강요하는 공격기법을 XSS(Cross Site Script)라고 한다. 공격방법으로는 웹 페이지에서 사용자가 단순한 정상적인 문자열을 입력하여 결과를 받는 형태와 스크립트 코드 문자열을 입력하여 스크립트를 포함한 코드를 전송받는 형태가 있는데, 공격과정의 한 예로, 악의적 사용자는 게시판에 특정 스크립트를 작성한 뒤 불특정 다수가 볼 수 있도록 유도하고, 스크립트가 시작되어 열람자들의 쿠키 등을 가로채어 웹 프록시 등을 이용해 재전송하여 열람자들의 개인정보를 가로챈다. XSS는 수행시점을 기준으로 Unpersistent Attack과 Persistent Attack으로 분류할 수 있고, Client 간 전달이나 매개체를 사용하는 전달방법에 따라 분류가 가능하다. XSS에 대해서는 사용자 입력값에 대한 필터링을 개발단계에서 구현하거나, 사이트 관리자가 중요정보 및 특수문자관리와 주기적 점검을 실시해야 하고, 사용자는 URL주소 직접입력 및 최신 패치 등 취약점 공격에 대응할 수 있도록 개발자, 사이트관리자, 사용자 관점에서의 대응방안이 필요하다.

[키워드]
- XSS: 사용되는 태그, 대상 스크립트 언어, 취약 코드들을 대상으로 웹사이트 공격자가 제공하는 실행가능한 코드를 재전송하도록 강요하는 공격기법
- 유형: 수행시점측면 분류(Unpersistent Attack, Persistent Attack), 전달방법(Client to Client)
- 대응: 입력값에 대한 필터링, 스크립트 대체하는 무효화, 취약점의 주기적 점검, 개인정보등급 상향조절

3) SQL Injection

개념	웹사이트의 데이터베이스 연동 시 시스템이나 디스크에 저장된 데이터를 SQL Query문자열 사이에 악성코드를 삽입하여 실행시키는 공격방법
공격방법	Injection 구문제작 –〉 데이터베이스 확인 –〉 컬럼확인 –〉 컬럼유형 확인 –〉 악의적 SQL 코드 Injection Hacker 자료수집 — 악의적 SQL Injection [input text box이용] – Authentication Byapss – OS call – Query Mainpulation → Web Application ← 정보누출, 테이블 drop, DB정지 → DB
대응방안	– Validation 체크, Stored Procedure 사용, DB 접근 계정 권한 제한, – DB 연결 계정 ID 및 패스워드 등 연결성을 암호화, Customer Error Page 사용 – 사용자 입력 Data 필터링, SQL의 에러 메시지 노출 금지

- 보안을 위한 체크리스트
- Patches and Updates, IIS Lock down, 불필요한 서비스 Disable 설정, Protocol, Accounts(이용하지 않는 계정 확인, 계정 disable), Shares, Ports, Registry 등을 체크 해야 함

[길라잡이]

- SQL Injection으로 인한 피해를 예방 방법
  - Sysadmin 권한의 계정으로 DB Connection을 하지 말자.
  - 입력폼 등에서 특수문자나 예외문자에 대한 Replace를 수행
  - 저장 프로시저(Stored Procedure)를 이용

- SQL Injection의 3가지 기법
  ⓐ Authentication Bypass
  - 로그인 창에 적용되는 기법
  - 테이블의 첫 번째 Row 값을 써서 로그인하고, 만약 그것이 관리자 페이지라면 웹사이트 관리자로 로그인할 수 있음

  ⓑ OS Call
  - OS Call은 Sysadmin 권한 계정으로 DB 연동을 수행했을 때를 노림
  - 마스터 DB의 확장 저장 프로시저에서 윈도우 시스템을 핸들링할 수 있는 확장 저장 프로시저들을 실행케 해주는 것
  - OS Call을 방지위해 확장 저장 프로시저들을 쓰지 못하도록 Disable, 확장 프로시저에 해당하는 DLL 파일을 삭제가 필요
  → 해킹에 의해 복원가능하므로 Sysadmin 권한 계정으로 DB 연동하지 말 것

  ⓒ Query Manipulation
  - 예외 처리를 하지 않은 사이트는 SQL Query를 조작

- 웹서버 보안을 위한 체크 리스트
  ⓐ Patches and Updates
  - 최신 패치나 서비스팩을 적용했는지 여부와 정기적으로 MBSA를 써서 운영체제 및 애플리케이션 보안을 체크

  ⓑ IISLockdown
  - IISLockdown이 웹서버에 설치돼 운영되고 있는지를 살펴봄
  - IISLockdown은 웹서버 보호 과정을 대부분 자동화해주는 도구로 서버 용도나 유형에 따라 여러 보안 기능을 해제하거나, 보호할 수 있는 이용자 템플릿을 제공

  ⓒ Services
  - 불필요한 윈도우 서비스들을 Disable로 설정했는지도 체크 포인트
  - FTP, SMTP, NNTP 서비스 등이 필요치 않다면 설치하지 않음
  - 특별한 경우가 아니라면 Telnet과 ASP.NET State Service는 중지

  ⓓ Protocols
  - WebDAV를 이용하지 않는다면 중지하고, 필요하다면 반드시 보안 설정을 수행
  - NetBIOS와 SMB 포트(137, 138, 139, 445 포트)의 Disable 설정도 고려할 만하고, 윈도우 2000이라면 DoS 공격을 대비한 TCP/IP Stack의 강화가 필요

ⓔ Accounts
  - 이용하지 않는 계정은 삭제하고, Guest 계정은 항상 Disable로 설정

ⓕ Files and   Directories
  - NTFS 파일시스템을 선택하고, 웹사이트의 루트 디렉토리는 System Root 드라이브 외의 디렉토리
    에 위치

ⓖ Ports
  - SSL을 이용

ⓗ Registry
  - 원격 레지스트리 연결을 제한하기 위해 Remote Registry Service를 중지

:: 도우미 임기술사

[설명]

SQL Injection은 웹사이트에서 데이터베이스 연동 시 SQL Query 문자열 사이에 악성
코드를 삽입하여 시스템이나 디스크에 저장된 데이터의 불법접근을 통하여 정보누출, 데
이블 Drop, 데이터베이스 정지 등의 공격을 한다. Validation 체크나 Stored Procedure
사용 및 데이터베이스 접근계정 권한 제한, 데이터베이스 연결을 위한 암호화, 사용자입력
데이터 필터링, SQL 에러 메시지 노출 점검 등을 통하여 대응 가능하다.

[키워드]
  - 개념: 웹사이트의 데이터베이스 연동, SQL Query 문자열 사이에 악성코드 삽입
  - 공격: 정보누출, 테이블 Drop, DB정지
  - 대응: Validation 체크, DB 접근계정 권한제한, 사용자입력 Data 필터링, SQL 에
    러 메시지 노출금지

4) Buffer Overflow

취약점	• Local Buffer Overflow
	  – 일반 사용자에 의한 관리자 권한 획득 가능
	  – 권한설정을 위한 SUID가 설정된 루트 권한의 프로그램에 취약점 존재 가능
	
	• Remote Buffer Overflow
	  – 외부의 사용자에 의한 관리자 권한 획득 가능
	  – 원격 서비스를 하는 RPC(Remote Procedure Call) 서비스와 같이 외부로부터 데이터를 받아들이는 데몬에 취약점 존재 가능

공격 방법	• 루트 권한을 가진 SUID 프로그램을 실행 • Return Address를 정상적인 프로그램 흐름에서 쉘코드가 위치된 곳으로 흐름을 변경, 쉘을 수행

대응 방안	• 신속한 패치
	• OS 커널상에서 지원
	  – 스택영역에서의 실행금지
	  – 스택영역의 무결성 검사
	  – 스택영역의 쓰기 권한 제한 · 프로그래밍 시 유의
	  – 경계값을 검사하는 함수 사용

:: 도우미 임기술사

[설명]

Buffer Overflow는 메모리에 할당된 버퍼의 양을 초과하는 데이터를 입력하여 프로그램이 비정상적으로 동작하도록 한 후, 프로그램의 복귀주소(Return Address)조작 등 해커가 원하는 코드의 실행을 유도하는 공격방법이다. 일반 사용자가 관리자 권한을 획득하여 SUID(세트사용자ID)가 설정된 루트권한 프로그램의 취약성을 공격하는 Local Buffer Overflow와 외부 사용자가 관리자 권한을 획득하여 RPC(Remote Procedure Call)시비스 같은 데이터수신 데몬의 취약점을 공격하는 Remote Buffer Overflow 방법이 있다. 대응방안으로 신속한 패치, 스택영역에서의 주기적 점검 및 권한제한 등의 OS커널상에서의 대응, 경계값 검사 함수사용 등의 프로그래밍 단계에서의 대응 등이 있다.

[키워드]

- Local Buffer Overflow, Remote Buffer Overflow
- 공격방법: 루트권한의 SUID프로그램 실행, Return Address를 쉘코드 위치지점으로 흐름변경
- 대응방안: 패치, OS커널상에서의 지원, 프로그래밍시 대응

[예상문제]

- 1 교시형

1) SQL Injection

답안제시

[답안] 정보관리기술사 합격자

문제〉 SQL Injection 해킹 보안

답〉

1. SQL Injection 해킹기법 개요

가. SQL Injection의 정의
- 사용자로부터 파라메터를 입력받아 동적으로 SQL Query를 만드는 웹페이지에서 임의의 SQL Query/
  Command를 삽입하여 웹사이트를 해킹하는 기법

나. SQL Injection의 발생원인
- 데이터베이스를 연동한 애플리케이션의 증가
- 웹 개발자들의 보안을 무시한 애플리케이션 코딩

2. SQL Injection의 원리와 절차

가. SQL Injection의 원리

```
                                    (일반적인 Where절에
                                     악의적인 SQL Code 결합)

해커 ⟨------⟩ Web Application ⟨-----------⟩ DB
      ↑                            (악의적인 SQL Code로
   악의적인 (해커가 Web            인하여 정보가 누출되거나
   SQL Code Application의          테이블 Drop, DB정지 가능)
   Input Textbox를 통해
   악의적 SQL Code Injection)
```

나. SQL Injection의 절차
  1) Injection을 위한 구문 만들기: Where절에 일부러 오류발생구분 생성
  2) 데이터베이스 확인: ORACLE – AND 'XXX' = 'X' || 'XX'
                        MySQL – AND 'XXX' = 'X' + 'XX'
  3) 칼럼 확인: Order By절 활용 에러 유발로 칼럼이름 확인
  4) 칼럼 유형 확인: UNION 구문 사용, 칼럼의 Type을 확인이 가능
  5) 악의적 SQL코드 Injection: 데이터베이스정보, 테이블정보, 컬럼정보을 확인 후 해커가 원하는 작업
     (정보취득, 레코드 갱신 등) 수행

3. SQL Injection의 대응방안
  가. Validation Check: 파라메터의 Input Textbox에 구분 Check
  나. Stored Procedure 사용: SQL Query의 노출을 최소화
  다. 암호화: DB 연결계정 정보 암호화(ID/PW, 연결정보)
  라. 제한된 DB 접근계정: DB접근 계정을 제한
  마. Custom Error Page사용: 에러발생시 최소 페이지만   보여줌

3 사이버 공격

1) Sniffing Attack

개념	한 서브 네트워크에서 전송되는 패킷을 몰래 엿듣는 행위
공격 방법	– 공격 대상인 네트워크 상에 위치한 취약한 Host를 공격하여 특정 권한 획득 – 점령한 Host의 네트워크 카드를 Promiscuous 모드로 변경 – Promiscuous 모드로 변경 후에는 그 네트워크의 모든 패킷을 볼 수 있음 – 패킷을 캡처해 공격자의 원격 컴퓨터로 전송 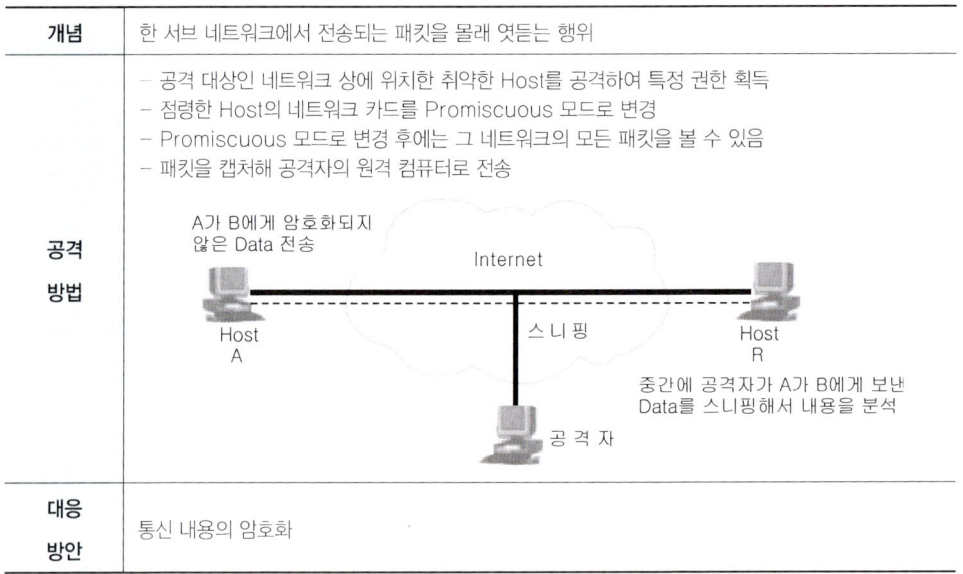
대응 방안	통신 내용의 암호화

:: 도우미 임기술사

[설명]

Sniffing Attack은 공격 대상 네트워크 상에 위치한 취약 Host를 공격하여 특정권한을 획득하여 점령한 Host의 네트워크카드를 Promiscuous 모드로 변경 후 네트워크의 모든 송수신 패킷을 엿보거나 캡처하여 공격자의 원격 컴퓨터로 전송하는 등의 공격방법이다. 가장 대표적인 대응방안으로는 패킷 내부의 데이터를 암호화하여 공격자가 알아볼 수 없도록 하는 방법이 있다.

[키워드]

- Promiscuous 모드로 변경, 패킷 캡처

- 대응방안: 데이터 암호화

2) Replay Attack

개념	- 메시지를 몰래 캡처해서 원본 메시지를 변경, 수정하여 재전송 - 메시지의 무결성을 해침(예: 주식매도 메시지)
공격 방법	- Sniffing을 통해 메시지를 도청 - 원본 메시지를 악의적인 목적으로 재조합 또는 변경(메시지 순서 변경, 메시지 내용 변경) - 수신자에게 재전송(수신자는 변경된 메시지를 원본 메시지로 생각함)
대응 방안	- 메시지를 구성하는 패킷의 순서(Sequence)를 같이 전송 - IPSec을 사용(메시지 무결성 제공) - Timestamps(Mandatory), Nonces(Optical)

:: 도우미 임기술사

[설명]

Replay Attack은 메시지를 캡처하여 원본 메시지를 변경하여 재전송하여 메시지의 무결성을 해치는 공격방법으로, Sniffing을 통한 메시지 도청이나 원본 메시지의 순서 및 내용 변경, 변경한 메시지를 수신자에게 전송하는 방법 등으로 공격한다.

대응방안으로는 메시지 구성패킷 순서를 같이 전송하거나, IPSec나 Timestamp 방식을 사용하여 메시지를 전송하는 방법이 있다.

[키워드]

- 메시시 위·변조하여 무결성을 위협하는 공격기법

- 공격방법: Sniffing이용하여 메시지 도청 후 위·변조하여 수신자에게 재전송

‑ 대응방안: 메시지 패킷 순서 전송, IPSec, Timestamp, Nonces

3) Spoofing Attack

개념	‑ 자신의 식별정보를 속여 다른 대상 시스템을 공격하는 기법 ‑ TCP/IP 프로토콜의 취약성을 기반으로 해킹시도, 자신의 시스템정보(IP주소, DNS이름, Mac 주소 등)를 위장하여 감춤, 역추적 어렵게 만듦 ‑ Packet Sniffering, DoS, Session Hijacking 등의 공격 지원
종류	‑ IP Spoofing: IP 정보를 위장하여 다른 시스템 공격 ‑ ARP Spoofing: ARP Cache 테이블의 정보위조 ‑ DNS Spoofing: DNS 정보 위조 ‑ Email Spoofing: 송신자 주소 위조-〉 From 필드의 Alias 위조
대응 방안	IDS 설치, TCP 프로토콜 패치

:: 도우미 임기술사

[설명]

Spoofing Attack은 TCP/IP 프로토콜의 취약성을 기반으로 해킹을 시도하거나 자신의 시스템정보를 위장하여 역추적을 어렵게 만드는 등 자신의 식별정보를 속여 대상 시스템을 공격하는 기법으로, Packet Sniffering, DoS(Denial of Service), Session Hijacking 등의 공격지원을 받는다. 공격방식으로는 IP정보를 위장하여 다른 시스템을 공격하는 IP Spoofing, ARP Cache 테이블의 정보를 위조하는 ARP Spoofing, DNS 정보를 위조하는 DNS Spoofing, 송신자의 주소위조 후 From 필드의 Alias를 위조하는 Email Spoofing 등이 있다. 공격탐지시스템(IDS)설치 및 TCP 프로토콜 패치 등이 대응방안이다.

[키워드]

- TCP/IP의 구조적 취약성 이용하는 공격방법, IP로 인증하는 서비스 무력화시킴
- TCP/IP의 취약점(Sequence Number Guessing), IP주소로 상대방 인증
- 공격종류: IP Spoofing, ARP Spoofing, DNS Spoofing, Email Spoofing
- 대응방법: IDS, TCP 프로토콜 패치

4) IP Spoofing

(1) IP Spoofing의 개념

- TCP/IP의 구조적인 취약성을 이용하는 공격으로 자신의 IP를 속여서 접속하여 IP로 인증하는 서비스를 무력화 시키는 공격방법

(2) IP Spoofing이 이용하는 TCP의 취약점

- 순서제어번호 추측(Sequence number guessing)이 가능함
- 일부 TCP를 이용하는 서비스의 경우 IP 주소로 상대방을 인증함

(3) IP Spoofing 공격 방법

정상적 TCP 3 Way Handshaking	Connect to Host B with IP Spoofing
Host A Host B SYN(1000) SYN(4000), ACK(1001) ACK(4001) Connection Established	Hacker Host A Host B Denial of Service attack Send SYN Packet (src=Host A, dest=Host B) Send SYN, ACK Packet Send RST Packet Send gussed SYN, ACK Packet(src = Host A, dest = Host B) Send data (ex.echo" ++"〉 . rhosts) Send RST Packet

(4) IP Spoofing의 종류

구 분	상세 내용
Non Blind IP Spoofing	− Host A와 Host B가 송수신하는 Packet 볼 수 있는 상태 − Sequence Number를 알 수 있어 공격 용이, Connection 유지 용이
Blind IP Spoofing	− Host A와 Host B가 송수신하는 Packet 볼 수 없는 상태 − Sequence Number 추정필요, 공격이 어려움, Connection 유지 어려움

(5) IP Spoofing 의 대응 방법

대응 방법	해결 과제
Router에서 Source routing을 허용하지 않음, Packet Filtering	내부 사용자끼리의 IP Spoofing 대응불가
Sequence Number를 Random하게 발생	Sequence Number를 Sniff할 수 있는 경우 방어 불가
IP로 인증하는 서비스 사용하지 않음	사용 불편
암호화된 Protocol 사용	속도 느려짐, 사용이 보편화되지 않음

- IP Spoofing은 TCP/IP의 설계와 구현상의 문제점에 기인한 것으로 새로운 프로토콜을 사용하지 않는 한 완벽한 보호대책은 존재할 수 없으므로 지속적인 보안관리 및 점검만이 최소한의 피해를 막을 수 있음

:: 도우미 임기술사

[설명]

IP Spoofing은 Sequence Number 추측이 가능하고 IP주소로 상대방을 인증하는 방식을 쓰는 서비스가 가능한 TCP/IP의 구조적 취약성을 이용하여, 자신의 IP를 속여서 접속하는 IP로 인증하는 서비스를 무력화 시키는 공격방법이다. 송수신 Packet를 볼 수 있어 Sequence Number를 알 수 있고 공격 및 Connection 유지가 용이한 Non Blind IP Spoofing 공격방법과 송수신 Packet을 볼 수 없어 Sequence Number를 추정해야 하므로 공격이나 Connection 유지가 어려운 Blind IP Spoofing 방법이 있다. IP Spoofing의 대응방안은 TCP/IP프로토콜을 사용하는 한 완벽한 보안대책은 없으므로 지속적인 보안관리 및 점검이 중요하고, Packet Filtering이나 Sequence Number를 랜덤하게 발생, IP인증 서비스 사용자제, 암호화된 Protocol사용 등으로 예방 가능하다.

[키워드]
- TCP/IP의 구조적 취약성 이용하는 공격방법, IP로 인증하는 서비스 무력화시킴
- TCP/IP의 취약점(Sequence Number Guessing), IP주소로 상대방 인증
- 공격종류: Non Blind IP Spoofing, Blind IP Spoofing
- 대응방법: Packet Filtering, Sequence Somber Random 발생, 암호화된 Protocol 사용

[예상문제]

- 1 교시형

1) Spoofing

답안제시

[답안] 80회 조직응용기술사

문제〉 IP Spoofing

답〉

1. Masquerading을 통한 세션탈취 IP Spoofing 개요
  가. IP Spoofing(가장 공격)의 개념
    – IP 프로토콜의 인증 취약점을 이용하여 Victiom 의 IP상의 신원을 탈취, 가장해서 정보습득, 변경 등 악위적 행위를 목적으로 하는 공격방식
  나. IP Spoofing 공격이 이용하는 IP 프로토콜 취약점
    – 인증: IP의 Source Address 로 상대 식별, 인증(암호화 없음)
    – 세션보호: IP의 Sequence Number로 세션 인증(쉽게 추측 가능)
    – Sniffing: IP Spoofing을 위해서는 기본적으로 Sniffing이 선행(IP 취약점습득을 위해)

2. IP Spoofing 의 공격 방식과 대처 방안
  가. IP Spoofing 의 공격 방식

```
      해커                    | 1) 해커는 DOS(주로 Syn Flooding)공격으로
     (S:2.2.2.2)              |    Victim 마비시킴
      1)                      | 2) 발신주소를 Victim으로 해서 목적 Host 연결
   Victim      목적Host       | 3) 목적 Host는 응답을 보내지만, Victim
   (IP:2.2.2.2)               |    대신 해커가 응답, 이후 해커와 세션 연결
```

  나. IP Spoofing의 대처 방안

구 분	대처 기술	해결 취약점
Sniffing 방지	세션 암호화(IPSec, SSL)	세션정보 추측불가능
인증	응용레벨인증(인증서, OTP)	상대 Host 인증 강화
Path	라우터 기능	상대 컴퓨터
추적	Source 역추적	실제 여부 파악

58 정보처리기술사 보안 3.0

3. IP Spoofing의 현황 및 대응
 가. Session Hijacking 등 세션 탈취 방법으로 사용 되며, 각종 해킹 tool에서 기본 지원 기능이므로
    Script Kiddy 등 대부분의 해커에게 활용됨
 나. 정보의 불법 탈취, 불법 기록, 삭제로 인한 정보서비스의 기밀성, 무결성, 가용성을 저해할 수 있는 공격임,
    앞서 제시한 기술적 대응과 함께 백업정책, 이중화정책, 접근 권한정책 등의 관리적 대응이 필요함

"끝"

[IP Spoofing 마인드 맵]

IP주소 등의 정보를 속임으로써 권한을 획득하고 중요 정보를
가로채고 서비스 방해까지 하는 공격   가. 정의

나.TCP 프로토콜의 3-Way Handshaking 절차

cllect		server
Send SYN seq=x	① ------------------------->	Receive SYN segment
Recevie SYN+ACK segment	② <-------------------------	Send SYN seq=y, ACK x+1
send ACK y+1	③ ------------------------->	Receive ACK segment

1) 클라이언트: seq 번호 x를 보냄

2) 서버: X에 1을 더해서 ACK로 보냄(자신의 seq번호 y도 포함)

3) 클라이언트: 서버로부터의 ACK가 자신의 seq 번호와 일치 여부 확인
   서버의 seq 번호인 y에 1을 더해서 ACK로 보낸다

4) 서버: client가 보낸 ACK의 번호와 자신의 seq 번호 일치 확인

다. IP Spoofing의 동작 절차 ③

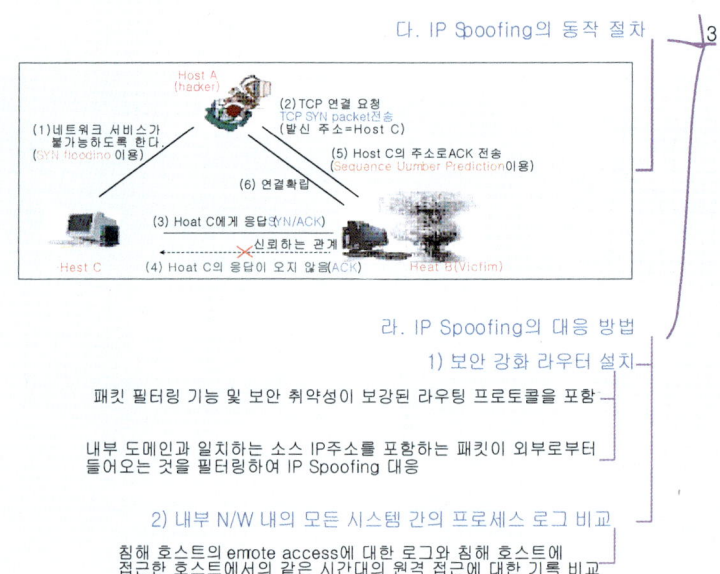

라. IP Spoofing의 대응 방법

1) 보안 강화 라우터 설치

패킷 필터링 기능 및 보안 취약성이 보강된 라우팅 프로토콜을 포함

내부 도메인과 일치하는 소스 IP주소를 포함하는 패킷이 외부로부터
들어오는 것을 필터링하여 IP Spoofing 대응

2) 내부 N/W 내의 모든 시스템 간의 프로세스 로그 비교

침해 호스트의 emote access에 대한 로그와 침해 호스트에
접근한 호스트에서의 같은 시간대의 원격 접근에 대한 기록 비교

5) Session Hijacking Attack(Man in the Middle Attack : 중간자공격)

세션의 취약점	- 강력하지 못한 알고리즘, 길이가 짧은 Session ID, 세션 타임아웃 부재
개념	- 타인의 세션을 스니핑 및 추측을 통해서 도용하거나 가로채어 원하는 데이터를 보낼 수 있는 방법 - 호스트 B 와 정상적인 사용자 A 와의 통신 세션을 탈취 하여, 해커가 마치 정상적인 사용자 A 인 것처럼 가장하여 호스트 B와 통신
공격 방법	- A-B는 세션을 맺음(정상적인 TCP 3-way Handshaking 종료) - 해커는 A와 B의 통신내용을 Sniffing, TCP Sequence Number 패턴 알아냄 - 사용자 A에 PIN 신호 보내고, 해커 자신이 B와 통신

대응 방안	– Session ID를 추측 불가능하게 생성 – Session Timeout 기능 – SSL 통신 사용 – 웹페이지 요청시 마다 세션을 확인하는 메커니즘 구현 – 회원정보 수정시 패스워드를 재입력 받는 구조로 세션공격에 노출되더라도 회원정보 유출 방지 – 시퀀스 번호의 복잡성 높임, 스니핑 방지(암호화 통신)

:: 도우미 임기술사

[설명]

세션의 취약점을 이용하여, 스니핑이나 추측을 통해서 타인의 세션을 도용하거나 가로채어 원하는 데이터를 전송하는 공격방법을 Session Hijacking 또는 Man-in-the-Middle Attack이라고 한다.

Session Hijacking은 호스트와 정상 사용자와의 통신내용을 Sniffing하여 TCP Sequence Number패턴을 알아내 정상사용자 대신 호스트와 통신하는 등의 방법으로 공격한다.

대응방안으로는 Session ID에 대한 추측을 불가능하게 하거나, Session Timeout 기능, SSL통신 사용, Sequence number의 복잡성을 높이거나, 스니핑을 방지하기 위해 암호화 통신 수행 등이 있다.

[키워드]

– 공격방법: Session 취약점 이용, Sniffing, Sequence Number, 통신세션 탈취
– 대응방안: Session ID, Session Timeout, SSL통신

6) DOS Attack(Denial Of Service : 서비스 거부 공격)

(1) DOS Attack의 개념

- 과도한 트래픽을 유발하여 시스템의 중요자원을 완전점거하고 불능상태로 만들어 기본적으로 Victim의 가용성을 저해하는 공격방법

(2) DOS의 주요특징

- 공격의 원인 및 원천지를 찾기 힘듦
- 공격방법이 다양
- 단순한 공격방법으로 쉽게 이용가능
- 뚜렷한 방지대책 부재
- 최근 네트워크를 이용한 원격 DOS 공격 급증

(3) DOS 대응방안

- 반복적으로 들어오는 일정 수 이상의 ICMP 패킷을 무시하도록 설정
- 가장 일반적인 방법은 패치
- 설계할 때부터 보안을 고려, 지속적인 보안 테스트

[길라잡이]

- DDoS 개념도: 공격 주도가 되는 해킹 프로그램이 여러 서버에 설치된 해킹 프로그램을 구동시켜 Target 서비스를 호출하게 하여 서비스를 거부를 발생시킴

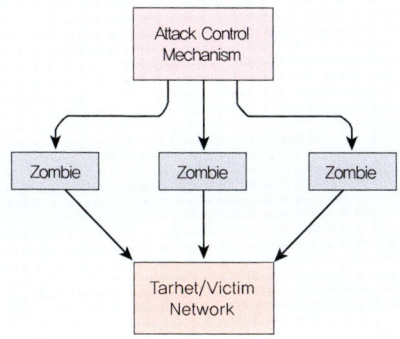

(4) DOS Attack의 유형

구 분	유 형		
내부 공격	- 시스템이 보유하고 있는 리소스를 점유하거나 모두 고갈시켜 시스템 마비 - 계정을 가진 내부 사용자에 의해서 발생, 고의보다는 실수로 인해 발생 - 디스크 고갈, 메모리 고갈, 무한 프로세스 만들기		
외부 공격	- 악의적 목적으로 목표 시스템을 정하고 공격 - 특정 프로세스나 시스템의 네트워크 기능을 마비 - 대부분의 DOS 공격에 해당		
	응용	- 응용 프로그램을 이용하거나, 응용프로그램의 버그 등을 이용 - Mail Bombing, Buffer Overflow	
	프로토콜	- 프로토콜 헤더 등을 조작한 패킷 이용, 추적곤란, 비정상 패킷 - SYN Flooding, Ping Flooding(Ping Of Death)	
	네트워크	- 과다한 패킷을 전송 - UDP Storming(Fraggle Attack), TearDrop, ICMP Smurf, DDoS	

:: 도우미 임기술사

[설명]

서비스거부 공격은 과도한 트래픽을 유발하여 시스템의 중요자원을 완전점거하고 시스템을 불능 상태로 만들어 가용성을 저해하는 공격방법으로, 공격방법이 다양하고 단순하며 공격원인을 찾기가 어려워 뚜렷한 방지대책이 없는 특징을 가지고 있어, 최근 네트워크를 이용한 원격공격이 급증하고 있다. 서비스거부 공격은 내부사용자에 의해 실수로 많이 발생하여 디스크 및 메모리 고갈이나 무한 프로세스를 만드는 등의 내부공격과 악의적 목적으로 목표시스템의 특정 프로세스나 네트워크 기능을 마비시키는 등의 외부공격으로 구분할 수 있다. 대부분의 서비스거부 공격은 외부공격으로 응용 프로그램 및 버그를 이용하거나, 프로토콜 헤드 등을 조작한 패킷을 이용하는 방법, 과다한 패킷을 전송하는 방법 등으로 공격한다. 대응방안으로는 주기적인 패치 및 반복적으로 들어오는 일정 수 이상의 ICMP 패킷을 무시하도록 설정하는 등의 지속적인 보안관리가 가장 중요하다.

[키워드]

- 공격방법: 과도한 트래픽 유발, 가용성 저해, 특정 프로세스나 네트워크 기능 마비
- 특징: 공격원인 및 원천지 찾기 힘듦, 공격방법 다양하고 단순함, 명확한 방지대책 부재
- 대응방안: 반복적인 일정 수 이상의 ICMP패킷 무시, 패치 등 지속적 보안 점검

[예상문제]

- 1 교시형
  1) DDoS
  2) DrDos

3) Smurfing

4) Tcp Sync Flooding

7) IP Fragmentation Attack

(1) IP Fragmentation Attack의 개념

- IP 프로토콜에서 MTU(Maximum Transmission Unit)보다 패킷이 크면 분할 (Fragmentation)해야 하므로, 호스트나 라우터가 Fragmentation을 수행
- Fragment를 조작하여 패킷필터링 장비 및 침입차단시스템을 우회하거나 서비스 거부 공격을 유발시킴

(2) IP Fragmentation Attack 종류

구분	상세 내용
Tiny Fragment 공격	- 최초의 Fragment를 아주 작게 만들어서 네트워크 침입탐지시스템이나 패킷 필터링 장비를 우회하는 공격
Fragment Overlap 공격	- Tiny Fragment 공격기법에 비해 정교한 방법으로 IDS의 Fragment 처리 방법과 패킷 필터링의 재조합과 Overwrite 처리를 악용하는 공격
IP Fragmentation 이용한 서비스 거부공격	- Ping of Death : 표준에 규정된 길이 이상으로 큰 IP패킷을 전송함으로써 수신 받은 OS에서 처리하지 못함으로써 DOS 및 시스템 마비 유발하는 공격 - Teardrop : Fragment의 재조합과정의 취약점 이용한 DOS공격으로 Fragment들을 재조합히는 목표시스템의 정시나 재부팅을 유발하는 공격

[설명]

IP Fragmentation Attack은 IP프로토콜에서 호스트나 라우터가 Fragmentation을 수행할 때, Fragment를 조작하여 패킷 필터링 장비 및 침입차단시스템을 우회하거나 서비스 거부공격을 유발시켜 공격을 수행하는 방법이다. 공격 방식으로는 Tiny Fragment 공격, Fragment Overlap공격, Ping of Death 및 Teardrop으로 분류되는 IP Fragmentation을 이용한 서비스 거부공격 등이 있다.

[키워드]

- IP프로토콜에서의 Fragmentation, 패킷필터링 장비 및 침입차단시스템 우회, 서비스거부공격(DOS)
- 공격종류: Tiny Fragment, Fragment Overlap, Ping of Death, Teardrop을 이용한 DOS공격

8) ICMP Smurf Attack

개념	– IP Broadcast 주소 방식과 ICMP 패킷을 이용한 서비스 거부 공격
공격 방법	– 다수의 호스트가 존재하는 서브 네트워크에 ICMP Echo 패킷을 Broadcast 전송(Source Address는 Victim 것으로 위조) – 이에 대한 대량의 응답 패킷이 하나의 호스트(Victim)로 집중 되게 하여 Victim을 마비시킴
대응방안	– 라우터에서 ICMP의 Broadcast 금지

:: 도우미 임기술사

[설명]

ICMP Smurf Attack은 다수의 호스트가 존재하는 서브 네트워크에 ICMP Echo 패킷을 Broadcast로 전송하여, 이에 대한 응답 패킷이 하나의 호스트로 집중되게 하여 목표시스템을 마비시키는 방법으로, IP Broadcast 주소방식과 ICMP(Internet Control Message Protocol)패킷을 이용한 서비스 거부공격이다.

대응방안은 라우터에서 ICMP의 Broadcast를 금지시키는 것이다.

[키워드]
– 개념: IP Broadcast주소 방식과 ICMP패킷을 이용한 서비스 거부공격
– 대응방안: 라우터에 ICMP의 Broadcast를 금지

9) SYN Flooding

개념	– 서버별로 동시 사용자 수가 한정되어 있어 존재하지 않는 클라이언트가 접속한 것처럼 속여 사용자가 서버에서 제공하는 서비스를 불능으로 만드는 공격
공격 방법	– TCP의 초기연결과정인 TCP 3way Handshaking을 이용, Syn 패킷을 요청하여 서버가 ACK 및 SYN 패킷을 보내게 함 – 전송하는 주소가 무의미한 주소, 서버는 대기상태, 대량의 요청 패킷 전송으로 서버의 대기 큐가 가득 차서 DoS 상태가 됨
대응 방안	– 시스템 보안 패치, IDS설치, 시스템 튜닝 – 서버의 백로그 큐의 크기를 증가시킴, Syncookies 기능 설정 – Connection Time-Out 시간을 줄임, 패킷 필터링 사용 – TCP Intercept(Intercept Mode, Watch Mode)

:: 도우미 임기술사

[설명]

SYN Flooding은 TCP 3Way Handshaking을 이용하여 Syn패킷을 요청하고 서버가 ACK 및 SYN패킷을 보내도록 유도한 후, 무의미한 주소를 전송하거나 서버를 대기상태로 만들어 대량의 요청패킷을 전송하여 서버의 대기 큐가 가득 차서 서비스 거부상태로 만드는 공격방법이다. 대응방안으로는 시스템 보안패치 및 침입탐지시스템 설치, 시스템 튜닝 등의 관리적 방법과 서버의 백로그 큐의 크기를 증가시키거나 Syncookies기능 설정 및 Connection Timeout시간 줄이는 등의 환경설정 가이드를 수립하는 방법 등이 있다.

[키워드]
- 개념: TCP 3Way Handshaking를 이용하여, 서버를 불능으로 만들어 DoS 상태로 만드는 공격기법
- 대응방법: 보안패치 및 IDS 설치, 시스템 튜닝, 백로그 큐 크기 증가, Connection Timeout 시간 줄이기, 패킷 필터링 사용, TCP Intercept

10) DDoS(Distributed DoS)

개념	- 많은 수의 호스트들에 패킷을 범람시킬 수 있는 DoS 공격용 프로그램들이 분산 설치되어 이들이 서로 통합된 형태로 타깃서버(네트워크)에 대하여 일제히 데이터 패킷을 범람시켜 타깃 서버의 성능 저하 및 시스템 마비를 일으키는 공격기법 - 공격자의 위치 파악 어려움, 공격 경로 추적 어려움
공격 방법	- UDP프로토콜을 이용한 Bandwidth Consuming - TCP Syn Flooding을 이용한 PPS Consuming - URL 접속을 시도하는 Httpd Flooding 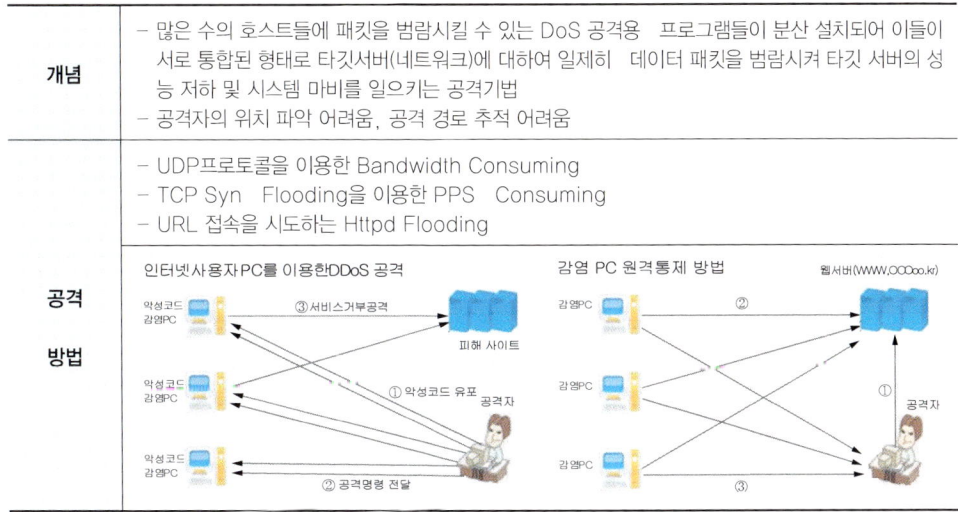

대응	PC 사용자	– 보안 패치와 바이러스 백신 업데이트로 PC를 최신 보안 상태로 유지 – 다운로드 받은 파일은 실행 전 보안검사
방안	네트워크 관리자	– 보안 설계 시 고려, 기본적 보안 솔루션(IDPS, 방화벽 등) 설치 운영 – 보안패치 설치, 시스템 분석 통한 보안관리의 지속화 – 필터링, 시스템 대역폭 제한 등 공격 사전 차단 – 웹 방화벽 및 안티 DDoS솔루션 도입

:: 도우미 임기술사

[설명]

Distributed DOS는 UDP프로토콜을 이용한 Bandwidth 소모, TCP Syn Flooding을 이용한 PPS(Packet Per Second) 증가, URL접속을 시도하는 과다접속 등의 공격방법을 사용하여, DOS공격용 프로그램들이 분산설치되어 서로 통합된 형태로 타깃서버의 데이터 패킷 범람을 유도한 후 성능저하 및 시스템 마비를 일으키는 공격방법이다. DDoS는 공격자의 위치파악 및 공격경로의 추적이 어려우므로, 보안패치 및 백신프로그램 설치 및 관리, 보안솔루션 설치 및 운영과 시스템 대역폭 제한 등의 방법 등으로 대응방안을 수립해야 한다.

[키워드]

– DDoS 개념: 데이터 패킷 범람을 유도하여 타켓서버의 성능저하나 시스템 마비 일으킴
– 특징: 공격자 위치 및 공격경로 추적 어려움
– 공격방법: Bandwidth Consuming, PPS Consuming, Httpd Flodding
– 대응방안: 보안패치 및 바이러스 백신 업데이트 등 사용 PC에 대한 보안, 보안 솔루션 설치 운영, 시스템 분석을 통한 보안관리, 웹방화벽 및 안티 DDoS 솔루션 도입

[기출문제]

5) 84회 조직응용: DDoS

답안제시

[출처] 세리 제84회 조직응용기술사 기출 문제 해설집

답〉

1. 서비스 자원을 고갈시키는 DDoS의 개요
가. 서비스 거부 공격(Distributed Denial-of-Service)의 정의
 - 특정 서버나 네트워크에 순간적으로 대용량 트래픽을 발생시켜 정상적인 서비스를 지연, 마비시키는 공격기술
나. DDoS의 공격 방법
 - 공격자가 취약점이 있는 PC를 탐색 및 Agent 설치
 - Agent를 조정하는 Master PC 및 서버를 해킹
 - 공격자가 Master를 조정, 해킹된 PC가 동시에 피해 시스템, 네트워크 공격

2. 서비스 거부 공격 DDoS의 종류와 방지 기술
가. 서비스 거부 공격 DDoS의 종류

공격명	DDoS의 특성	방지기술
SYN Flood	(1) Spoofing된 IP로부터 (2) 과도한 SYN 연결 요청	(3) 방화벽(Stateful Inspection)
UDP Flood	허용치보다 초과된 수의 UDP 패킷을 동시 전송	(4) IPS, DDoS 전용 장비
Zombie 공격	정상적인 IP에서 합법적인 TCP 패킷을 대량 전송	DDoS 전용 장비
Slammer 공격	SQL 서버의 1434 포트로 UDP 패킷 전송	Router의 (5) ACL 세팅
DNS 공격	DNS의 53번 포트로 대량의 UDP 패킷 전송	DNS 서버의 네트워크 분산

 - 공격 Tool로는 Trinoo, TFN, Shaft, Stacheldraht, TFN2000 등이 있음

나. DDoS 공격의 방지 장비의 주요 기능

장비	주요 기능	단점
방화벽	SYN Flooding 보호 기능	Anti-Spoofing 기능이 없음
라우터	ACL, Blackholing을 이용한 패킷 차단	수동적인 대응 방안
IPS	Signature 기반 DDoS 방지	(6) Zero Day Attack에 취약
Anti-DDoS	Network 행동 기반 분석으로 자동 DDoS 방지	Learning Time이 필요함

 – 보안 장비를 이용한 DDoS 방지에는 한계가 존재함

3. DDoS 근절을 위한 대응 방안
가. 사용자: 주기적인 패치, 백신 사용, 성인 사이트 접속 금지, Malware 방지
나. 서비스 제공자: 웹 서비스 개발시 취약성 점검, IPS/DDoS 전용 장비 설치
다. IDC/ISP: (7) BGP 터널링을 이용한 트래픽 우회, 대역폭 확산, IP 추적 시스템 설치
라. 정부: 국가간 협조 체재 수립, IDC/ISP간 DDoS 대응 방안 수립 강제화

"끝"

[용어설명]

(1) Spoofng된 IP: TCP/IP의 구조적인 약점을 이용한 공격으로 본인의 IP를 숨기고 속여서 접속한 후에 공격하는 해킹 기법
(2) 과도한 SYN 연결 요청: Client에서 서버의 ACK 요청에 대하여 ACK를 보내지는 않고 지속적으로 SYN 패킷을 보내 서버의 자원을 고갈시키는 해킹 기법
(3) 방화벽: 보호된 네트워크와 다른 네트워크 사이의 액세스(Access)를 제어 및 통제하는 기능
(4) IPS(Intrusion Prevention System): 침입 경고 이전에 공격을 중단시키는 데 초점을 둔, 침입 유도 기능과 자동 대처 기능이 합쳐진 개념의 시스템으로 IDS보다 능동적으로 침입 행위를 차단할 수 있는 시스템
(5) ACL(Access Control List): 특정 개체에 접근할 수 있는 권한을 할당해 놓은 리스트
(6) Zero Day Attack: 소프트웨어나 OS에 취약점이 발견되어 수정되기 전에 그러한 취약성을 이용하여 행해지는 공격

(7) BGP 터널링 : BGP는 라우팅 프로토콜로 AS Number가 다른 ISP간에 통신할 때 사용되는 프로토콜이며, 이러한 BGP를 이용하여 ISP간 터널링을 구성한 후에 트래픽을 우회시키기 위한 방법

11) DrDoS(Distributed Reflection DoS : 차세대 DoS 공격)

개념	- 공격자가 공격대상시스템의 IP로 많은 시스템에 연결요청을 보내고, 그에 대한 응답 패킷이 공격대상 시스템으로 집중되어 대상 시스템이 정상적인 서비스를 못하게 하는 공격 방법
특징	- 정상적 서비스 제공하는 시스템을 이용하므로 공격을 막거나 대응하기 어려움 - DOS나 DDoS의 경우 패킷경로 추적을 통한 제어가 가능하나 DrDoS는 경로추적이 불가능함 - 탐지 및 방어의 어려움
공격 방법	

:: 도우미 임기술사

[설명]

　Distributed Reflection DoS는 공격자가 공격대상 시스템의 IP로 다수의 시스템에 연결요청을 보내고 그 응답패킷이 공격대상 시스템으로 집중되도록 하여 시스템의 정상동작

을 방해하는 차세대 DoS공격 방법이다. 정상적인 서비스를 제공하는 시스템을 이용하여 공격하고 경로추적이 불가능하여 탐지 및 방어 등의 대응이 어려운 특징이 있다.

[키워드]
- 공격대상시스템의 IP로 다수의 시스템에 연결요청, 응답패킷의 집중으로 시스템 동작이상 유도
- DoS나 DDoS는 패킷경로 추적 통한 제어가능, DrDoS는 경로 추적 불가능하여 탐지 및 방어 어려움

4 사이버 범죄

1) 바이러스, 트로이목마, 웜

구분	바이러스	트로이목마	웜
전파 방식	자기증식, 복제, 기생으로 시스템파괴	정상(독립)프로그램으로 가장하여 의도하지 않는 기능수행	네트워크를 통해 스스로 복제, 전파
주요 특징	– 매크로 바이러스는 문서 파일을 감염 – 복제, 은폐, 파괴의 특성	– 자기복제 기능 없음 – 원격조정, 패스워드 가로채기 – 시스템 보호기능 제거, FTP포트 개방 등	바이러스처럼 기생하지 않고, 독자적으로 행동

:: 도우미 임기술사

[설명]

　사이버 범죄 중 여러 시스템에 접근하여 악의적 행위를 하는 바이러스, 트로이목마, 웜은 전파방식과 특징이 조금씩 다르므로, 비교하여 기억해야 한다. 바이러스는 자기증식, 복제, 기생으로 시스템을 파괴하는 특정을 가지고 있고, 트로이목마는 정상프로그램으로 가장하여 원격조정이나 패스워드 등을 가로채는 등 시스템 보호 기능을 제거 하며 바이러스와 비교하여 자기복제 기능이 없는 것이 특징이다. 웜은 네트워크를 통해 스스로 복제하면서 전파하고 바이러스처럼 기생하지 않고 독자적으로 행동하는 것이 특징이다.

[키워드]
- 바이러스: 자기증식, 복제, 기생, 시스템 파괴
- 트로이목마: 정상프로그램으로 가장, 자기복제기능 없음, 원격조정
- 웜: 네트워크 통한 복제 및 전파, 독자적 행동

[기출문제]
6) 71회 조직응용: 바이러스, 71회 정보관리: 인터넷 웜, 86회 조직응용: Worm, Virus, Zombie

2) 스파이웨어

- 이용자의 동의 없이 또는 이용자를 속여서 설치되어 시스템 설정 변경, 정상프로그램 방해 등의 행위를 수행하는 프로그램
- 웹브라우저의 홈페이지 설정, 검색설정 변경 또는 시스템 설정 변경
- 정상프로그램의 운영을 방해, 중지 또는 삭제
- 정상프로그램의 설치 방해
- 다른 프로그램을 다운로드하여 설치
- 운영체계, 타 프로그램 보안설정 제거 또는 낮게 변경
- 프로그램 종료, 제거를 불가능하게 만듦
- 컴퓨터 키보드 입력 내용, 화면 표시내용을 수집하여 전송

3) 봇넷(Bot Net)

개념	- 훼손된 컴퓨터 집단으로, 좀비로도 알려져 있으며 범죄목적으로 실행자의 원거리 명령과 컨트롤에 놓인 PC, 노트북, 서버
특징	- 대부분 인터넷 실시간 대화 서버의 해당 채널들을 통해 제어 - 인스턴스 메시지, P2P기술, VoIP 서비스 프로토콜 등으로 확산될 예정 - Internet Protocol은 외부로 공개되지 않아 범죄추적이 어려움
공격방법	패치 되지 않은 시스템의 보안 결함을 이용하여 PC에 침투 - 인터넷 접속 가능, 패치 이전의 소프트웨어에서 보안결함을 이용하여 가장 흔한 원도우 공격 수단임

대응방안	– 보안패치를 최신으로 업데이트 – 이메일이나 메신저에서 알지 못하는 첨부파일 점검 – 봇넷의 기술적 진화로 위험성이 커지므로 사회적, 정책적, 기술적 대응방안 필요

4) Ransom-Ware

개념	– 특정시스템에 침입해 내부 문서나 그림파일 등을 암호화하여 열지 못하게 하고 암호해제를 미 끼로 금품을 요구하는 악성코드
공격방법	– e-Mail 첨부 파일, P2P, FTP 등을 통해 전파됨 – 컴퓨터 내의 파일을 임의의 확장자로 암호화
대응방안	– 개인 방화벽 설치, Email보안 설정, 중요 문서에 대한 주기적 백업, 백신프로그램의 주기적 업 데이트 등을 통해 사전 예방

:: 도우미 임기술사

[설명]

스파이웨어는 이용자의 동의 없이 시스템설정을 변경하여 정상프로그램을 방해하거나, 키보드 입력내용이나 화면표시내용을 수집하여 악용하는 특징을 가지는 사이버 범죄이다.

봇넷은 범죄목적으로 공격자의 원거리 명령에 제어되는 훼손된 컴퓨터 집단으로, 대부분 인터넷 실시간 대화 서버의 채널을 통해 제어되며, Internal Protocol은 외부로 공개되지 않아 범죄 추적에 어려움이 있는 사이버 범죄이다. 패치되지 않은 시스템의 보안결함을 주로 이용하므로 보안패치를 최신으로 업데이트하거나 이메일이나 메신저에서 알지 못하는 첨부파일을 점검하는 등의 대응이 필요하다.

Ransom-Ware는 e-Mail 첨부파일이나 FTP 등을 통해 특정시스템에 침입하여 내부 문서나 그림파일을 암호화하여 암호해제를 미끼로 금품을 요구하는 사이버 범죄로, e-Mail 보안설정 및 중요문서에 대한 주기적 백업 등 사용자의 주의가 필요하다.

[키워드]
- 스파이웨어: 이용자 동의 없이 시스템 변경, 정상프로그램 방해, 키보드 입력 및 표시내용 수집
- 봇넷: 패치되지 않은 시스템의 결함을 이용하여 침투 및 원거리 제어를 당하는 훼손된 컴퓨터집단, 보안패킷 최신 업데이트 등의 대응 필요
- Ransom-Ware: 컴퓨터 내부 파일을 암호화하여 암호해제를 미끼로 금품을 요구, 개인 사용자의 관리가 중요

5) Pharming

개념	– 합법적 소유의 도메인 탈취나 DNS를 속여 실제 사이트로 오인을 유도하여 개인정보를 도용하는 개인정보 유출 사기기법
공격방법	
대응방안	– 사이트 관리자는 Domain Lock 신청 및 메일 관리 철저 – 개인 PC 및 DNS 관련 취약성 제거 툴 사용

6) Phishing

개념	– 유명기관을 사칭한 위장 이메일을 불특정 다수 이메일 사용자에게 전송하여 위장, 홈페이지로 유인, 인터넷 상에 신용카드 정보나 패스워드 등 민감한 개인의 금융정보를 획득하는 사회공학적 기법을 사용한 범죄	
특징	– 금전적 피해유발, 공격 유형의 지속적 변화, 피싱에 대한 대응의 어려움	
공격방법	– Man in the Middle, URL 위장 방법 – 데이터 감시(Key Logger, Screen-grabber이용) – CSS(Cross Site Scripting), 은닉 방법	
대응방안	기술적 대응	– 웹사이트 인증, 메일서버인증, PC확인 방식의 전자서명메일, 게이트웨이 확인 방식의 전자서명 메일 방법
	사회 문화적 대응	– 피싱인식 제공활동, 피싱대응 실천 문화 확산, 피싱정보 공유 및 신속 대응 – 피싱 위협 및 피해 감소를 위해 기업의 Best Practice 수립 및 전파
	법제도적 대응	– 피싱방지 법안(미국, 2005) – 정보통신망법 이용촉진 및 정보보호 등에 관한 법률 개정안 마련

[길라잡이]

• 신종 피싱 위협에 대한 대응방안

신종 피싱 공격	위협에 대한 취약성	기술/관리적 대응방안
비싱(Visjing)	VoIP로 불특정 다수에게 전화를 걸어 개인정보를 빼내는 새로운 피싱 수법	사용자 보안의식훈련
스미싱(Smishing)	모바일 피싱공격으로 문자 메시지 이용한 신종 피싱기법	보안 교육 강화
키로거 (Key Logger)	사용자 키보드 움직임을 탐지해 암호, 계좌번호를 빼가는 기법	개인 방화벽 설치, 모니터링

7) Spamming

개념		– 인터넷상에서 다수의 수신자에게 이메일을 무작위로 송신
특징		– 수신인의 의사와 상관없는 메시지나 뉴스 전송 – 적은 비용으로 다수에게 광고, 특정 종교 포교, 특정인 및 특정기업 비방 등의 목적으로 인터넷메일을 악용
대응방안	기술적 대응	– URL차단, 메시지 필터링 차단, 내용 분석 차단, 암호화 우표 사용, 시간대별 차단 방법
	제도적 대응	– Opt-Out(사후 수신거부), Opt-In(사전 승인 동의), 주니어 계정 사용, 법금 규제 및 메일 등급제

:: 도우미 임기술사

[설명]

사이버 범죄 중 Pharming은 도메인 탈취나 DNS를 속여 위조사이트를 설치하고, 실제 사이트로 오인을 유도하여 개인정보를 수집하여 악용한다. 대응방안으로는 사이트관리자가 Domain Lock 신청이나 Email에 대한 관리 및 개인 PC가 DNS관련 취약성 제거 툴을 사용하는 방법 등이 있다.

Phishing은 위장 이메일을 불특정 다수에게 전송하여 위장 사이트로 유인하여 개인 금융정보를 수집하여 악용하는 사회공학적 기법을 사용한 사이버 범죄로, 금전적 피해 유발 및 공격유형의 지속적 변화 등의 특징이 있다. 공격방법으로는 Man-in-the-Middle 및 URL 위장, 데이터감시, Cross Site Scripting 등이 있으며, Phishing은 기술적 대응뿐만 아니라 사회문화적 및 법제도적 대응방안 수립이 필요하다.

Spamming은 다수의 수신자에게 이메일을 무작위로 송신하여 적은 비용으로 광고, 종교포교, 특정인 및 특정기업 비방 등의 목적으로 이메일을 악용하는 범죄로, 기술 및 제도적 대응이 필요하다.

[키워드]

- Pharming: 위조 사이트 설치, 실제 사이트로 오인 유도, 개인정보 도용
- Phishing: 이메일을 통하여 위장 사이트로 유인, 개인금융정보 수집하는 사회공학적 기법사용, Man-in-the-Middle, 데이터 감시, CSS 등의 공격방법, 기술적, 사회문화적, 법제도적 대응방안
- Spamming: 이메일 무작위 송신, 기술 및 제도적 대응 필요

[기출문제]

7) 72회 정보관리: 스팸, 플래밍, 78회 정보관리: 스팸메일
   80회 조직응용: Phishing, 83회 조직응용: VoIP 스팸

답안제시

문제〉 피싱과 파밍(Phishing과 Pharming)
답〉
1. 지능화, 고도화되고 있는 개인정보 유출사기기법의 이해
가. 개인정보 유출사기기법의 정의
 - 개인정보를 훔치기 위해 사용되는 인터넷상의 모든 위조, 변조, 허위, 과장 등 일체의 사기행위 기법
나. 인터넷 개인정보 유출사기기법의 보안위협 이유
 - 늘 이용하던 사이트를 통해 의심하지 않고 개인ID, 비밀번호, 계좌/신용카드 정보유출
 - 도메인과 URL을 조작하므로 쉽게 속고, 대규모 피해 예상

2. Phishing과 Pharming의 원리 및 신종사기기법 간 비교
가. Phishing의 원리

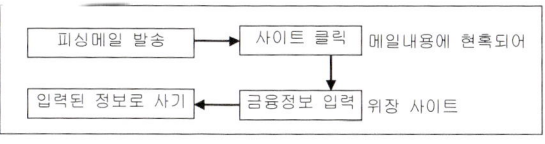

나. Pharming의 원리

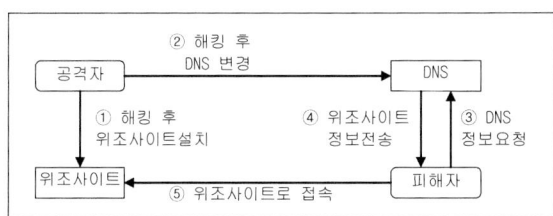

다. 신종사기기법 간 비교

비교항목	피싱(Phishing)	파밍(Pharming)	Ransom-Were
목적	개인정보 유출	개인정보 유출	금품요구
주요기법	유명사이트/관리자사냥	DNS 정보변경	개인파일 암호화
특징	광고, 이벤트, 경품메일, 금융사이트 모방	DNS를 대량 속여 피해 발생	메일, P2P, PTP를 통해 전파
주요 해결책	관련기관의 문의 및 확인	사이트 응답메시지 Host 파일검사	백업 및 이중화백업 Update

3. 개인정보 유출 사기기법에 대한 향후 대처방안
가. 개인의 정보관리 철저 및 의심부분에 대한 선조사 후 사용과 개인 PC 보안장치 항시 최신으로 유지
나. 정부주도의 개인정보 보호를 위한 사고사례 미연 방지 및 사고접수 후 재발방지를 위한 보안팀의 운영

"끝"

STEP 3

정보보호 기본방안-암호화

▮ 1 ▮ 암호화

1) 암호화의 개념

송신자	수신자

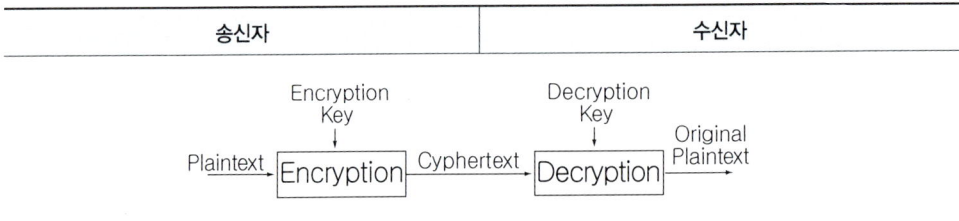

[길라잡이]

- 기존 암호화 방식(대칭키, 비대칭키): 암호를 풀 수 없다라는 전제 조건으로 암호화 어떤 암호라도 CPU의 처리능력 발전과 알고리즘의 발전으로 원칙적으로 해독은 가능함

- 양자 암호화(양자 암호화의 특징은 복제가 되지 않음)
  - 빛의 양자 역학적 특성을 이용한 양자 암호화 통신방법은 주고받는 사람 모르게 제3자가 Key를 알아내는 것이 이론적으로 불가능하기 때문에 암호화의 완성형으로 기록됨
  - 양자 암호화는 양자역학의 특성을 사용하여 제 3자가 측정을 시도하는 순간 측정 자체가 원래의 신호를 변형시켜 제3자의 불법적인 접근을 차단함
  - 암호문을 작성하기 전에 먼저 양자채널로 암호문을 만들 키를 교환한다는 것이다. 그렇기 때문에 많은 수 그리고 무작위로 보낼 수 있는 것이다. 수많은 키 중에서 보내는 사람과 받는 사람이 일치되고 도청되지 않은 키만을 선택해서 보내는 사람이 암호문을 작성한다는 것이다

2) 암호화 방법

- 중근대: 치환(Permutation), 전치(Transposition), 대입(Substitution)
- 현대 암호: 대칭키 암호화, 공개키 암호화

3) 대칭키 암호화

(1) 대칭키 암호화의 개념

- 암호화 키와 복호화 키가 동일한 암호화 방식
- 비밀키(Secret Key), 세션키(Session Key), 대칭키(Symmetric Key), 관용키 (Conventional Key)

송신자	수신자

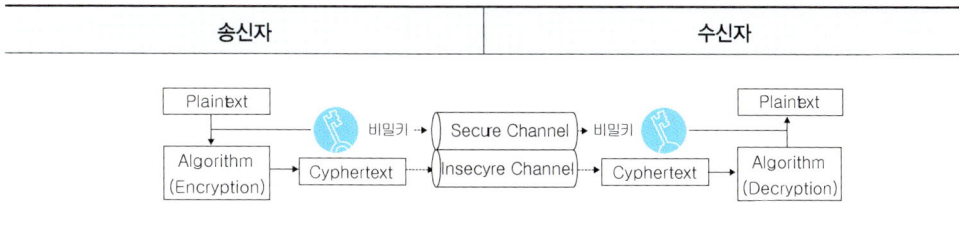

(2) 대칭키 암호화의 특징

- 기밀성은 제공 하나, 무결성, 인증, 부인방지는 보장할 수 없음
- 기본적으로 송수신자 모두 같은 키를 가지고 있어, 안전한 키전달 및 공유 방법이 필요
- 계산이 쉽고, 데이터 전송량 적음

(3) 대칭키 암호화 알고리즘 종류

구 분	스트림 암호(Stream Cipher)	블록 암호(Block Cipher)
개념	하나의 bit, 또는 하나의 byte 단위로 암호화	여러 개의 bit를 묶은 블록을 단위로 암호화
방법	평문을 XOR로 1bit씩 암호화	블록 단위로 치환, 대입을 반복하여 암호화
장점	실시간 암호, 복호화	빠른 속도, 대용량의 평문 암호화
종류	RC4, SEAL	DES, 3DES, AES, IDEA, Blowfish, SEED

(4) 대칭키 블록 암호화 알고리즘 종류

구 분	블록 크기	키 크기	Round 수	주요 내용
DES	64bit	64(56)bit	16	- 레거시 호환성은 좋음, 키 길이가 작아 해독 용이
3DES	64bit	192(168)bit	48	- DES 호환, Round 수를 늘려 보안성을 강화 - 대부분의 레거시 시스템에서 활용
AES	128bit	128, 192, 256	10, 12, 14	- 2000년에 NIST에서 DES을 대체할 차세대 대칭키 암호화 알고리즘으로 선정함, 현 미국 표준 암호화 알고리즘
IDEA	64bit	128bit	8	- 암호화 강도가 DES보다 강하고 2배 빠름
SEED	128bit	128bit	16	- 국내개발(KISA, ETRI), 국내의 보안 SW, HW에서 사용 - 2005년도에 ISO/IEC, IETF 표준으로 지정

:: 도우미 임기술사

[설명]

암호화는 허가 받은 사람들은 쉽게 이해할 수 없도록 데이터를 암호문 형태로 변환하는 것이고, 암호화된 데이터를 원래의 데이터로 변환하는 것을 복호화라고 하며, 현대 암호화의 대표적인 방법은 암호화 키를 사용하여 암호화하는 대칭키 암호화와 공개키 암호화 방법이 있다.

대칭키 암호화는 암호화 키와 복호화 키가 동일한 암호화 방식으로, 주로 기밀성 보장을 위하여 사용되고, 송수신자 간 키 공유의 안전성이 보장되어야 한다. 대칭키 암호화 알고리즘은 하나의 bit나 byte 단위로 암호화 하는 스트림 암호화 방법과 여러 개의 bit를 묶은 블록 단위로 암호화하는 블록 암호화 방법으로 분류할 수 있다. 스트림 암호화 방법은 평문을 XOR 방법으로 1bit씩 암호화하여 실시간 암호화 및 복호화가 가능한 장점이 있으며, RC4, SEAL이 대표적인 스트림 암호화 알고리즘이다. 블록 암호화 방법은 블록단위로 치환 및 대입을 반복하여 암호화하는데, 암호화 속도가 빨라서 대용량의 평문을 암호화 하는 데 적합하며, 알고리즘 종류로 DES, 3DES, AES, SEED 등이 있다. DES(Data Encryption Standard)는 암호화 블록크기가 64bit이고, 암호화 키 크기가 64 또는 56bit이며 16Round를 거쳐 암호화가 가능한 대칭키 블록암호화 알고리즘으로, 호환성은 좋으나, 키 크기가 작아 해독이 용이한 단점이 있다. 이를 보완하기 위해 DES와 호환이 가능하고 키 크기 및 Round 수를 늘려 보안성을 강화한 3DES가 있으며, 차세대 대칭키 암호화 알고리즘으로 AES(Advanced Encryption Standard)와 DES보다 암호화 강도가 강하고 2배 빠른 IDEA가 있다. 또한, 국내에서 개발(KISA, ETRI)하여 ISO/IEC 및 IETF의 표준으로 지정된 SEED도 대표적인 대칭키 블록 암호화 알고리즘이다.

[키워드]
- 암호화: 평문을 암호화 키로 암호화, 암호문을 복호화 키로 복호화
- 대칭키 암호화 방법: 암호화 키와 복호화 키가 동일(송수신자가 동일한 키 공유)
- 기밀성 제공, 무결성 및 부인방지 제공 어려움, 키 공유 방법 필요, 계산용이, 데이터전송량 적음
- 스트림 암호화 알고리즘: 평문을 XOR로 1bit씩 암호화, 실시간 암복호화 가능, RC4, SEAL
- 블록 암호화 알고리즘: 블록단위 치환 및 대입을 반복한 암호화, 속도빠르고 대용량 데이터 암호화
- 대칭키 블록 암호화 알고리즘 종류: DES, 3DES, AES, IDEA, SEED
- DES의 보안성 강화한 3DES, AES, IDEA, 국내개발 ISO/IEC 및 IETF표준 SEED

[기출문제]
8) 81회 조직응용: SEED

[예상문제]
• 1 교시형
  1) AES

• 2교시형
  1) 대칭키 암호화 및 비대칭키 암호화의 차이점을 비교하고 종류를 설명하시오.

답안제시

문제〉 암호화
답〉
1. 전자상거래 시 필수사항 암호화
가. 암호화(Encryption)의 정의
 – 메시지의 내용이 불명확하도록 평문을 재구성하여 암호화된 문장으로 만드는 행위
나. 암호화의 배경
 – 컴퓨터와 네트워크에 대한 의존도의 증대에 따른 부작용(위변조 등) 증가
 – 정보의 안정성과 신뢰성을 보장하기 위해 암호화 적용

2. 암호화 기술의 분류와 기반기술의 비교
가. 암호화 기술의 분류
 1) 스트림 암화화: 한번에 1bit 또는 1byte씩 암호화
 2) 블럭 암호화: 평문을 블럭으로 나누어 암호화(Feistal, DES, SEED)
 3) 관용암호화: 암호화키와 복호화키가 동일(DES, SEED, AES 등)-대칭키 방식
 4) 공개키 암호화: 암호화키와 복호화키가 다름(RSA, ECC 등)-비대칭키 방식

나. 암호화 기반기술의 비교

구 분	대칭키(개인키) 방식	비대칭키(공개키) 방식
장점	– 암복호화 속도 빠름 – 하나의 비밀키 관리	– 키 관리와 높은 수준의 암호화 가능 – 디지털 서명, 인증 가능
단점	– 키생성과 분배의 어려움 – 불특정 다수와 통신시 곤란	– 속도가 느림 – 전반적인 PKI 솔루션 구축 필요
사례	– DES, IDEA, SEED – 128 bit 키 길이	– RSA, ECC, DSA – 1024/2048 bit 키 길이

3. 암호화 기술의 고려사항 및 활용
가. 인터넷을 통한 침해 방법 및 수준이 고도화 됨에 따라 이에 대응하기 위한 암호화 기술(광자 암호화 기술 등)도 발전해야 함
나. 유선에서는 공개키 기반의 RSA가 활용되고 있으며, 무선에서는 ECC 알고리즘이 활용될 것임

"끝"

4) SEED

- SEED의 개념: KISA와 ETRI에서 개발하고 TTA와 ISO/IEC에서 국제표준으로 제정된 128bit 키 블록단위로 메시지를 처리하는 대칭키 블록 암/복호화 알고리즘

- SEED의 주요 기능

분 야	주요 기능
Device	- 유·무선 통신, 네트워크, 인터넷 장비(Router, Soft Switch, PBX 등)의 비밀키 암호화 방식 표준, 상호 인증 수단
Service	- 전자상거래, 교통카드, 무선전화 등에서 정보보호 및 개인 프라이버시 보호를 위한 표준 암호화 방식(기밀성 보장)

(2) SEED의 주요 특징 및 대칭키 암호화 알고리즘 간 비교

- SEED의 주요 특징

구 분	주요 내용
키 길이	128bit 고정 키 사용
블록 암호화	128bit 길이 블록단위 암호화, 16Round
암호화 방식	DES 같은 Feistel (전치, 치환, XOR 사용)
운영 모드	일반적 블록안호화 운영모드(ECB, CBC, CRB, OFB)

– 대칭키 암호화 방식 간 비교

구 분	SEED	3DES	AES
특징	안전성, 빠른 암호화속도	DES호환성, 느린 암호화속도	안정성, 효율성, 구현용이성
키 길이	128bit	168bit	128bit, 192bit, 256bit
Block	128bit(16Round)	64bit(16x3 Round)	3 Layer 기반 Round 구조
개발기관	KISA, ETRI(국제표준)	IBM(레거시 시스템 표준)	Rijndea(미국 NIST 표준)

(3) SEED의 암호화 프로세스 및 알고리즘 구조

– SEED 암호화 프로세스

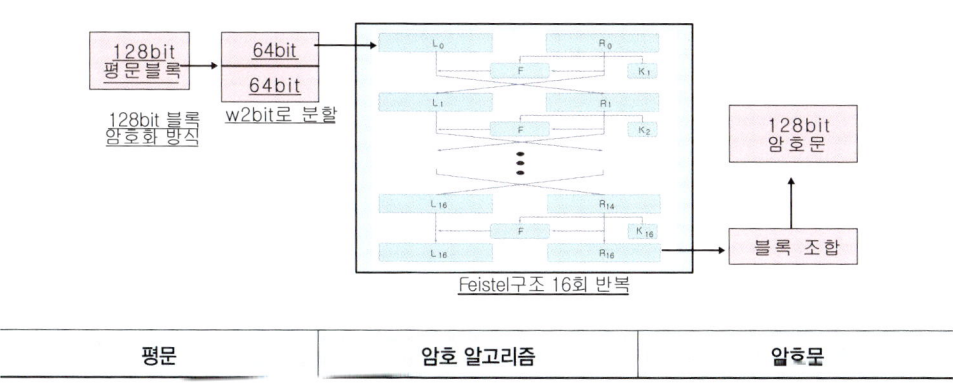

평문	암호 알고리즘	암호문

- SEED의 암호화 알고리즘

알고리즘	주요 내용	
평문 블록화	128bit 평문을 64bit씩 Lo, Ro 블록으로 나눔	
F 함수	64bit Feistel형태로 구성(16 Round) 입력: 64bit 블록과 64bit 라운드 키, 출력: 64bit 블록 출력	
	라운드키 생성	128bit 암호화키, 64bit씩 구분, 8bit씩 좌우 회전이동, 4워드 산술 연산, G함수 이용하여 생성
	G 함수	3쌍의 S1-Box, S2-Box 테이블 Lookup 동작, 마스킹 동작, XOR 연산 통해 출력
암호문	암호화된 64bit 블록 조합하여 128bit 암호문 출력	

(4) SEED의 국제 표준화 현황 및 활용사례

- SEED의 국제 표준화 현황(IETF)
  • 보안전자우편: 메시지 암호화 위한 표준
  • TLS(Transport Layer Security) 암호화 표준으로 제정
  • IPSec(Internet Protocol Security protocol)의 암호화 표준으로 제정

- SEED의 활용 사례

구 분	활용 사례
제품화 형태	전자화폐, 인증시스템, VPN, 무선단말기 보안, PC저장 데이터 보호, 웹메일, 온라인 상거래, SW 불법복제 방지 등
구현물 형태	S/W 형태, H/W 형태, IC칩 형태로 활용 중
적용 분야	정보통신, 방송서비스 수신, 데이터관리, 전자우편

구 분	활용 사례
적용서비스	개인정보보호, 관리정보보호, 지불시스템, 거래정보보호 등

:: 도우미 임기술사

[설명]

　SEED는 국내에 개발하고 TTA와 ISO/IEC에서 국제표준으로 제정된 대칭키 블록 암호화 알고리즘으로, 유·무선 통신 및 인터넷 장비 등의 암호화 및 상호 인증 수단으로 사용되며, 전자상거래나 교통카드 및 무선전화 등에서 정보보호를 위한 표준암호화 방식으로 사용되고 있다. 또한, 현재 메시지 암호화 표준으로 보안전자우편에 사용되며 TLS 및 IPSec의 암호화 표준으로 제정되어 있다.

　주요 특징은 128bit 키를 사용하여 128bit 길이 블록단위의 암호화를 16Round 수행하고, DES와 같이 전치 및 치환과 XOR를 이용한 Feistel구조를 사용한다는 것이다. SEED 의 암호화 프로세스 구조는 평문을 128bit 길이로 블록화 하여 64bit씩 Lo, Ro 블록으로 다시 나누고, 128bit 암호화키를 사용하여 Feistel구조로 16Round를 반복하고, 암호화된 64bit 블록을 조합하여 128bit씩 암호문을 출력한다. 각 Round를 위한 라운드키를 생성하는 방법은 128bit의 암호화 키를 64bit씩 구분하여 8bit씩 좌우회전 이동 및 4워드 산술연산과 G함수 등을 통하여 생성하게 되고, G함수는 3쌍의 S1/S2 Box테이블의 Lookup 동작 및 마스킹 동작과 XOR 연산을 통하여 출력하는 기능을 한다.

[키워드]

　- 128bit 키와 128bit 블록 단위로 16Round의 Feistel 구조의 암호화를 수행하고, 국내에서 개발하여 국제표준으로 제정된 대칭키 블록암호화 알고리즘

　- SEED의 암호화 알고리즘 구조: 평문의 블록화(128bit 블록으로 평문 분리), F함수(64bit

의 Feistel 구조로 16Round, 128bit 암호화 키), 암호문(128bit 블록 암호문) 출력

- 보안전자우편, TLS, IPSec의 암호화 표준으로 제정
- 제품, S/W 및 H/W, 정보통신 및 데이터 관리, 전자우편, 개인정보보호, 지불시스템 등에 활용

[기출문제]

9) 81회 조직응용: SEED

답안제시

[작성] 세리 80회 조직응용기술사(수석합격자)

문제〉 SEED

답〉

1. 한국표준에서 세계표준으로 SEED 개요

가. SEED의 개념
- 국내 KISA, ETRI에서 개발하고 TTA 인증된 128bit 키를 사용하는 대칭키 블록 암호화 알고리즘

나. SEED가 주는 의미
- Device: 유·무선통신, 네트워크, 인터넷 장비(Router, Soft Switch, PBX)의 비밀키 암호화 방식 표준, 상호 인증 수단
- Service: 전자상거래, 교통카드, 무선전화의 표준 암호화 방식(기밀성)

2. SEED 의 특징 및 타 대칭키암호화 알고리즘과 비교

가. SEED 의 특징
- 키: 128bit의 고정길이 키 사용
- 블록 암호화: 128bit 길이의 블록 단위 암호화, 16Round
- 방식: DES와 같은 Feistel, 전치, 치환, XOR 사용
- 운영모드: 일반적인 블록암호화 운영모드제공(ECB, CBC, CFB, OFB)

나. SEED와 타 대칭키암호화 알고리즘 비교

구분	SEED	3DES	AES
특징	안전성, 속도 좋음	DES호환, 안전성 비교적 낮음	안전성, 효율성 좋음

구분	SEED	3DES	AES
키 길이	128bit	168bit	128,192, 254bit
Block	128bit(16Round)	64bit(16X3Round)	128 인가??
개발	KISA, ETRI	IBM	Rijndeal(벨기에)
현황	국내표준	레거시 시스템 표준	미국(NIST) 표준

3. SEED의 활용과 국제표준화 현황
가. 국내 온라인 쇼핑몰, 전자화폐, 이러닝, 방송(위성, 인터넷, 케이블), 문서보안 교통카드시스템, 무선 통신암호화 등의 비밀키 암호화 표준으로 사용 중임
나. 2005년도에 ISO/IEC, IETF 표준으로 지정됨, 뿐만 아니라 보안메일, IPSEC, TLS 상의 비밀키 알고리즘 표준으로 지정됨(IETF)

"끝"

• 참고: 가장 추천하는 1교시형 답안임
• SEED에 대한 강의는 www.serigisulsa.com에서 동영상 메뉴에 있음(백신혜 기술사 강의)

[길라잡이]

비교 항목	대칭키 암호화		공개키 암호화
	SEED	AES	ECC
특징	-128bit 블록 암호화, Feistel 구조, 국제표준화	-미국 차세대 128bit 대칭형 블럭암호화 알고리즘	-적은 BIT 키로 우수한 비도를 가짐, 이산대수방식
장점	-안전성, 신뢰성 우수 -3중 DES 보다 고속처리	-키를 128bit, 192bit, 256bit 중 선택가능, SPN구조	-RSA의 속도문제 해결 -무선환경의 제약환경 극복
활용	-전자상거래, E-mail	-미연방 성보처리 기준	-무선환경 전자서명

5) 키 교환

(1) 키 교환 개념

- 대칭키 암호화 방법을 사용하기 위해 같은 비밀키를 통신 양편이 안전하게, 제3자로의 유출없이 서로 공유 하는 방법

(2) 키 교환의 어려운 점

- 키 유출 문제: 키를 교환할 때 중간의 누군가가 가로 챌 수 있음
- 키 관리 문제: 키를 공유하는 사람들이 많아질수록, 암호화 통신 횟수가 많아질수록 증가되는 키를 관리하기가 어려워짐(키 주인 파악, 키 저장 문제)

(3) 대응 방안

- 키 분배 센터(KDS, Key Distribution Center)
  - 비밀키를 만들어서 대칭키 암호화 통신을 하려는 사람들에게 분배
  - 사용자의 키 제작, 전달, 관리 부담 전담
  - KDS와 사용자 사이의 비밀키 교환이 먼저 이루어져야 함
  - 사용자가 많아질 수록 KDS의 키 관리가 어려움
- 공개키 암호화 방법: 모든 키 교환 문제를 해결 용이

:: 도우미 임기술사

[설명]

대칭키 암호화 방법을 사용하기 위해서는 송수신자가 동일한 비밀키를 안전하게 공유할 때 키교환 방법을 사용한다. 키를 교환할 때 중간에 누군가가 가로챌 수 있는 키 유출 문제와 키를 공유하는 사람들이 증가하거나 암호화 통신 횟수가 많아질수록 키 주인 파악이나 저장 문제 등 관리가 어려운 문제점이 있다.

이러한 키 교환 문제에 대한 대응방안으로 비밀키를 만들어서 대칭키 암호화 통신자들에게 분배하거나 사용자 키 제작 및 전달과 관리 등을 전담하는 키 분배 센터를 이용하는 방법이 있는데, 이는 키 분배 센터와 사용자 사이의 비밀키 교환을 전제로 하고 사용자가 증가 할수록 키 분배 센터 자체의 키 관리 문제가 발생할 가능성이 있다. 그래서, 모든 키 교환 문제를 해결하는 가장 효율적 방법으로 공개키 암호화 방법이 있다.

[키워드]
- 키 교환: 대칭키 암호화 사용 위한 안전한 비밀키 통신
- 키 교환 문제점: 키 유출 문제, 키 관리 문제
- 키 교환 문제 대응방안: 키 분배 센터, 공개키 암호화 방법

6) 공개키 암호화

(1) 공개키 암호화 개념

- 암호화 키와 복호화 키가 다른 암호화 방식, 키 교환은 키합의 또는 키 전송 사용

(2) 공개키 암호화의 등장배경

등장 이유	주요 내용
키관리 문제	비밀키의 배분, 공유문제, 수많은 키의 저장, 관리 문제
인증	메시지의 주인(작성자 또는 발신자)를 인증 할 필요
부인방지	메시지의 주인(작성자 또는 발신자)이 아니라고 부인함을 방지

(3) 공개키 암호화 방식

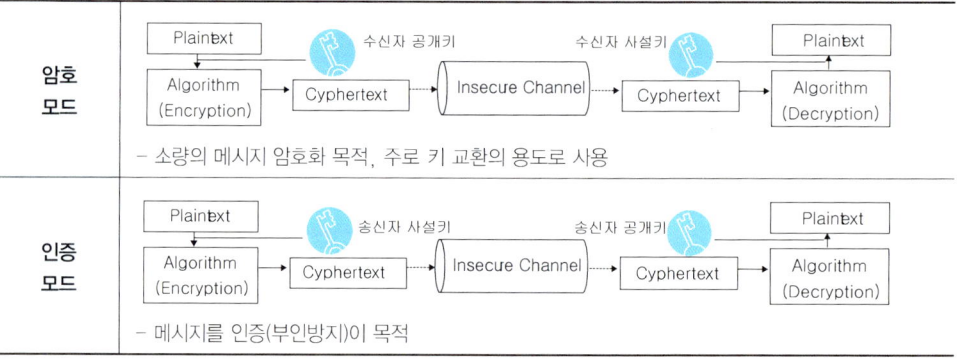

암호 모드	
– 소량의 메시지 암호화 목적, 주로 키 교환의 용도로 사용	
인증 모드	
– 메시지를 인증(부인방지)이 목적	

(4) 공개키 암호화 알고리즘 종류

구 분	특 징	수학적 배경	장 점	단 점
DH (Diffie-Hellman)	– 최초의 공개키 알고리즘 – 키분배 전용 알고리즘	이산대수문제	– 키 분배에 최적화 – 키는 필요 시에만 생성, 따로 저장 불필요	– 암호모드로 사용(인증 불가) – 위조에 취약

구 분	특 징	수학적 배경	장 점	단 점
RSA	- 1978 개발, ITU, ANSI 등 대부분의 공개키 암호화 표준 - 상용으로 가장 많이 사용	소인수분해 어려움	- 특허 2000년 만료 - 여러 라이브러리 존재	- 컴퓨터 속도 발전으로 키의 길이가 점점 증가
DSA	- NIST 개발 - 전자 서명 알고리즘 표준	이산대수문제	- 간단한 구조(Yes or No의 결과만 가짐)	- 전자서명 전용 - 암호화 · 키 교환 불가
ECC	- 짧은 키로 높은 암호 강도 - PDA, 스마트카드, 휴대폰	타원곡선	- 오버헤드 적음 - 163키= RSA 1024 키의 강도 가짐	- 키테이블(20Kbyte) 필요

(5) 대칭키 암호화와 공개키 암호화 방식의 비교

구분	대칭키 암호화	공개키 암호화
키 보관	개인이 비밀리에 보관	개인키는 비밀리에 보관, 공개키는 외부에 공개
키 교환	키 교환은 어렵고 위험	공개키를 교환은 용이
키 길이	64, 128bit 등 비교적 작은 길이	512, 1024, 2048bit 등 큰 길이
암호화/복호화 속도	매우 빠름	매우 느림
평문의 길이	제한 없음(대용량의 평문 암호화)	제한, 대용량의 평문은 시간, 연산의 제약으로 어려움
주요보안기능	기밀성은 제공하나 무결성, 인증, 부인방지 기능은 없음	기밀성, 인증, 부인방지 기능은 제공하나 무결성은 제공하지 않음
사용부야	일반적인 평문의 암호화, 네트워크 통신 시 송수신 데이터의 암호화/복호화	키 교환, 메시지 인증(전지시명)에 주로 시용

[설명]

공개키 암호화는 암호화 키와 복호화 키가 다른 암호화 방식으로, 비밀키 교환 및 공유와 관리문제를 해결하고 메시지 작성 및 발신자의 인증과 부인방지를 위하여 사용되는 암호화 방법이다. 수신자의 사설키로 암호화하고 공개키로 복호화 하는 암호모드와 송신자의 사설키로 암호화하고 공개키로 복호화하는 인증모드로 구분할 수 있다. 공개키 암호화 알고리즘은 해커가 비밀키를 알기 위해 더 많은 시간이 걸리도록 주로 수학을 기반으로 만들어지며, 종류로는 DH, RSA, DSA, ECC 등이 있다.

DH는 최초의 키분배에 최적화된 키분배 전용 공개키 암호화 알고리즘으로, 수학의 이산대수의 문제를 기반으로 만들어졌으며, 공개된 라인에서도 비밀키 교환이 가능한 암호화 기능은 가지고 있지만, 인증기능은 불가능하고, 비밀키 교환에 불편이 있다. 대안으로 인증문제 및 키교환 문제를 모두 해결할 수 있는 대표적인 공개키 암호화 표준 알고리즘인 RSA가 있으며, RSA는 수학의 소인수분해의 어려움을 기반으로 만들어져, 공개키로 암호화 하는 기밀성 서비스와 개인키로 암호화하는 전자인증이 모두 가능하다. 전자서명 알고리즘의 표준인 DSA는 간단한 구조의 이산대수 문제를 기반으로 하며 전자서명을 통한 인증, 무결성, 부인방지를 제공하는 미국표준 서명 알고리즘이다. DSA와 RSA의 차이는, RSA는 원문을 개인키로 암호화해야 전자서명이 가능하나, DSA는 전자서명 여부만 결정하면 된다. 타원곡선 이산 대수문제에 기반을 둔 대표적 알고리즘인 ECC(Elliptic Curve Discrete Logarithm Problem)는 암호강도가 높고 빠른 특징을 가지고 있으며, PDA, 스마트카드, 핸드폰 등에 사용된다. 대칭키 암호화와 공개키 암호화에 대한 주요 특징을 비교하자면, 대칭키 암호화는 비교적 작은 길이의 키를 개인이 비밀리에 보관하고, 암복호화 속도가 빨라 대용량의 평문도 암호화가 용이하며, 네트워크 송·수신시 데이터의 기밀성을 보장하는데 주로 사용된다. 이에 반해, 공개키 암호화는 대칭키 암호화에 비해 비교적 키 길이가 큰 키를 가지고, 암복호화 속도가 매우 느려 암호화 데이터 길이에 제한이 있으며, 기밀성, 인증, 부인방지 기능을 제공하고 키 교환이나 전자서명에 주로 사용된다.

[키워드]

- 암호화 키와 복호화 키가 다름, 키 관리 문제 해결, 인증, 부인방지 기능
- 기밀성을 제공하는 암호모드와 부인방지 기능을 제공하는 인증모드로 분류
- DH: 키분배 전용 알고리즘, 이산대수 문제, 암호모드로만 사용
- RSA: 공개키 암호화 표준, 상용으로 가장, 소인수 분해 어려움
- DSA: 전자서명 알고리즘 표준, 이산대수 문제
- ECC: 타원곡선 이산대수문제, 암호강도 높음, 무선환경에 적합

[예상문제]

• 1 교시형

1) 공개키 암호화 기술의 종류

2 메시지 다이제스트

1) 메시지 다이제스트(Message Digest)의 개념

- 복호화가 불가능한 특징을 가지는 암호화 방식의 일종, 해시함수
- 메시지 다이제스트 혹은 해시함수를 통해 생성되는 값(암호화된 값)을 MD값 혹은 해시값이라고 함
- 메시지 다이제스트는 오직 무결성 서비스만 제공
- 주요 활용분야: 공개키 암호화+메시지 다이제스트의 조합으로 전자서명에 사용
- 알고리즘: MD4, MD5, SHA-1, RIPEMD-160

2) 메시지 다이제스트의 특징

특 징	주요 내용
압축	임의의 길이의 평문을 고정된 길이의 출력값으로 변환함
일방향(One-Way)	메시지(평문)에서 해시값(해시코드)를 구하는 것은 쉽지만, 반대로 해시값에서 원래의 메시지를 구하는 것은 매우 어려움
민감성	평문의 한 bit만 바뀌어도, 해시값은 50% 이상이 바뀜
충돌방지(Collision-Free)	다른 메시지가 같은 해시값을 가질 확률은 거의 0에 가까움

:: 도우미 임기술사

[설명]

메시지 다이제스트는 복호화가 불가능한 특징을 가지는 암호화 방식으로 해시함수라고도 하는데, 메시지 다이제스트 또는 해시함수를 통해 생성된 암호화된 값은 MD 또는 해시값이라고 한다.

메시지 다이제스트는 임의 길이의 평문을 고정된 길이의 출력값으로 변환, 해시값으로

평문을 도출하기 어려운 단방향, 평문의 한 bit만 바뀌어도 해시값은 50% 이상 바뀌는 민감성, 다른 메시지가 동일한 해시값을 가질 확률이 거의 없도록 충돌방지가 가능한 특징이 있다. 또한 메시지 다이제스트는 무결성만 제공하고 공개키 암호화의 조합으로 전자서명에 주요 활용된다.

주요 알고리즘으로는 MD4, MD5, SHA-1, RIPEMD-160 등이 있는데, 128bit 해시값을 가지는 알고리즘은 MD2, MD4, MD5로, MD2는 MD5와 구조는 비슷하나 8bit 컴퓨터에 최적화 되어 있고, MD4와 MD5는 32bit 컴퓨터에 최적화 되어 있다. MD4는 MD5의 초기버전으로 전자서명의 무결성을 검증하는 데 주로 사용되며 MD5는 MD2에 비해 안전성이나 속도가 향상된 알고리즘이다. SHA-1은 160bit 해시값을 생성하고, 특별히 알려진 공격방법이 없는 안전한 알고리즘이며, RIPEMD-160은 160bit 해시값을 생성하고 MD4의 변형으로 암호 분석공격에 대한 저항성을 가지는 특징이 있다.

[키워드]
- 복호화가 불가능한 단방향, 고정길이의 출력값 생성, 민감성, 충돌방지 특징이 있는 암호화 방식
- 해시함수, 결과 값은 MD값 또는 해시값
- 무결성 서비스 제공, 공개키 암호화 방식과 조합하여 전자서명에 주로 사용
- 알고리즘 종류: MD4, MD5, SHA-1, RIPEMD-160 등

3 PKI

1) PKI(Public Key Infrastructure)의 개념

- 공개키 암호 기술에 기반을 둔 인증서를 생성, 관리, 저장, 분배, 말소, 검색, 인증을 효과적이고 투명하게 수행하는 하드웨어, 소프트웨어, 인력, 정책 등의 집합체 기반구조

2) PKI의 필요성(목적)

구 분	주요 내용	요소 기술
인증(Authentication)	사용자에 대한 확인, 검증(공개키 인증)	Certificate
기밀성(Confidentiality)	송수신 정보에 대한 암호화	암호화, 복호화
무결성(Integrity)	송수신 정보의 위/변조 방지	해시함수(MD)
부인방지(Non-Repudiation)	송수신 사실에 대한 부인방지	전자서명
접근제어(Access Control)	허가된 수신자만 정보에 접근가능	DAC, MAC, RBAC
키 관리(Key Management)	공개키에 대한 발급, 등록, 관리, 폐기	

3) PKI의 인증서(인증키) 발급 구조

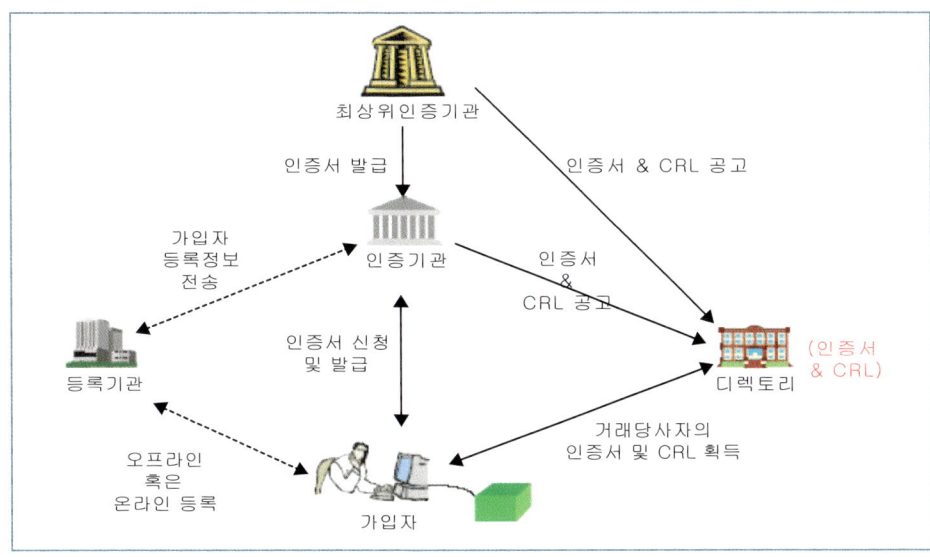

4) PKI의 구성 요소

구성 요소	주요 기능
인증기관 CA (Certification Authority)	– 인증 정책을 수립, 인증서 및 인증서 폐기 목록 관리(생성, 공개, 취소, 재발급 등) – 다른 CA와 상호 인증 – CRL(Certificate Revocation List)등록 및 인증절차 작성 – PCA, PAA의 하위기관
등록기관 RA (Registration Authority)	– 사용자 신원 확인, 인증서 요구를 승인, CA에 인증서 발급 요청 – PKI를 이용하는 애플리케이션과 CA 간 인터페이스 제공 – 대표적 RA: 은행, 증권회사
Directory	– 인증서, 암호키에 대한 저장, 관리, 검색 등의 기능 – PKI관련 정보 공개

구성 요소	주요 기능
User	– 인증서 생성, 취소 등을 요구, 인증 경로 검증 – 인증서 사용, 활용(디지털 서명, 암호화 등) – 디렉토리로 부터 인증서 및 인증서 취소 목록 획득
인증정책	– 특정한 형태의 인증서를 발행하기 위한 절차 기술

- PAA: Policy Approving Authority, 정책 승인 기관, 최상위 인증기관
- PCA: Policy Certification Authority, 정책 인증 기관, 중간 인증기관, 정책 수립 및 CA 운영이 정책을 따르는지를 감시

5) PKI 아키텍처(PKI 구성 방법)

구분	계층 구조	네트워크 구조	하이브리드 구조
개념	 – 각 CA는 자신의 상·하위 CA와 인증서를 교환함 – 모든 사용자는 루트 CA인증서를 소유하고 있음	 – 독립된 CA의 도메인 서비스 – 인증서 탐색경로는 최단 거리 알고리즘 사용 – 사용자는 자신의 인증서를 발행한 CA의 인증서 소유	 – 계층구조와 네트워크 구조 방식을 혼합한 것
장점	– 인증경로 탐색이 간단 – 사용자의 인증서 검증(인증)이 용이, 빠름 – 인증서 정책의 일괄적 구현, 관리가 용이, 확장성	– 상업적 상호 신뢰관계 구축 용이 – 융통성 있는 정책과 처리 부하의 경감 – 루트 CA의 비밀키 분실시의 복구 용이	– 두 방식의 장점

구분	계층 구조	네트워크 구조	하이브리드 구조
단점	- 루트 비밀키 분실시 전체 CA 인증서 재발급 필요 - 중간의 CA 멈추면 아래 CA 나 사용자 인증 불가	- 인증서 탐색 경로 체계의 복잡성, 관리의 복잡성 - 다수의 인증 경로 존재 가능	- 구성의 복잡성

6) PKI의 고려사항

고려 사항	상세 내용	요소 기술
상호연동 문제	기업 간, 국가 간의 인증기관(CA) 간 상호 연동체계 구축(아시아 PKI 포럼), 상호운용성 보장필요	통합인증시스템
인증서 취소목록(CRL)	인증서 취소목록에 대한 접근을 OCSP방식을 이용	유효성 실시간 검증방식
보안성 강화	암호키에 대한 보안성 강화를 위해 RSA방식에서 ECC 방식으로 전환	
키 관리 문제	Key 관리 기반 구조의 활성화	KMI
권한 관리	PMI기반 구축 통한 속성인증서 관리	PMI

7) PKI의 활용

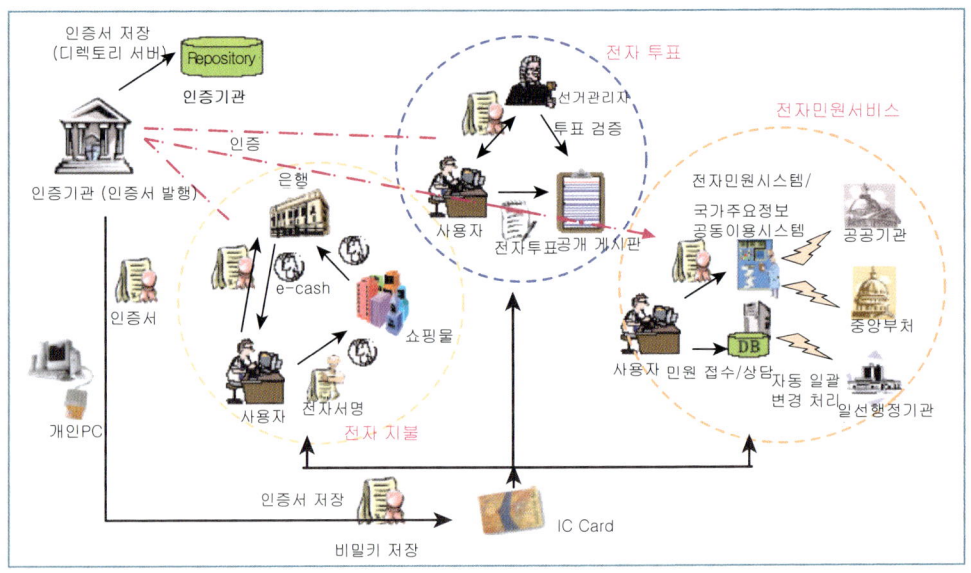

:: 도우미 임기술사

[설명]

Public Key Infrastructure는 공개키 암호화에 기반을 둔 인증서 또는 인증키를 생성, 관리, 분해, 말소, 검색, 인증 등을 효과적이고 투명하게 수행하는 기반구조로, 인증, 기밀성, 무결성, 부인봉쇄, 접근제어, 키관리를 목적으로 한다. PKI는 인증기관, 인증서, 등록기관, 디렉토리서버 및 인증서관리시스템 등으로 구성된다. 인증기관(CA)는 인증정책을 수립하여 인증서 발급 및 검증을 수행하고, 인증서는 공개키 또는 공개키에 관한 정보를 포함하고 있다. 또한, 등록기관(RA)는 인증서 발급시 인증기관의 입증을 대행하는 기능을 하며, 디렉토리 서버는 공개키를 가진 인증서들을 보관 및 관리한다. PKI 구성방법은 계층 구조, 네트워크 구조, 하이브리드 구조 세 가지로 분류한다. 계층 구조는 각 인증기관은 자신의 상하위 인증기관과 인증서를 교환하고 모든 사용자가 Root 인증기관의 인증서를 소유하고, 인증경로 탐색이 간단하여 사용자 인증서 검증이 용이하고 빠르다는 장점이 있다.

네트워크 구조는 독립된 인증기관의 도메인서비스로 사용자는 자신의 인증서를 발행한 인증기관의 인증서를 소유하고, 루트 인증기관의 비밀키 분실시 복구가 용이하나, 인증서 탐색경로가 복잡한 단점이 있다. 하이브리드 구조는 계층 구조와 네트워크 구조가 방식이 혼합된 것으로 구성의 복잡성이 특징이다. PKI 구축 및 운영시 고려사항으로는 기업 및 국가간 인증기관의 상호연동 문제, 인증서 취소목록 접근방식, 보안성, 키 관리 문제, 권한관리 등이다. PKI는 주로 전자투표나 전자지불, 전자민원서비스 등에서 활용된다

[키워드]
- 공개키 암호화기반의 인증서 생성/관리/저장/분배/말소/검색/인증의 기반구조
- 목적: 인증, 기밀성, 무결성, 부인봉쇄, 접근제어, 키 관리
- 구성요소: 인증기관, 등록기관, Directory, User, 인증정책
- 구성방법: 계층 구조, 네트워크 구조, 하이브리드 구조
- 고려사항: 상호연동, 인증서취소목록(CRL), 보안성, 키관리 권한관리

[기출문제]
10) 69회 정보관리: PKI

[작성] 제80회 조직응용기술사

문제〉 PKI

답〉

1. PKI의 정의 및 등장 배경

가. PKI(Public Key Infrastructure)의 정의
- 보안 서비스에 가장 중요한 공개키의 생성, 공개, 분배, 검색, 인증을 효과적이고 투명하게 구현하는 전차 및 시스템 구조
- 인증, 암호화, 무결성, 부인방지 같은 보안 서비스를 가능 하게 하는 공개키 암호화를 위한 기반 구조

나. PKI의 등장 배경
1) 비즈니스 측면
- 전자 상거래, EDI, 금융 등에서의 상대방 인증 및 거래 무결성 필요
- 일관적인 보안 정책 및 보안 아키텍처를 통한 보안적 관리의 편이
- Critical 한 기업 자산을 보호 해 줄 수 있는 기본 보안 구조
2) 기술적 측면
- 키의 관리, 분배, 저장, 재생성, 검색의 어려움
- 공개키와 개인키, 그리고 키의 소유자의 매칭(인증)의 어려움
- 표준적이고 글로벌한 범위의 공개키의 분배, 인증 방식의 필요

다. PKI가 제공하는 보안 서비스

보안서비스	내용	구현 방법
기밀성 (Confidenciality)	승인된 자만 메시지의 내용을 볼 수 있음	대칭키 암호화(DES, 3DES, Blowfish)
무결성(Integrity)	메시지의 내용이 변하지 않았다는 것을 보장	메시지 다이제스트(MD, SHA, MAC), 전자 서명
인증(Authentication)	원하는 사람이 맞는지를 보장	패스워드(PAP), 시도-응답(CHAP), 커버로스, 인증서, 전자서명
부인방지 (Non-repudiation)	수신, 송신을 하지 않았다는 것을 부인 못함	전자서명
키 관리 (Key Management)	키 생성, 분배, 삭제, 저장 등 키의 관리	공개키 암호화(DH, RSA), CA, Repository

* PAP(Password Authentication Protocol): 일반적 아이디, 패스워드를 통한 신원 인증
* CHAP(Challenge Handshake Authentication Protocol): 시도 - 응답을 사용한 1회성 패스워드 (OTP)를 이용한 신원 인증

2. PKI의 인증서 발급, 인증 절차 및 구성 요소
가. PKI의 인증서 발급, 인증 절차
 1) 발급 절차

CA		1) 사용자는 개인키, 공개키 쌍을 생성
		2) 공개키와 사용자정보를 RA에 보냄(개인키는 사용자 컴에 저장)
RA	디렉토리	3) RA는 사용자정보와 사용자 신원을 확인
		4) RA는 공개키와 사용자 정보를 CA에게 보냄(공개키 요청서, Certificate Request)
		5) CA는 공개키 인증서 생성
사용자		6) CA는 생성한 인증서를 사용자에게 보내고 디렉토리에 공개

 2) 인증 절차

CA		1) 사용자는 쇼핑몰에 결제정보와 인증서 전송
		2) 사용자가 인증서를 보내지 않았을 경우는 디렉토리에서 찾음
	디렉토리	3) 쇼핑몰은 받은 인증서를 발급, 서명한 CA의 인증서를 CA로부터 받음
		4) CA 인증서가 Root 인증서가 아닌 경우 Root 인증서로부터 CA 인증서 인증
사용자 쇼핑몰		5) CA 인증서로 사용자 인증서 인증, 사용자 인증서로 사용자 정보 인증

나. PKI의 구성 요소 및 구조

구성 요소	기능	특징
CA(Certification Authority)	인증서 발급, 취소, 분배, 전달, 관리, 정책 결정 및 책임	PAA, PCA, CA로 나뉘어짐
RA(Registeration Authority)	사용자 등록 업무, 사용자 신원 확인, 인증 요청서 작성, 인증서 취소 요청	LRA(Local RA), ORA(Organization RA)로 구성
디렉토리(Directory)	인증서와 사용자 관련 정보, 상호 인증서 쌍 및 인증서 취소 목록 등을 저장 · 검색 하는 장소	DAP(Directory Access Protocol), LDAP(Lightweight DAP)을 이용
사용자(User)	인증서를 사용, 검증	개인이나 회사 또는 시스템

* PAA(Policy Approving Authority : 정책 승인기관, CA의 최상위
* PCA(Policy Certification Authority : 정책 인증기관, PAA와 CA의 중간

3. PKI의 구성 방법 및 응용 분야
가. PKI의 구성 방법

구분	계층 구조	네트워크 구조
형태	그림(계층형)	그림(계층 + 상호 연결)
특징	– 한 개의 루트 CA 하위에 계층적으로 연결 – 인증 방식은 차례로 계층위 순서로 인증 – 모든 인증서 사용자는 루트 CA인증서를 가지고 있어야 함	– 여러 CA가 상호 연결 – 인증 방식은 CA 간의 상호 인증 – 인증서 사용자는 루트 CA인증서를 가지고 있지 않아도 됨
장점	– 인증 경로가 간단 – 인증서 검증 용이, 빠름 – 인증서 정책의 일괄적 구현, 관리 용이	– 상업적 상호 신뢰 관계 유리 – 융통성 있는 정책, 처리 부하 경감 – CA 비밀키 손상 복구 용이, 일부 CA 죽어도 인증 가능
단점	– 루트 비밀키 분실시 전체 CA의 인증서 재발급 해야 함 – 하나의 CA 망가지면 아래 CA나 사용자인증 못함	– 인증 경로 복잡 – CA 체계 관리 복잡 – 정책의 일관적 적용 어려움
활용	– 빠른 인증이 필요한 곳 – 인증 경로가 짧은 곳 – 모바일 인증, 애플리케이션 인증	– 범용적인 인증 분야 – 범 국가적인 인증 분야

* 그 외 혼합형 구조도 있음

나. PKI의 응용 분야
 1) 전자상거래
  – 전자우편, 전자서식, 전자문서교환(EDI) 등 문서 무결성 및 인증
  – 인터넷 쇼핑, 예약, 발권, 티켓팅 등의 내용 무결성 및 사용자 인증
 2) 금융 분야
  – 인터넷 뱅킹, 사이버 증권, 전자 이체, 전자 화폐, 전자 지불 등의 거래 내용 인증 및 사용자 신원 인증
 3) 공공분야
  – 민원 문서 발급, 전자 조달, 전자 입찰, 전자 세금 수납 등의 거래 내용 인증 및 사용자 신원 인증

4. PKI의 고려 사항 및 향후 전망

가. PKI의 고려 사항

1) 사업적 측면
   - 기업 전략과 목적에 맞는 인증 정책을 만들어야 함
   - 인증서 발급 정책, 인증 정책을 인증 규모와 목적에 따라 정해야 함

2) 기술적 측면
   - 키의 크기, CA 인증 경로 구조, 전자 서명 알고리즘 등을 목적과 기기에 맞게 선택해야 함
   - 개인키를 비밀스럽게 보관할 수 있는 장치가 제공되어야 함
   - 상호 인증을 위해서 이식성, 상호 호환성이 있는 암호화 알고리즘, 전자서명 알고리즘을 사용하는지 검토하여야 함

나. PKI의 향후 전망
   - 전자상거래, 금융, 공공 등 모든 분야에서 전자적 거래의 범위가 늘어남에 따라 PKI가 제공하는 보안 서비스 영역은 더욱 커지고 중요해질 전망
   - 스트리밍 애플리케이션, 실시간 방송 등을 위한 실시간 빠른 인증 구조가 필요해질 것임
   - 무선 기기 및 가전 단말 같은 작은 어플라이언스를 위한 작으면서 안정적인 PKI 구조가 등장

"끝"

4 전자서명

1) 전자서명의 개념

- 전자문서를 작성한 자의 신원과 전자문서 변경 여부를 확인할 수 있도록 비대칭 암호화 방식을 이용하여 전자서명 생성키로 생성한 정보

2) 전자서명의 특징(조건)

특정(조건)	상세 내용
서명자 인증(Authentication)	전자 서명을 생성한 서명인을 검증 가능(서명자의 공개키)
부인방지(Non-Repudiation)	서명인은 자신이 서명한 사실을 부인 불가
위조불가(Unforgeable)	서명인의 개인키가 없으면 서명을 위조 하는 것은 불가함
변경불가(Unalterable)	이미 한 서명을 변경 하는 것은 불가
재사용 불가(Not-Reusable)	한 문서의 서명을 다른 문서의 서명으로 재사용 불가

3) 전자서명의 구조

- 공개키 암호화에 RSA 공개키 암호화 알고리즘을 사용함
- 암호화 되는 평문의 크기를 줄이기 위해 평문을 그대로 암호화 하지 않고 중간에 MD를 생성하고 그 값을 암호화 함

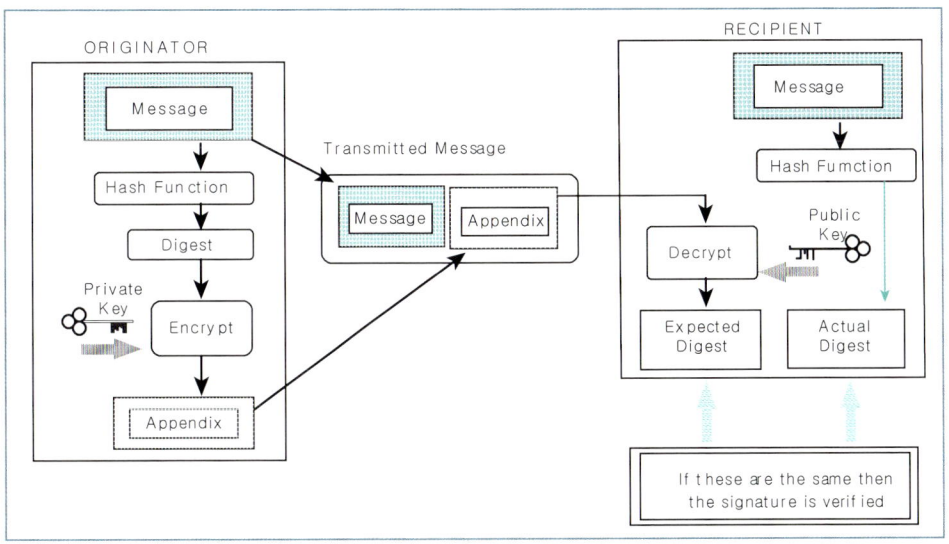

:: 도우미 임기술사

[설명]

전자문서를 작성한 자의 신원과 전자문서 변경여부를 확인할 수 있도록 공개키 암호화 방식을 이용하여 전자서명 생성키로 생성한 정보를 전자서명이라고 하는데, 서명자 인증, 부인 방지, 위조 불가, 변경 불가, 재사용 불가가 전자서명의 조건이다. 전자서명에서 RSA 공개키 암호화 알고리즘을 사용하는데, 평문을 메시지 다이제스트로 해시값을 생성한 후 송신자의 비밀키로 암호화하여 전자서명을 생성하고, 데이터의 보안을 위해 평문과 전자 서명을 수신자의 공개키로 암호화하여 송신한다. 수신자는 받은 암호화 데이터를 수신자 의 개인키로 복호화하여 평문과 전자서명을 분리한다. 송신자의 개인키로 암호화된 전자 서명을 송신자의 공개키로 복호화하면서 송신자의 신원을 확인하고, 복호화 결과인 해시값과 전자서명과 함께 받은 평문을 메시지 다이제스트로 해시값을 생성한 후, 두 해시값을 비교하여 평문의 무결성을 확인할 수 있다.

[키워드]
- 전자문서를 작성한 자의 신원과 전자서명의 무결성을 확인
- 전자서명 조건: 인증, 부인 방지, 위조 불가, 변경 불가, 재사용 불가
- 공개키 암호화, 메시지 다이제스트

[기출문제]
11) 69 조직응용, 정보관리: 전자서명

[생각해보기]
• 전자서명의 출제 히스토리
- 61 조직(25) DES, RSA, 전자서명, 디지털증명, SET을 논술하시오.
- 65 조직(10) Digital Signature
- 66 조직(25) 전자서명의 필요 요구기능을 제시하고, 전자 서명시 필수적인 PKI의 개념 및 이를 이용한 전자서명의 방법 설명
- 66 조직(25) 디지털 서명에는 PKI가 사용되는데, PKI의 개념을 쓰고, PKI가 구동되는 절차를 설명하고, 전자결재에서 사용 설명
- 66 정보(25) 전자서명의 RSA에서 서명생성 과정과 서명검증 과정
- 69 정보(10) 전자서명(Signature File)에 대해 설명하시오.
- 69 조직(10) 전자서명의 안정성과 문제요소에 대해 설명
- 69 정보(25) 인터넷을 이용한 전자입찰시스템에서 PKI인증서를 사용한 전자서명과 암호화의 적용과 효과에 대해 설명

- 최근에는 PKI 및 전자서명이 출제되지 않는다. 하지만 보안부분에서 가장 기본이 되는 주제이므로 반드시 학습이 필요하다.
- 관련 주제: PKI, WPKI, 전자서명, 은닉서명, 이중서명, 메시지 다이제스트, 해시

[예상문제]

- 1 교시형

  1) 메시지 다이제스트

  2) 해시

  3) 은닉서명

  4) SET 프로토콜의 이중서명에 대해서 설명하시오.

답안제시

[작성] 제78회 정보관리기술사

문제〉

답〉

1. 암호화의 대표적 적용사례 전자서명 개요

가. 전자서명(Digital Signature)의 정의
  - 전자문서 작성시, 작성자에 의한 전자적 형태의 서명
  - (전자서명법 제2조) "전자서명"이라 함은 서명자를 확인하고 서명자가 당해 전자문서에 서명을 하였음을 나타내는데 이용하기 위하여 당해 전자문서에 첨부되거나 논리적으로 결합된 전자적 형태의 정보를 말함

나. 전자서명 제공 보안서비스 (위·서·재·변·부·분)

보안 서비스	내용
위조불가(Unforgeable)	서명자만이 서명문 생성 가능
서명자인증(Authentication)	서명문의 서명자를 확인할 수 있어야 함
재사용 불가(Not Reusable)	다른 문서의 서명으로 사용 불
변경 불가(Unalterable)	서명한 문서의 내용은 변경 불가
부인방지(Non Repudiation)	서명자의 서명 사실을 부인할 수 없음
분쟁해결 가능(Judgeable)	제3자에 의해 정당성 검증

2. 전자서명의 기능 및 요소 기술
가. 전자서명의 기능

사용자 인증	메시지 인증
서명문의 서명자임을 제3자가 확인	메시지 내용의 무결성 보증
비대칭(공개키) 암호화기법 이용	해시함수 이용

나. 전자서명의 요소기술
 1) 비대칭키(공개키) 암호화 알고리즘
  – 암호화키와 복호화키가 다른 암호화 알고리즘
  – RSA, DSA, DH, ECC 등
 2) 대칭키 암호화 알고리즘
  – 암호화키와 복호화키가 같은 암호화 알고리즘
  – DES, SEED, AES, IDEA, RC4, RC2/5/6 등
 3) 해시함수(Hash Function)
  – 다양한 크기의 메시지를 고정된 크기로 줄여주는 함수
  – 해시함수 특징

특징	내용
단방향성(One Way)	해시값으로 메시지의 내용 파악 불가
충돌회피(Collision Free)	메시지가 다르면 해시값도 다름
효율성(Efficiency)	적은 bit 수로 표현 가능

　　　－ 해시함수 종류: MD5, SHA, HMAC 등
　　4) 메시지 다이제스트(Message Digest: MD)
　　　－ 메시지를 해시함수를 이용 일정한 크기로 줄여놓은 것(해시값)
　　　－ 전자서명에 사용됨
　　5) 전자봉투(Digital Envelope(DE))
　　　－ 메시지를 암호화한 비밀키를, 수신자의 공개키로 암호화한 것
　　　－ 송신자의 비밀키를 분배하기 위한 방법
　　　－ 기밀성은 보장하나 인증은 보장 안 함

3. 전자서명 생성 및 확인 절차

구 분	절 차
생성과정 (송신측)	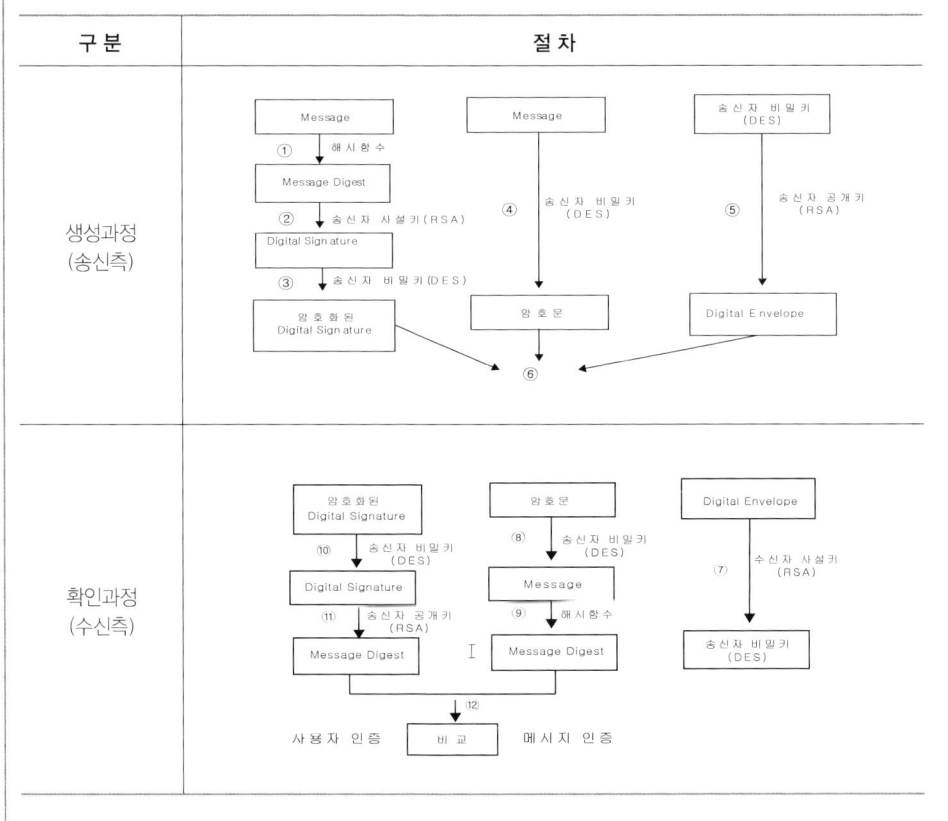
확인과정 (수신측)	

4. 전자서명 기술진행동향
가. 전자서명 활용분야

기본 서비스	활용 분야
사용자 인증	EDI(Electronic Data Interchange)
메시지 인증	MHS(Message Handling System)
부인 방지	EFT(전자현금이체: Electronic Fund Transfer)
디렉토리 서비스	전자화폐, 전자결제, 전자선거, 전자지불

나. 전자서명 해결과제

구 분	해결 과제
표준화 문제	– EC특성상 상호연동성, 신뢰성, 책임성, 안정성, 국제적 호환성 등을 고려한 표준 필요
법·제도	– 법적효력 인정을 위한 꾸준한 노력 – 세계무역 개방에 따른 통상마찰 대비
기술적 대책	– PKI 기반 기술개발 증진 – 해킹 예방기술 시급

"끝"

[길라잡이]

• 전자서명과 이중서명

구분	전자서명	이중서명
공통점	원문의 무결성, 인증, 부인 방지 제공	
특징	단일 원문 대상	두 개의 원문 대상
활용	일반적, 범용적 용도	전자상거래(SET)에서 사용
장점	많은 알고리즘, 시스템에서 지원, 호환성	결제정보와 주문정보 분리로 결제정보 보호 가능

5 WPKI, GPKI & NPKI

1) 무선환경에서 인증키 관리를 위한 개요

(1) WPKI(Wireless Public Key Infrastructure)의 개념

- 유선환경에서의 공인인증체계(PKI)가 무선환경에서 지원가능 하도록 구축된 공인
  인증서 및 인증키 사용 기반 환경

(2) WPKI의 필요성

- 무선환경, 무선단말 사용증가에 따른 보안의 필요성
- WAP Gateway에서 WTLS와 SSL 간 상호 변환 시 원본 노출 문제

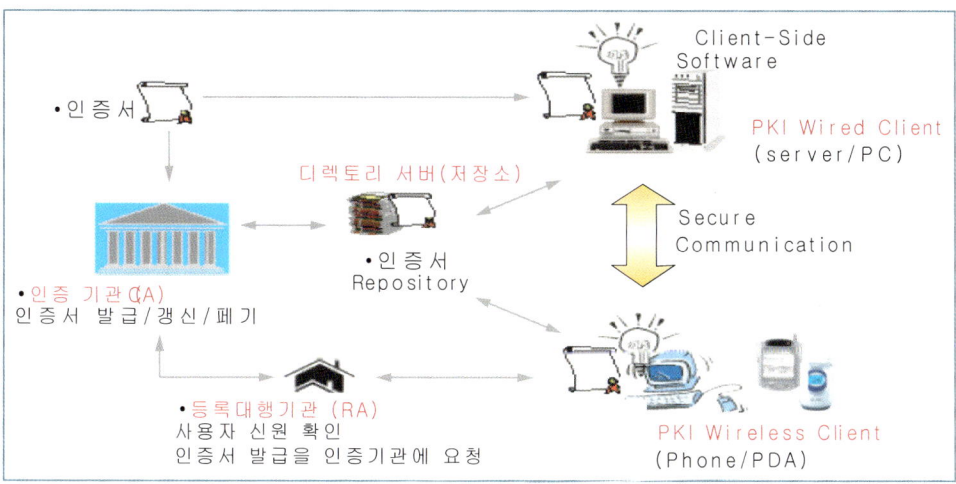

2) WPKI의 주요 특징 및 유선 PKI와의 비교

(1) WPKI의 주요 특징

- 기밀성, 보안성, 인증, 부인봉쇄, 접근제어의 서비스
- CRL, OSCP(X.509v3)의 인증서 검증 방식 이용
- ECC(Elliptic Curve Cryptosystem) 암호화 알고리즘 사용
- 구성 요소: CA, RA, 디렉토리 서버시스템, WAP 게이트웨이

(2) WPKI와 유선 PKI와의 비교

구 분	유선 PKI	WPKI
인증서 타입 및 저장방식	X.509v3, 직접 저장	X.509v3, WTLS, URL 링크 저장
인증서 유효기간	Long-Live(일반적 1년)	Short-Live(일반적 24시간)
암호화 프로토콜	SSL/ TLS	WTLS
서명알고리즘	RSA, DSA	ECC, ECDSA

3) WPKI의 문제점 해결방안 및 현황

- MME 기반, WAP 기반의 WPKI 실서비스 및 스마트카드와 연동하면 무선 단말기의 Memory, CPU, Buffer 등의 자원제한 해결이 가능함
- Mobile-VPN과 Mobile-DRM과 연동하여 모바일 보안의 핵심기술로 이용됨

4) GPKI와 NPKI

구 분	GPKI(Government PKI)	NPKI(National PKI)
개념	행정기관이 민원처리시 이용하는 전자관인을 발행하는 PKI도메인	일반 국민들에게 공인인증서를 발행하는 PKI도메인
관련 근거	전자정부법	전자서명법
최상위 인증기관	GCC(정부인증관리센터)	KISA(한국정보보호진흥원)
적용 분야	행정업무(G4C)	전자상거래

– 인증서 신뢰목록의 공유로 NPKI와 GPKI 간 상호연동

:: **도우미 임기술사**

[설명]

무선환경 및 무선단말 사용증가에 따라 통신환경의 보안을 위해 무선환경에서 공인인증서 및 인증키를 사용할 수 있는 기반환경에 WPKI가 필요하다. WPKI는 WAP Gateway에서 WTLS와 SSL 간 상호 변환시 원본 노출문제를 해결하고, 기밀성, 보안성, 인증, 부인봉쇄, 접근제어 서비스가 가능하며, 공개키 암호화 알고리즘으로 ECC를 사용한다. 인증서의 유효기간 확인은 인증서 폐지목록(CRL)을 포함한 인증서 검증작업이 수행되는데, 무선단말기는 메모리 및 자원이 제한되어 있기 때문에, WPKI환경에서는 SLC(Short-Lived Certificate)방식이나 OSCP(Online Certificate Status Protocol) 방식을 사용한다. 구성요소는 인증기관, 등록기관, 디렉토리서버, WAP 게이트웨이가 있고, 무선단말기 자원제한 해결을 위해 MME 및 WAP 등 무선 표준 프로토콜을 기반의 WPKI 서비스가 가능하다.

GPKI(Government PKI)는 전자정부법을 근거로 하여 행정기관이 민원처리에 전자

관인을 발행하고 정부인증관리센터(GCC)를 최상위기관으로 하여 주로 행정업무(G4C)에 사용되는 PKI도메인이다.

NPKI(National PKI)는 한국정보보호 진흥원에서 전자서명 법을 근거로 전자상거래에 주로 사용되어, 국민들에게 공인인증서를 발행하는 PKI도메인이다.

[키워드]
- 무선환경의 공인인증서 및 인증키 사용기반환경
- 알고리즘: CRL, SLC, OSCP, ECC
- 구성요소: CA, RA, 디렉토리 서버
- 유선 PKI: X.509v3, 인증서 직접 저장, 인증서 유효기간(Long-Live), SSL/TLS, RSA/DSA 사용
- 무선 PKI: X.509v3, 인증서 URL 링크 저장, 인증서 유효기간(Short-Live), WTLS, ECC/ECDSA 사용
- GPKI: 전자정부법 근거, GCC에서 행정업무용으로 전자관인 발행
- NPKI: 전자서명법 근거, KISA에서 전자상거래용으로 공인인증서 발행

[길라잡이]

- 무선 PKI 서비스 시나리오
1. 무선 PKI Portal은 직접대면을 통해 사용자 신원확인을 한다.
2. 무선 PKI Portal은 사용자의 신원확인 후 ID와 Password를 사용자에게 전달한다.
3. 가입자는 인증서 발급에 필요한 키쌍과 인증서 요청정보를 생성하고 자신의 전자서명 생성키로 인증서 요청정보 및 전자서명 검증키를 서명한 후 등록기관에게 전송한다.
4. 전자서명된 인증서 요청정보를 받은 등록기관은 가입자의 전자서명 검증을 통해 실제로 전자서명 검증키에 대응하는 전자서명 생성키의 소유 여부를 확인한다.
5. 등록기관은 무선용 X.509V3 인증서를 생성한다.
6. 등록기관은 생성된 가입자 인증서를 디렉토리에 공고한다.
7. 등록기관은 인증서를 획득할 수 있는 곳의 URL 정보를 가입자에게 전송한다.

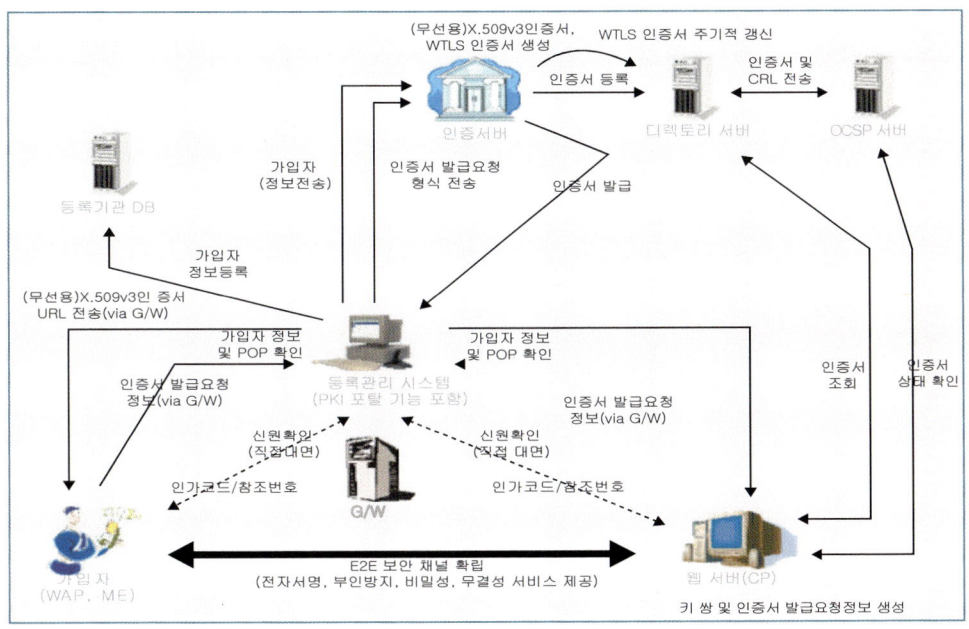

[예상문제]

- 1 교시형

1) OCSP

2) WPKI

[작성] 제74회 정보관리기술사

문제〉

답〉

1. 무선환경에서 안전한 공개키 인증 WPKI

가. WPKI(Wireless Public Key Infrastructure)의 정의
   - 유선 공인 인증체계(PKI) 기반 환경을 무선 환경에서 구현할 수 있게 만든 무선 인증기반 구조

나. WPKI의 필요성 및 목적
   - 유선 PKI 환경보다 열악한 환경극복 : 메모리, 대역폭, 속도, 화면
   - 무선 사용자 환경 확대 : 무선단말기 보급 확대로 보안 필요성

2. WPKI의 주요특징 및 PKI와 비교

가. WPKI의 주요특징
   1) 인증체계 : 무선단말기(객체), CA(인증기관), RA(등록기간)
   2) 인증프로토콜 : 인증서(SLC), 인증서상태확인(OCSP)
   3) 암호화 방식 : 기존 RSA방식에서 ECC방식 사용
   4) 무선환경에서의 인증, 무결성, 기밀성, 부인봉쇄, 접근제어 수행

나. PKI와 WPKI의 비교

구분	PKI	WPKI
사용 환경	유선(인증 필요 국민)	무선(단말기 사용자)
인증서	X.509v3 인증서	WTLS 인증서
사용 암호화	RSA	ECC(빠르고, 적은메모리)
인증 Protocol	CRL을 주기적 download	SLC, OCSP 방식
인증 기간	대체로 장기간(1년)	단시간(1일)
인증 Size	256, 512byte	126byte

3. WPKI의 적용 및 활용

가. WAP Gateway에서 WTLS와 SSL 프로토콜 변환시 데이터 노출되는 문제에 대한 대안으로 사용되며 무선 단말기, 인터넷뱅킹, 온라인 주식투자 등에 활용됨

나. 실시간 CA 인증서 검색으로 무선 단말기, 무선인터넷의 제약조건의 해결책으로 제시되며, 사전에 모듈의 최적화, 인증서 검증방식이 확립되어야 함

"끝"

6 PMI

1) 권한관리 기반구조 PMI의 개요

(1) PMI(Privilege Management Infrastructure)의 개념

- 권한 관련 자원과 소유자간의 관계를 신뢰기관이 보증하고 유지하는 구조로 Attri-bute Certificate를 발급, 저장, 유통을 제어하는 권한 관리 기반 구조

(2) PMI의 필요성

- 기존 공개키 인증서는 신원확인용으로 사용되어 일반적 환경에서의 접근권한, 역할, 임무, 직위등과 같은 다양한 속성정보에 대한 권한인증 서비스에 한계 극복 필요 패스워드 방식을 통한 접근통제에 대한 불편 및 불안정적 서비스 해결 필요

2) PMI의 인증서 구현방법

(1) 속성인증서(AC: Attribute Certificate) 개요

- PMI를 위해 사용되는 속성관계를 확인하는 PMI용 인증서
- 속성관리 기관에서 해당 속성정보를 바탕으로 발급
- 사용자 신원확인을 위해 공개키 인증서 활용, 속성정보 확인을 위해서는 속성인증서 검증
- 권한 검증: 속성인증서와 속성인증서가 가리키는 공개키 인증서를 연결하여 권한 판별
- 사용자는 여러 속성기관으로부터 다수의 속성인증서 발급 가능

(2) 속성인증서(AC) 정보제공을 위한 구현방법

- 기존 신원확인은 공개키 인증서의 확장필드 이용
- 사용자 인증을 위한 식별 인증정보 및 접근통제정보와 Lifecycle 차이, 발급기관 역
  할 및 기능의 차이로 신원확인용과 별도의 Attribute 인증서를 발급 관리

3) PMI의 구조 및 구성요소

(1) PMI의 구조

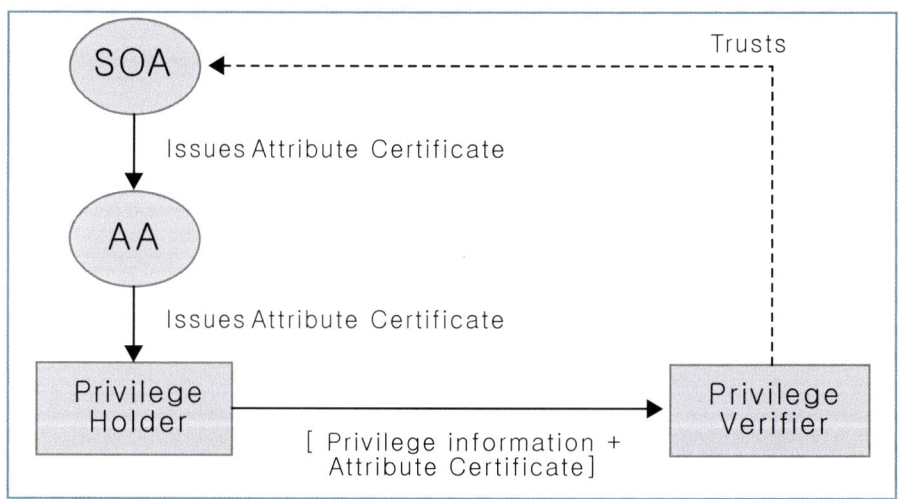

(2) PMI의 구성요소

구성 요소	설 명
SOA (Source of Authority)	– PKI의 루트 CA와 유사 역할 – 권한 검증자가 무조건 신뢰하는 AA(Attribute Authority)
AA (Attribute Authority)	– SOA로부터 권한의 전부 또는 일부를 위임받아 인증서 발급업무 수행
권한 소유자 (Privilege Holder)	– 인증서를 통해 AA로부터 권한에 대한 소유권을 보증 받은 자 (PKI의 End-Entity에 해당)
권한 검증자 (Privilege Verifier)	– 속성인증서를 받아 응용에 맞게 사용하는 자 – 권한주장자가 권한을 정당하게 소유하고 있는지 확인

4) PMI 모델

모 델	설 명
일반모델 (General Model)	– 일정권한 소유 특정환경 에서 권한의 적절성 판단개체 (속성인증서의 검증모듈) 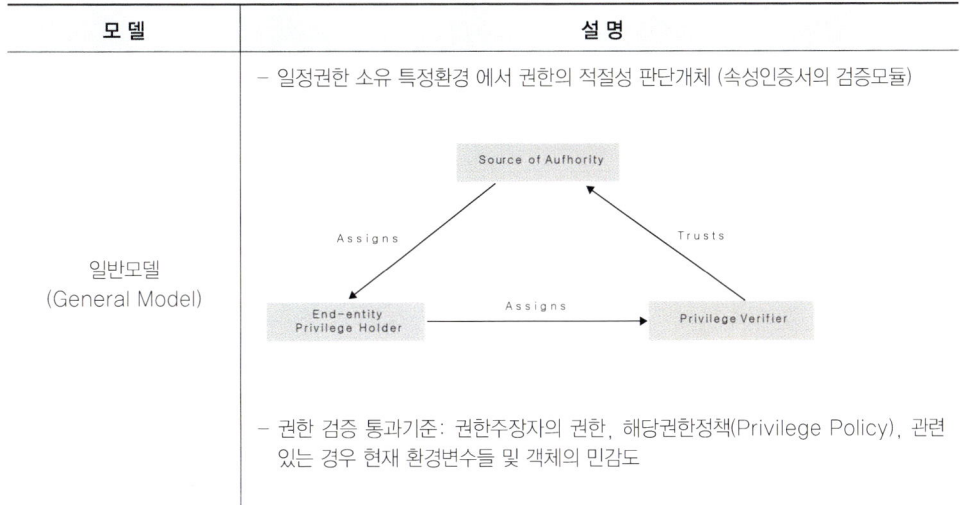 – 권한 검증 통과기준: 권한주장자의 권한, 해당권한정책(Privilege Policy), 관련 있는 경우 현재 환경변수들 및 객체의 민감도

모 델	설 명
제어모델 (Control Model)	- 객체의 메소드에서 접근제어가 구성방법 제시 Environmental Variables Privilege Policy Privilege Verifier Object Method (sensitivity) Service Request Privilege Asserter (privilege)
위임모델 (Delegation Model)	Source of Authority Assigns Privilege Trusts Attribute Authority — Asserts Privilege (if authorized) — Privilege Verifier Delegates Privilege End-entity Privilege holder Asserts Privilege - 어떤개체가 AA역할 가능하도록 권한부여, 자신의 권한을 다른개체에 위임 할 수 있는 권한 허가, AA는 자신 권한 이상의 권한 허가불가 - End-entity의 권한 검증을 위해 자신이 신뢰하는 SOA로부터 AA가 적절한 권한 위임을 받았는지 검증과정 추가필요
역할모델 (Roles Model)	- 개인들에게 간접적 권한 할당기능 제공 - 속성인증서의 Role 속성에 역할 할당, 역할명세인증서(Role Specification Certificate) 통해 역할 할당으로 개인들에게 간접적 권한 할당 (권한변경시 역할에 따르는 권한 조정이 가능) - 역할명세인증서: 공개키 인증서로는 제공불가, 속성인증서 이용

5) PKI와 PMI의 연동구조

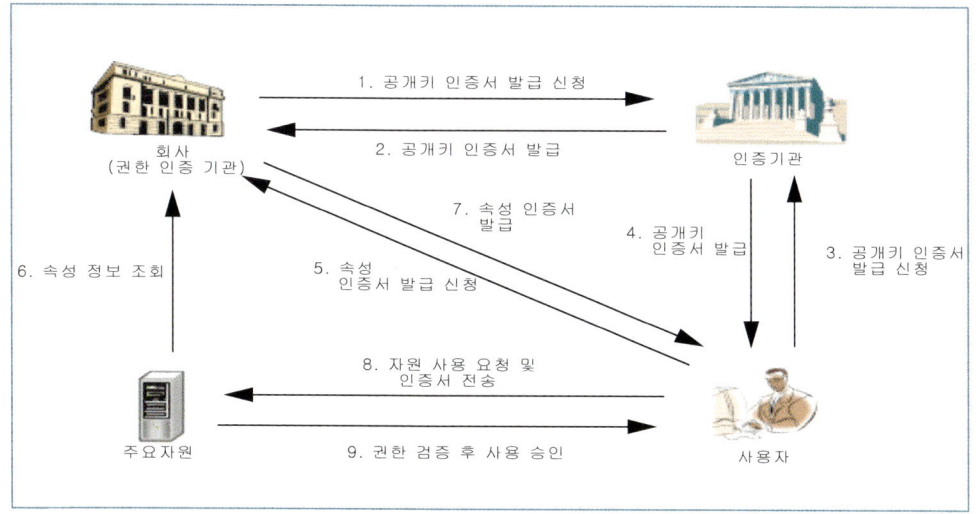

6) PMI의 표준화 동향

인증서의 구조에 소유자 권한, 역할정보 등 속성정보를 제공할 수 있도록 하는 권한 관리 메커니즘을 위해 권한, 역할 등을 갖는 속성인증서 발급과 유통에 사용하는 표준화가 IETF PKIX WG, ITU-T-SG8 주관으로 진행 중임

:: 도우미 임기술사

[설명]

권한관리 기반구조(PMI)는 Attribute Certificate를 발급, 저장, 유통을 제어하여 권

한관리 자원과 소유자 간의 관계를 신뢰기관이 보증하고 유지하는 권한관리 기반구조이다. 기존 공개키 인증서는 신원확인용으로만 사용되어 권한인증 서비스가 불가능하고, 패스워드 방식의 접근통제에 대한 불편함을 해결하기 위하여 필요하다. 속성인증서(AC: Attribute Certificate)는 속성관계를 확인하는 PMI용 인증서로, 속성관리 기관에서 속성 정보를 바탕으로 발급되고, 속성인증서와 속성인증서의 공개키 인증서를 연결하여 권한을 검증한다. 속성인증서는 기존의 신원확인을 위한 공개키 인증서의 확장 필드를 이용하거나, 신원확인용과 별도의 속성인증서를 발급하여 관리하는 두 가지 구현 방안이 있다.

PMI는 SOA, AA, 권한 소유자, 권한 검증자로 구성된다. SOA(Source of Authority)는 PKI의 인증기관에 해당되는 것이고, AA(Attribute Authority)는 SOA로부터 권한을 위임 받아 인증서의 발급업무를 수행한다. 권한 소유자는 AA로부터 권한에 대한 소유권을 보증 받은 자이고, 권한 검증자는 속성인증서를받아 사용하는 자를 말한다. PMI는 속성인증서의 검증용인 일반모델, 객체 메소드에서 접근제어가 구성방법을 제시하는 제어모델, 한 개체가 AA역할을 하도록 권한을 부여하는 위임모델, 개인에게 간접적 권한 할당기능을 제공하는 역할 모델로 구분할 수 있으며, 권한관리 메커니즘을 위해 속성 인증서 발급 및 유통에 사용하는 표준화가 진행 중이다.

[키워드]
- 권한 관련 자원과 소유자의 관계 보증, 속성인증서 발급, 저장, 유통 제어무선환경의 공인인증서 및 인증키 사용기반 환경
- 속성인증서(AC: Attribute Certificate), 신원확인 위해 공개키 인증서 활용
- 권한 검증: 속성인증서와 공개키 인증서 연결하여 권한 판별
- 구성요소: SOA, AA, 권한 소유자, 권한 검증자
- PMI모델: General Model, Control Model, Delegation Model, Roles Model

[예상문제]

• 1 교시형

1) PMI

2) AC(속성인증서)

• 2 교시형

1) PMI 모델 3가지를 설명하고 PKI와 비교하시오.

답안제시

문제〉 PMI(Privilege Management Infrastructure)-통합권한 관리체계
답〉
1. 사용자의 서비스(PKI) 권한관리의 대안 PKI
가. PMI(Privilege Management Infrastructure) 정의
　 – IT환경에서 사용자들에 대한 서비스 수행권한을 사용자별 속성인증서로 관리하는 인프라 구조
나. PMI의 특징
　 – 사용자들에 권한 정보의 표준화, Repository 관리
　 – 권한정보 Life Cycle 관리: 정보의 생성, 변경, 이용, 폐기

2. PMI 개념도 및 비교
가. PMI 개념도

```
                      ①SOA
   ④권한 할당↓                        ↑권한에 대한 완전한 믿음을 줌
   ②권한 소유자 ------------→ ③권한 검증자
                     권한을 주장
---------------  ------------------------------------
① SOA(Sour ce of Authority): 권한객체 – 권한 사용의 대상이 되는 것
② 권한 소유자(Privilege Holder): 객체에 대한 액세스 권한을 주장
③ 권한 검증자(Privilege Verifier): 객체에 대한 액세스 허용여부 결정
④ AA(Attribute Authority): SOA로 부터 권한의 전부 또는 일부를 위임 받아
                    인증서 발급 입무를 대행
```

나. PKI와 PMI의 비교

구분	PKI	WPKI
인증서	Piblic Key 인증서	Attribute 인증서
인증서 발급자	CA(Certificate Authority)	AA(Attrbute Authority)
인증서 사용자	Subject	Holder
인증서 취소방식	CRL	ARL(Attribute Revocation List)
인증서 용도	사용자와 공개키의 Binding	사용자와 권한 Attribute Binding
활용 예	사용자 신원확보용 여권체계	출입국허가 정보인 사증체계

3. PMI의 적용 및 활용
가. RBAC기반의 접근통제 정책이 가능하고 권한 관리 솔루션의 효과적 구현으로 EAM을 효과적으로 구현하게 함.
나. IETF의 PKIX 워킹 그룹의 AC관리 체계로 표준화 진행 중이고 PKI의 주요개념과 PMI의 상호 연동을 시도하고 있음.

"끝"

7 KMI

1) 키 관리 기반구조 KMI의 개요

(1) KMI(Key Management Infrastructure)의 개념

– PKI 기반 시스템에서 신원정보, 문서내용 등 중요정보를 담고 있는 암호키를 관리
  해 주는 시스템

(2) KMI의 필요성

– 암호용 비밀키의 분실 및 복제에 대한 예방
– 기업/조직의 디지털자산정보의 불법유출 방지
– 관리자의 의도적 키 분실 등에 대한 방지

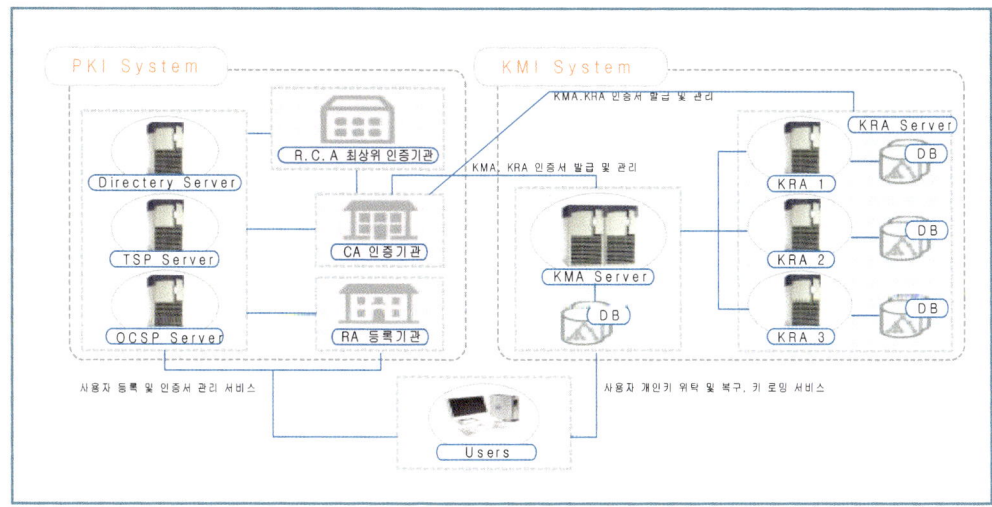

2) KMI의 주요특징 및 구성요소와 사용시 기대효과

(1) KMI의 주요특징

- Key Escrow 로밍 서비스(암호키 복호화)
- PKI의 암호키(개인키) 및 인증서 관리
- PKI의 키관리 문제를 위한 자발적 키복구기술
- 강제적 문서해독을 위한 강제 키복구 기술

(2) KMI의 구성요소

구성 요소	설 명
키복구 기관	암호키 관리, 복구 기관
키복구 서버	개인키 손실 발생시 복원 시스템
KMI 사용자	PKI 인증서, 인증키 사용자, 국가기관

3) KMI의 기대효과 및 구축 사례 현황

(1) KMI 사용시 기대효과

- Any time, Any where, Any device 편리하게 키로밍 서비스를 통해 온라인 증권
  거래 서비스 등 이용 가능
- 암호의 역기능 방지: 암호키의 분신/손실로 인해 사용자가 자신이 암호하해 저장한
  중요 정보이용불가의 암호 역기능 방지 가능
- 정보의 신속한 복구: 암호키 소유자가 부득이한 사유로 키 사용이 불가한 경우 미리

정의한 조건 만족시 제 3자가 암호문 해독 가능하여 중요정보의 신속한 복구 가능
- 인증기관 신뢰도 향상: 암호키 분실시 중요정보의 데이터 복구와 키의 효과적 관리
  가능

(2) KMI의 구축 사례 및 현황

- Netscape의 CMS, VeriSign의 KMS, Entrust의 Authority, KISA의 KMI 시범시
  스템, GPKI에서 적용하였음
- 인터넷으로 안전하게 기업업무, 전자상거래, 금융서비스를 이용할 수 있고, 공인인
  증기관, 전자정부, 일반기업의 사내 그룹웨어 이용한 사설인증 서비스 등에도 안정
  성을 제공해 줌

:: 도우미 임기술사

[설명]

비밀키의 분실 및 복제에 대한 예방, 기업 및 조직의 디지털 자산정보 유출방지, 관리
자의 의도적 키분실 등에 대한 방지를 위해 PKI의 암호키를 관리해주는 시스템을 키관리
기반구조(Key Management Infrastructure)라고 한다. KMI는 Key Escrow 로밍서비
스, PKI의 암호키 및 인증서 관리, PKI의 키 관리 문제를 위한 자발적 키 복구 기술, 강제
적 문서해독을 위한 강제 기복구 기술의 특징이 있다.

PKI는 키 복구 기관, 키 복구 서버, KMI사용자로 구성되는데, 키복구기관은 암호키의
관리 및 복구, 키 복구 서버는 개인키 손실시 복원하는 시스템, KMI사용자는 PKI인증서
및 인증키 사용자와 국가기관 등이다. KMI를 사용하면 편리한 키로밍 서비스, 암호의 역
기능 방지, 정보의 신속한 복구, 인증기관의 신뢰도 향상의 기대효과가 있다.

[키워드]

- PKI의 암호키 관리, 암호용 비밀키 분실 및 복제 예방, 기업 및 조직의 디지털자산 정보의 불법 유출방지, 관리자의 의도적 키분실 등에 대한 방지 목적
- 주요 기능: Key Escrow 로밍 서비스, PKI 암호키 및 인증서 관리, 키 복구 기술
- 구성 요소: 키 복구 기관, 키 복구 서버, KMI 사용자
- KMI 기대효과: 편리한 키로밍 서비스, 암호화 역기능 방지, 정보의 신속한 복구, 인증기관 신뢰도 향상

답안제시

문제〉KMI
답〉
1. KMI의 개요
가. KMI(Key Management Infrastructure)의 개념
  - 특정 조건 만족시 암호문 소유자 이외의 인가된 사람에게 복호화 해주는 키관리(복구)기술, Key Escrow(로밍서비스)
나. KMI의 출현배경
  - 암호화기 분실로 인한 PKI의 문제점 보완
  - 제3의 신뢰기간에 Key 위탁 보관, 관리의 효율성

2. KMI의 주요특징 및 구성요소
가. KMI의 주요특징
  1) KeyEscrew 로밍서비스(암호키 복호화)
  2) PKI의 암호키(개인키) 및 인증서 관리
  3) PKI의 키관리 문제를 위한 자발적 키복구기술
  4) 강제적 문서해독을 위한 강제키복구 기술
나. KMI의 구성요소
  1) 키복구기관: 암호키 관리, 복구 기관
  2) 키복구서버: 개인키 손실발생시 복원시스템
  3) KMI 사용자: PKI인증서, 인증키사용자, 국가기관

3. KMI의 구현실례와 현황

가. Nescape사의 CMS, Versign사의 KMS, Entrast사의 Authority, KISA의 KMI시범시스템 등이 있음

나. PKI 사용증가와 함께 키 분실문제 보완 위해 사용 증가추세이며, 강제키복구기술은 인권침해 문제해결이 과제임

"끝"

8 Key Escrow

1) 키 공탁 Key Escrow의 개요

(1) Key Escrow의 개념

- 암호화 및 전자서명 등에 사용되는 Key들을 백업 또는 보관하는 시스템
- 필요시 제3자(기관 혹은 정부)가 가입자 협조 없이도 법률적으로 Key를 획득하거나
  Key 손상시 복원할 때 사용

(2) Key Escrow의 주요 특징

- 암호화된 데이터를 합법기관에서 복원
  : 키정보의 분실과 장비의 훼손 및 부당한 행위 등으로 키 정보 손상시
- 사용자 트래픽을 감시해도 제3자에게 해독 가능한 권한 부여

2) Key Escrow의 구성 처리시 고려사항

(1) Key Escrow의 구성

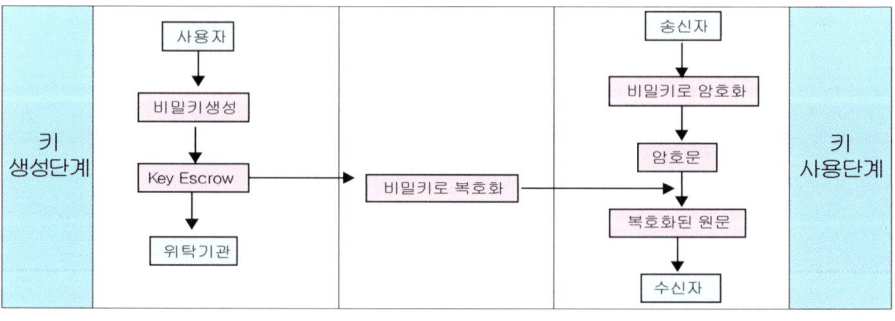

(2) Key Escrow의 처리시 고려사항

– 사용자의 비밀키가 위탁기관에 직접 맡겨져야 함
– 개인 프라이버시가 전적으로 위탁기관에 의존되므로 위탁기관의 신뢰성이 중요함
– 두 개 이상의 위탁기관을 이용하는 비밀 분산(Secret Sharing)사용 가능

:: 도우미 임기술사

[설명]

키 공탁(Key Escrow)은 제3자가 가입자 협조 없이도 법률적으로 Key를 획득하거나 Key 손상시 복원할 때 사용하기 위하여, 암호화 및 전자서명 등에 사용되는 Key를 백업하거나 보관하는 시스템이다.

Key Escrow는 암호화된 데이터를 합법기관에서 복원하고, 사용자 트래픽을 감시해도 제3자에게 해독가능한 권한을 부여하는 특징이 있다. 키 생성 단계에서 비밀키 생성 후 Key Escrow를 수행하는데, 사용자가 직접 신뢰서 있는 위탁기관에 비밀키를 맡겨야 하고, 두 개 이상의 위탁기관을 이용하는 비밀분산(Secret Sharing)사용이 가능하다.

[키워드]

– Key Escrow: 암호화된 데이터를 합법기관에서 복원하기 위해 Key들을 백업 또는 보관하는 시스템
– 키 정보의 분실 및 키 정보 손상시 키 복원 가능
– 키 생성 단계에서 사용자의 비밀키를 위탁기관에 직접 맡김, 비밀분산 사용 가능

[기출문제]

12) 69회 조직응용: 키공탁

[예상문제]

- 1 교시형

1) KMI

STEP 4

정보보호 기본방안
– 접근통제

1 접근통제

1) 접근통제(Access Control)의 개요

(1) 접근통제의 개념

- 비인가된 동작들의 위협에 대해 자원을 보호하는 기능
- 주체(who)가 언제(when), 어떤 위치(where)에서, 어떤 객체(what)에 대하여 어떠한 행위(how)를 하도록 허용 또는 거부 할 것인지에 대한 접근제어 원칙

(2) 접근통제의 기본요소

- 주체(Subject, 정보 접근자), 객체(Object, 접근 대상 정보 자체)
- Reference Monitor(접근 여부 결정), Audit Tail(접근 기록 남김)
- 주체와 객체의 접근 권한 수준을 비교하여 접근 여부 결정

(3) 접근통제 방법

- 조건: 신분확인 과정을 통해 객체에 접근하려는 주체의 신분 확인 필요
- 신분확인 위해 식별(Identification)및 인증(Authentication)을 통해 정당한 사용자 여부를 확인하여 접근 거부하는 방식으로 통제

Identification(식별)	사용자가 시스템에게 신원을 밝히는 것
Authentication(인증)	시스템이 본인임을 주장하는 사용자 인증
Access Control Mechanism	접근 권한 유무를 판별

Authorization(인가)	접근을 승인하고, 사용자에게 해당 권한을 부여(ACL)
Audit(감사)	부여된 권한 내에서 작업이 진행되었는지를 감시

2) 접근통제의 원칙 및 모델

(1) 접근통제 원칙

원칙	주요 내용
최소권한정책 (Least Privilege Policy)	Need-to-Know 정책에 기반, 시스템 주체들에 대하여 자신들의 업무에 필요한 최소한의 권한만 부여
명확하게 허용하지 않는 것 금지	접근통제 규칙에 해당되지 않는 모든 접근에 대해 접근통제를 위반으로 간주하는 원칙
명확하게 금지하지 않는 것 허용	금지된 주체와 객체의 리스트에 의해 미리 접근통제 규칙 설정, 접근 통제 규칙 미설정 접근에 대해 허용
참조모니터 (Reference Monitor)	비인가된 접속이나 불법 수정을 방지하기 위해 주체와 객체 사이에서 비인가된 접속이나 불법적 변조 막기 위해 주체의 접근 권한을 막기 위한 장치

(2) 접근통제 모델

항목	MAC	DAC	RBAC
특징	- 강제적 통제 - 보안성 높음	- 객체중심 통제 - 구현용이, 유연성	- 그룹단위통제 - 구성변경 용이
통제기반	규칙 기반(Rule Base)	신분 기반(Identity Base)	역할 기반(Role Base)
통제주체	시스템	객체의 Owner	Administrator

3) 접근통제 모델

(1) 임의적 접근통제 DAC(Discretionary Access Control)

정 의	– 주체(Subject)나 그것이 속해 있는 그룹의 Identity에 근거하여 객체(Object)에 대한 접근을 제한하는 방법
속 성	– 객체의 소유자에 의하여 변경 가능한 한 주체와 객체 간의 접근통제 관계를 정의 – 최초 객체에 내포된 DAC 관계는 복사된 객체로 전파 불가
단 점	– 주체의 Identity에만 전적으로 근거를 두고 있으며 데이터의 의미(Semantics)에 대한 지식이 없음 – Identity가 도용 당할 경우 DAC 체계는 파괴됨 – 트로이목마 프로그램에 취약함

(2) 강제적 접근통제 MAC(Mandatory Access Control)

정 의	– 비밀성을 포함하고 있는 객체(Object)에 대하여 주체(Subject)가 갖는 Authorization에 근거하여 객체에 대한 접근을 제한하는 방법
속 성	– 객체의 소유자에 의하여 변경할 수 없는 한 주체의 한 객체 간의 접근통제 관계를 정의 – 최초 객체에 내포된 MAC 관계는 복사된 객체로 전파 – 트로이목마 프로그램에 의한 피해 제한 가능
특 징	– Rule-Based Policies와 동일(관리자가 접근규칙 설정, 접근수준과 객체허용등급에 근거하여 특정규칙을 기초로 운영) – Multi-Level Policies와 Compartment-Based Policies포함

(3) 다단계 접근통제 MLS(Multi-Level Policy)

정 의	– Government Classified Environment에서 널리 사용(MAC의 일종) – 주체(사용자, 프로세스)와 객체(파일, 디바이스)에 보안 레이블 부여 – 보안레이블(Security Label): 권한에 따른 보안 등급(Clearance), 역할에 따른 보호 범주(Category)

특 징	– 프로세스 생성 시 부모 프로세스의 보안 속성이 상속 – 객체 생성시 주체의 보안 속성이 상속

(4) 역할기반 접근통제 RBAC(Role Based Access Control)

정 의	– 비임의적 접근통제모델(Non-Discretionary Access Control) – 주체와 객체의 상호작용을 관리자가 관리, 조직 내 사용자 역할을 근거로 객체 접근권한 지정 및 허용
특 징	– Commercial Band Environment에서 널리 사용(DAC와 MAC의 혼합) – 사용자(U), 역할(R), 허가(P) 엔티티에 의해 정의 – 최소권한의 원칙, 임무분리, 데이터의 추상화 – 래티스 기반 접근통제(Lattice Based Access Control) : 주체가 접근할 수 있는 상위경계부터 하위경계를 설정하여 경계지정방식 이용

• 접근통제 개념적 모델

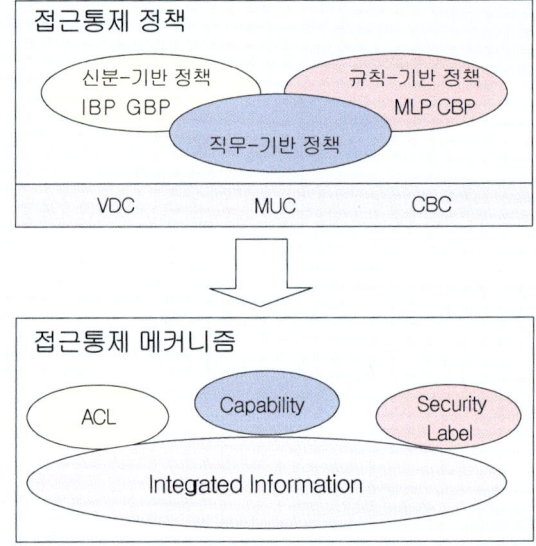

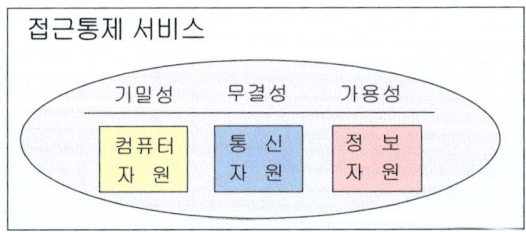

미 국방성에서 기밀 분류된 방법으로부터 유래하는 접근통제 정책은MAC(Mandatory Access Control)과 DAC(Discretionary Access Control)으로 널리 알려져 있다. MAC정책은 자동적으로 시행되는 어떤 규칙에 기반하고 있다. 그러한 규칙을 실제로 시행하기 위하여 사용자와 타깃에 대해서 광범위한 그룹 형성이 요구된다. DAC 정책은 특별한 사용자별로 정보에 대한 접근을 제공하고 추가적 접근통제를 그 사용자에게 일임한다.

OSI 보안 구조에서는 MAC/DAC 용어를 사용하지 않고 신분-기반(Identity-Based)과 규칙-기반(Rule-Based) 정책으로 구분하고 있다. 실제적인 복적에 있어서 신분-기반과 규칙-기반 정책은 각각 DAC 및 MAC 정책과 동일하다.

신분-기반 정책은 개인-기반(Individual-Based Policy : IBP)과 그룹-기반(Group-Based Policy : GBP) 정책을 포함한다. 한편, 규칙-기반 정책은 다중-단계(Multi-Level Policy : MLP)와 부서-기반(Compartment-Based Policy : CBP)정책을 포함한다. 이외에 직무-기반(role-based) 정책은 신분-기반과 규칙-기반 정책의 양쪽 특성을 갖고 있다. 또한, 이러한 정책들은 서로 연합될 수 있으며, 임계값 의존 제어(Value-Dependent Control : VDC), 다중 사용자 제어(Multi-User Control : MUC) 및 배경-기반 제어 (Context-Based Control : CBC) 등의 추가적 수단을 사용하여 제한될 수 있다.

접근통제 메커니즘은 접근 행렬의 열을 표현하는 ACL(Access Control List), 접근 행렬의 행을 표현하는 CL(Capability List), 제어 대상에 레이블을 붙이는 SL(Security Label)을 기본적으로 생각할 수 있다. 그리고 이러한 3가지 정보를 종합적으로 생각하는 통합정보 메커니즘, 각 파일에 접근통제를 위한 비트들을 부가하여 제어하는 Protection Bit(PB), 파일의 접근권한을 검증하기 위한 패스워드 등의 기법이 있다.

접근통제 보안모델을 접근행렬을 이용한 HRU 접근행렬 모델, 엄격한 기밀성 통제를 위한 BLP 보안모델, 무결성 정책을 지원하는 Biba 보안모델, 그리고 실행할 수 있는 프로그램에 의하여 통제하는 Clark-Wilson 모델 등이 있다.

:: 도우미 임기술사

[설명]

접근통제는 비인가된 동작들의 위협에 대해 접근제어를 원칙으로 자원을 보호하는 기능으로, 정보접근자를 주체가 접근대상 정보인 객체에 대한 접근권한 수준을 점검하여 접근여부를 결정하거나 접근기록을 남김으로써 자원을 보호한다. 신분확인 과정을 통해 접근 주체를 식별하고, 사용자 인증을 통해 정당한 사용자 여부 및 접근권한 유무를 판별한 후, 접근을 승인하고, 사용자에게 권한을 부여하여 권한 내에서 작업이 진행되었는지 감시하는 방법으로 접근통제가 수행된다.

접근통제는 최소권한정책, 정상적 접근통제 규칙이나 금지된 주체 및 객체의 리스트로 접근 통제 규칙을 수립, Reference Monitor 등의 원칙으로, MAC, DAC, RBAC 등의 접근통제 모델이 있다.

임의적 접근통제 방식인 DAC는 주체나 주체 그룹의 Identity에 근거하여 객체에 대한 접근을 제한하여 객체를 보호하는 방법으로, 구현이 용이하나 객체중심의 통제로 Identity가 도용당할 경우 DAC 체계가 파괴되는 단점이 있다. 강제적 접근통제 방식인 MAC는 객체에 대하여 주체가 갖는 권한에 근거하여 객체에 대한 접근을 제한하는 방법으로, 규칙기반 정책과 동일하며 통제의 주체는 시스템이고 보안성이 높다. MAC의 일종으로 다단계 접근통제 방법인 MLS은 주체와 객체에 대하여 접근권한에 대한 보안등급이나 역할에 따른 보호범주 등의 보안레이블을 부여하여 접근을 통제하는 방법이다.

RBAC는 주체와 객체의 상호작용을 관리자가 관리하거나 조직내 사용자 역할을 근거로 객체에 대한 접근권한을 지정하거나 허용하는 역할기반 접근통제 모델로, 최소권한 원칙, 임무분리, 데이터의 추상화 등이 특징이고, 구성변경이 용이하다는 장점이 있다.

[키워드]
 - 주체, 객체, 접근여부 결정, 접근기록 남김
 - 접근통제 방법: 식별, 인증, 접근권한 판별, 인가, 감사
 - 접근통제 원칙: 최소권한정책, 접근 및 통제 규칙, 참조모니터
 - 접근통제 모델: DAC, MAC, RBAC
 - DAC: 객체 중심의 신분 기반 통제, 구현 용이, 유연성
 - MAC: 객체에 대한 주체의 권한에 근거한 강제적 접근통제, 보안성 높음, 규칙 기반
 - RBAC: 그룹 단위의 역할 기반 통제 모델

[예상문제]

- 1 교시형

단계별 접근통제에 대해서 설명하시오.

- 2교시형

1) RBAC에 대해서 설명하시오.

답안제시

[작성] 조직응용기술사

문제〉 Access Control

답〉

1. 보안 서비스의 최우선 인프라 접근통제 개요

가. 접근통제(Access Control)의 개념

 - 사용자(주체)의 신원을 식별하고 인증하여 대상 정보(객체)의 접근, 사용 수준을 인가(Authorization) 하는 절차 혹은 메커니즘

나. 접근통제의 기본 요소

 - 주체(Subject: 정보 접근자), 객체(Object: 접근 대상 정보 자체)

 - Reference Monitor(접근 여부 결정), Audit Trail(접근 기록 남김)

 - 주체와 객체의 접근 권한, 수준을 비교하여 접근 여부를 결정하는 것

2. 접근통제 방식의 종류와 접근통제 모델 간 비교

가. 접근 통제 방식의 종류

 1) 패스워드 기반: 인식 패스워드, Pass Phrase, PAP, CHAP, EAP

 2) 모델 기반: MAC(강제적), DAC(임의적), RBAC(역할 기반, Non-DAC)

 3) 중앙 집중식: AAA(인증, 인가, 감사증적), RADIUS, Delimeter, TACACS

 4) 물리 기반: 출입기드, Tailgating, 피기백킹 방지

나. 접근통제 모델 간 비교

구분	MAC	DAC	RBAC
특징	강제적 통제	객체 중심 통제	그룹단위 통제
통제기반	규칙기반(Rule Base)	신분기반(Identity Base)	역할기반(Role Base)
통제주체	시스템	객체의 Owner	Administrator
구성요소	Clearance, Security Label, Need to Know	ACL	Role, Group, Need to Know
장점	보안성 매우 높음	구현 쉬움, 유연성	구성 변경 쉬움
활용	군, 정부	대부분의 OS	조직, 기업

3. 접근통제의 활용과 고려사항

가. 기업의 내·외부 사용자 접근통제, OS 및 응용시스템에서의 파일, 문서, Data의 접근통제, 유·무선 통신 및 인터넷의 시스템, 서비스 접근통제

나. 시스템 접근 속도및 편의성(인증 방식), 보안성 및 정보중요도, 유연성(접근통제모델), 통제 목적 및 운영 환경을 종합적으로 고려하여 통제방식 선택

"끝"

문제3) RBAC

답>

1. 최소권한 역할 기반 접근제어, RBAC의 개요

　가. RBAC (Rule Based Access Control)의 정의

　　- 접근권한이 역할에 부여되고, 사용자는 적절한 역할에
　　　소속됨으로써 역할에 권한된 최소한의 자원에 접근가능 함

　나. RBAC의 등장배경

　　- MAC, DAC의 1:1 Access Control의 관리 곤란

　　- Role에따른 추상화개념으로 그룹에 Access Control 구현

2. RBAC의 보안원리 및 RBAC의 기본모델

　가. RBAC의 보안원리

　　1) 최소권한의 원칙 (Least Privilage Principle)
　　　: 역할 계정은 이용하지 꼭 필요한 권한만 역할에 배속

　　2) 임무분리 (Separate of Duty) : 무결성 침해 및 부정유발
　　　기능 작업을 서로 분리하여 감시역할

　　3) 데이터 추상화 (Data Abstraction) : Read, Write 등 운영체제 기법상
　　　실정상 처리명령어인 입금(Credit), 출금(Debit)으로 추상화

　나. RBAC의 기본모델

× 간자성과 1 수시자 연관성은 여기

3. RBAC의 활용분야 및 전망

　가. DBMS의 ANSI/SPARC 3 Tier 구조, ZAM과 PMI 웹환경에 적한 RBAC 적용

　나. ERP 레거시등 응용소프트웨어 등과 연계활용 증가예상 및 전자상거래 환경에 적합한 접근제어 모델개발에 활용 "끝"

2 NAC

1) 네트워크 접근제어 – NAC의 개요

(1) NAC(Network Access Control)의 개념

- 사용자가 단말에 대한 접근시도 시 정당한 사용자인지, 사용자 단말은 사전에 정의해 놓은 보안정책을 준수했는지 여부를 검사해 네트워크 접속을 통제하는 보안관리 기법

(2) NAC의 필요성

- 외부 접근에 대한 유선네트워크 통제로 내부 네트워크의 안전성 보장의 한계
- 유·무선, VPN 등 내부네트워크 접속방법의 다양화로 사용자 단말에 대한 네트워크 보안 정책 수립과 집행의 복잡화
- 다양한 경로를 통하여 접근하는 사용자 인증과 사용자 단말의 최소한의 안전성 보장 필요

2) NAC의 구성 및 주요 특징

(1) NAC의 구성

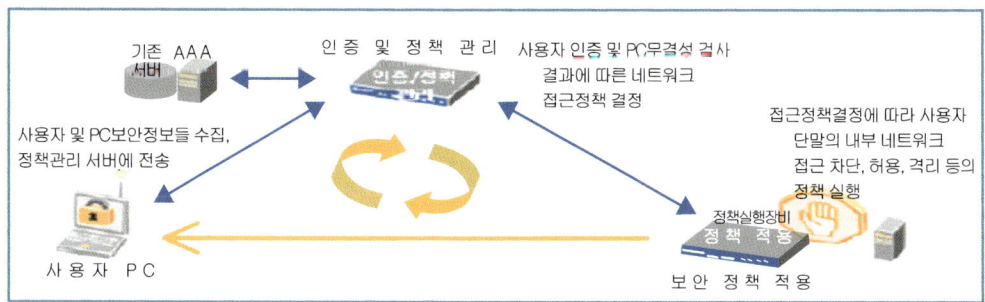

구 분		주요 특징
동작 방법	1단계 사용자 인증 및 시스 템 인증	접속 단말 사용자의 신원 인증, 접속 단말의 보안상태의 적정성 및 보안 솔루션 운영상태 점검
	2단계 정책점검 및 적용 단계	사용자 단말의 보안상태 점검결과에 따라 접속 허용, 차단, 격리 등의 정책 적용
주요 기능	내부 네트워크에 접근하는 모든 경로의 사용자 신원확인	유·무선 랜, 가상사설망 등 내부 네트워크에 접근하는 모든 경로의 사용자 권한 검증
	내부 네트워크에 접속하는 단말 의 보안정책 준수 점검	내부 네트워크 접근 사용자 단말의 OS패치나 안티바이러스 등의 보안 제품 설치 및 업데이트 여부 확인

3) NAC의 해결과제 및 발전전망

(1) 사용자 인증과 사용자 단말의 특정 S/W상태를 점검할 뿐 보안기능을 통합 수행하지는 못하므로 별도의 통합 보안 시스템이 필요함

(2) 부적절한 사용자 및 사용자 단말의 인터넷 접근을 제한하는 침해사고 방지 체계 연구가 필요하고, 정보보호 산업체의 적극적인 NAC 협력체계 참여가 필요함

:: 도우미 임기술사

[설명]

네트워크 접근통제 NAC는 외부 접근에 대한 유선 네트워크 통제에 대한 내부 네트워크 안정성 보장의 한계와 네트워크 접속 방법에 대한 다양화로 네트워크 보안정책 수립과 집행의 복잡화에 대해 사용자가 단말에 접근할 때 정당한 사용자 여부와 단말의 보안정책

준수 여부 검사를 통한 네트워크 접속을 통제하는 보안관리 기법이다. 동작방법은 사용자 신원인증 및 보안상태와 솔루션 운영상태를 점검한 후에 그 결과에 따른 접속허용 여부 결정 및 보안정책을 적용한다.

　주요 기능으로 내부 네트워크에 접근하는 모든 경로에 대한 사용자 신원확인 기능과 내부 네트워크 접근 사용자 단말의 보안제품 설치 및 업데이트 여부를 확인하는 기능이 있으나, 보안상태를 점검할 뿐 보안기능을 통합 수행하지 못하므로 별도의 통합보안 시스템이 필요하다.

　[키워드]
　　- 정당한 사용자 여부 및 단말의 보안정책 준수여부 점검으로 네트워크 통제
　　- 필요성: 내부 네트워크 안정성 보장의 한계, 네트워크 보안정책 수립 및 집행의 복잡화
　　- 동작방법: 사용자 및 단말 시스템 인증, 보안정책 점검 및 적용
　　- 주요기능: 내부 네트워크 접근 사용자 신원확인, 내부 네트워크 접속 단말 보안정책 준수 점검

3 생체인식

1) 인간 생활의 안전함과 편리함을 보장하는 보안기술
   – 바이오 인식의 개요

(1) 생체인증(Biometrics)의 개념

– 개인의 평생불변과 만인부동의 특성을 갖는 신체적, 행동적 특징을 자동화된 수단으로 등록시 제시한 정보와 패턴비교(검증) 및 판단(식별)하는 기술

(2) 바이오 인식의 주요 특징(주요 조건)

– 바이오 정보 생성 특징: 보편성, 유일성, 획득성, 독특성
– 바이오 정보 처리 특징: 정확도, 수용도, 강건성

특 성	설 명
보편성	모든 사람이 가지고 있는 보편적 특징을 대상으로 함
영구성	특징은 변하지 않으며, 변경시킬 수 없음
독특성	같은 특징을 가진 다른 사람이 존재하지 않음
획득성	센서가 쉽게 획득하고 정량화 할 수 있어야 함
시스템성능	처리 속도가 빠르고 처리량이 많아야 함, 알고리즘 및 시스템 구성의 효율성
저항성	위조 가능성이 없어야 함
수용성	사람들이 인증 시스템에 거부감을 갖지 말아야 함

2) 생체인식 프로세스

(1) 생체인식정보 생성 및 이용 절차

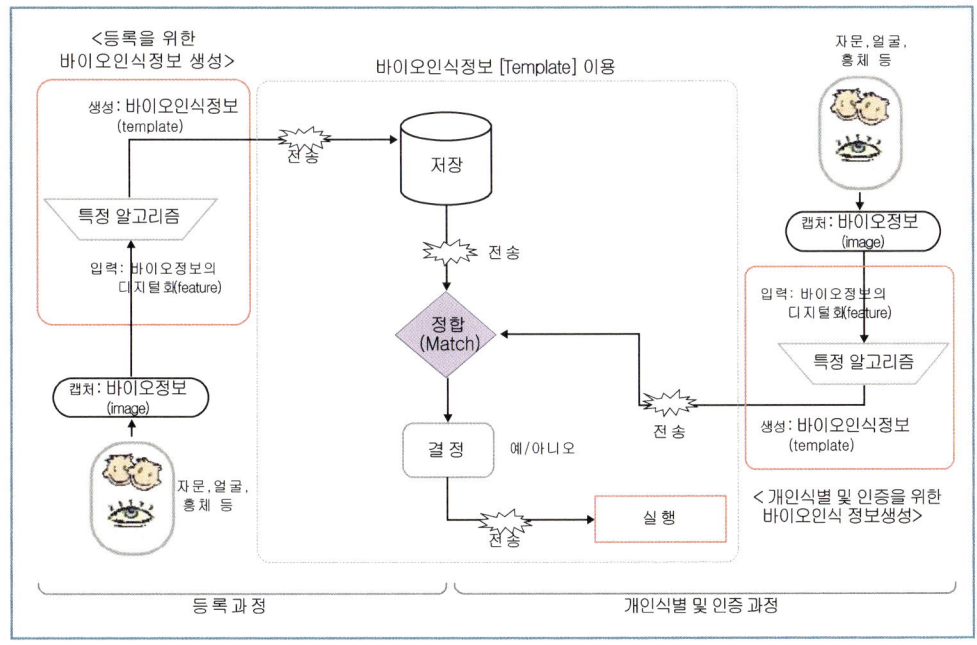

(2) 생체정보 등록 및 인증, 인식 프로세스

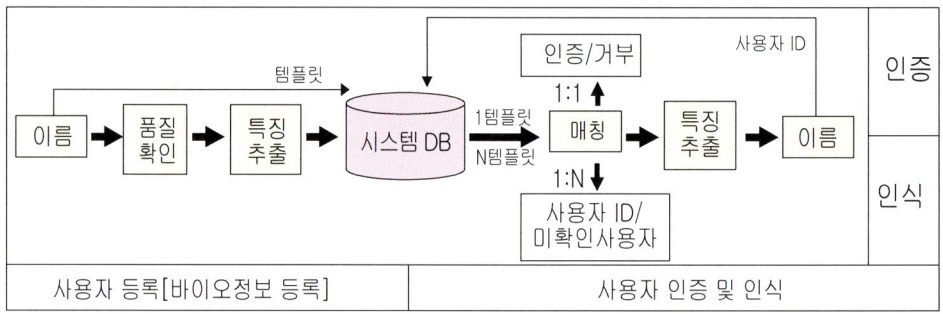

- 인증

: 사용자가 자신의 신원(Identity)을 시스템에 알려주고 바이오정보(image)를 입력할 때, 시스템은 이때 생성된 바이오인식정보를 사전에 등록된 그 개인의 바이오인식정보와 자동으로 비교하여 같은 사람인지 여부를 판별(One to One 비교)

- 인식(Identification: 신원확인)

: 사용자가 자신의 신원을 시스템에 알리지 않은 상태에서 바이오정보(Image)를 입력할 때, 시스템이 이때 생성된 바이오인식정보를 사전에 등록된 모든 바이오인식정보와 자동으로 비교하여 등록된 사람인지 여부를 판별(One to Many 비교)

3) 생체인식의 종류

구 분	방 식	장 점	단 점
생체적 특징	지문 인식	– 안전성, 비용 저렴 – 시중에 많은 센서 존재	– 지문 사용 거부감 – 지문 손상시 문제 발생 가능
	얼굴 인식	– 거부감 적음, 사용자 편의성, 저렴 – 공공장소 설치시 범죄 예방 효과	– 조명변화 민감, 변장 가능 – 현재 기술로는 인식률이 매우 떨어짐
	망막 인식	– 고도의 보안성(위조가 매우 힘듦) – 오인식률 가장 낮음	– 사용상의 두려움과 거부감(눈 접촉 필요) – 고가격, 고비용
	홍채 인식	– 인식률 높은 편, 보안성 좋음	– 사용자 거부감(눈 접촉하진 않음) – 고가격
	정맥 인식	– 사용자 편의성 우수 – 작은 상처나 오염 무관	– 시스템 크기가 크고 고가격
행동적 특징	음성 인식	– 원격지에서 사용 가능 – 사용자 편의성, 가격 저렴	– 신체적, 감정적 변화에 민감 – 오인식률이 비교적 큼
	서명 인식	– 입력기기의 가격 저렴 – 사용자 편의성 좋음	– 타인 도용 가능성 존재 – 정확도가 떨어짐

4) 생체인증의 성능평가 항목

항 목	내 용
오인식률(FAR)	– 등록되지 않은 사람을 등록된 사용자로 잘못 인식할 확률 – 기밀성 측면에서 문제가 됨, 오거부율보다 보안 측면에서 중요함
오거부율(FRR)	– 정상 등록된 사용자를 인식하지 못할 확률 – 가용성 측면에서 문제가 됨, 사용자 편의성 제고시 오거부율 감소
등록시간	– 등록 과정: 1) 생체 특징 추출 –〉2) 추출값을 데이터화 –〉3) DB에 저장
검색시간	– 검색 과정: 1) 생체 특징 추출 –〉2) 추출값을 데이터화 –〉3) DB에서 검색 – 사용자의 편의 정도에 따라 감내할 수준이 되어야 함

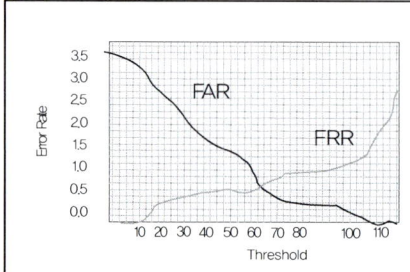

- 보안강도(threshold)에 따라 FAR과 FRR의 목표 Error Rate를 선정함

5) 생체인증의 활용 분야

분 야	활 용	내 용
접근통제	출입 통제	– 보안장소 출입문 접근, 출입 통제, 입구 통제 – 물리적 통제
	직원 관리	– 직원 출퇴근 관리 및 출퇴근 시간 체크 및 추적 – 공공장소 설치 시 범죄 예방 효과
	네트워크	– 원격 네트워크에 대한 접근 통제
	물리적 통제	– 건물, 집, 창고 등의 접근에 대한 통제
사회적 활용	출입국 관리	– 여권, 비자, 이민 관련 시 사용
	ATM	– 현금인출기에 적용, 현금 인출 시 신분확인/인증
	투표	– 각종 투표 시 유권자의 신원 인증
	Device 인증	– 각종 기기, 단말기의 적합한 사용자인지를 인증 – 자동자 소유주 인증, POS 단말기의 Casher 인증

6) 생체인증의 프라이버시 침해 위험성

구 분	종 류	위험성 분석
이용 목적	인증 (Authentication)	– 출입통제 등의 목적으로 활용, 시스템 등록과정에서 동의 및 선택 가능 하므로 프라이버시 침해 위험 높지 않음
	신원확인 (Identification)	– 범죄자 식별 목적, 본인의 동의와 무관하게 정보 수집 및 이용하므로 프라이버시 침해 위험 높음
	감시(Surveillance)	– 사생활 대부분이 모니터링 되므로 프라이버시 위험이 가장 큼
바이오정보 활용 단계	수집 및 변환(생성)	– 정보주체의 동의없이 바이오정보(이미지)수집 – 바이오정보를 바이오인식정보로 변환시 제3자가 시스템에 침입하여 정보 위변조 가능성 있어 보안조치 필요
	저장	– 암호화 되지 않은 상태로 다른 정보와 결합하여 중앙 DB에 저장시 침해 위험성 가장 높음
	이용	– 제3자가 바이오인식정보의 전송경로에 침입시 해당 정보 유출 및 오남용 가능 – 정보주체 동의없이 바이오정보 공유 및 제공시 위험성 심각
	파기	– 바이오정보는 바이오인식정보 생성 이후 파기하여 침해 위험성 낮춤

– 바이오인식정보 생성 및 생성된 바이오인식정보의 저장, 전송과정에서 암호화 등의
 보안조치 필요
– 생성시 외부침입차단: Firewall, IDS 등
– DB암호: 3DES, RSA, SEED 등
– 전송과정 보안 프로토콜: IPSec, SSL 등

:: 도우미 임기술사

[설명]

　평생불변과 만인부동의 특성을 가지는 개인의 신체 및 행동적 특징을 자동화된 수단으로 등록하고 그 정보와 패턴비교로 검증하고 판단하여 식별하는 보안기술을 생체인식이라고 한다. 생체인식은 생체정보 생성을 위한 보편성, 유일성, 획득성, 독특성의 특징이 있고, 생체정보 처리를 위한 정확도, 수용도, 강건성의 특징이 있다.

　생체인식정보에 대한 생성 및 이용을 위해, 개인에게서 획득한 생체 특징정보를 특정 알고리즘을 통해 생체인식정보로 생성하여 등록 및 저장하고, 개인식별 및 인증을 위해 저장한 생체인식정보와 획득한 생체정보를 동일한 알고리즘을 통해 생성한 생체인식정보를 비교한다. 생체정보인증과 인식을 명확한 의미로 구분하자면, 인증은 사전에 등록된 자신의 신원을 시스템에게 알려준 사용자의 생체인식정보와 사용자의 생체인식정보를 일 대 일로 비교하여 동일인 여부를 판별하는것이고, 인식은 자신의 신원을 시스템에 알리지 않은 상태에서 사용자의 생체인식정보와 사전에 등록한 생체인식정보를 일 대 다로 비교하여 등록된 사람인지 여부를 판별하는 것으로 구분할 수 있다.

　생체인식 종류는 생체적 특징을 기반으로 한 지문인식, 얼굴인식, 망막인식, 홍채인식, 정맥인식 등이 있고, 행동적 특징을 기반으로 한 음성인식과 서명인식이 있다. 지문인식은 지문사용시 거부감이나, 지문손상 시 문제발생 가능성이 있지만, 안전성 있고 비용이 저렴하여 주로 사용되고 있고, 얼굴인식의 경우 조명변화에 민감하고 변장시 인식률이 떨어지지만, 거부감이 적고 사용자 편의성이 있어 공공장소 설치시 범죄예방 효과의 장점이 있다. 망막인식의 경우, 사용상의 거부감과 고비용의 단점이 있지만, 위조가 어려워 보안성이 높고 오인식률이 가장 낮은 생체인식 방법이다.

　생체인식의 성능평가 항목은 오인식률, 오거부율, 동록시간, 검색시간으로, 오거부율

(FRR: False Reject Rate)는 정삭적으로 등록된 사용자를 인식하지 못할 확률로, 사용자 편의성을 고려하면 오거부율이 감소되고, 오거부율 증가시는 가용성 측면에서 문제가 된 다. 오인식률(FAR: False Acceptance Rate)은 등록되지 않은 사람을 등록된 사용자로 잘못 인식할 확률로 기밀성 측면에서 문제가 되며 오거부율보다 보안측면에서 중요한 요 소이다. 보안강도에 따라 오인식율과 오거부율을 조정하여 목표 Error Rate를 선정하는 것이 중요하다. 보안강도 생체특징을 추출하여 데이터화하고 DB에 저장하는 등록시간과 생체특징 추출 후 DB의 데이터와 검색하는 검색시간의 최소화도 생체인식의 목표이다.

생체인식은 출입통제, 직원관리, 네트워크 및 물리적 통제 등의 접근통제와 출입국관 리 및 투표 Device 인증 등 사회적 다방면에 활용 가능하나, 프라이버시 침해 위험에 대해 서는 이슈화 되고 있어 이에 대한 고려가 필요하다. 생체인식 이용목적에 따른 프라이버시 침해 위험은 주로 범죄자 식별을 위한 신원확인시 본인의 동의없는 정보수집 및 이용, 사 생활이 모니터링되는 감시가 있고, 생체정보 활용단계에서의 프라이버시 침해 위험은 정 보주체의 동의없는 생체정보 수집 및 생체정보 유출 및 위·변조, 유출 등이 있다. 그러므 로, 생체정보 생성 및 저장 및 전송과정에서의 암호화, 침입차단, 생체정보 데이터베이스 암호화, 전송과정에 보안 프로토콜 사용 등으로 침해 위험성을 최소화해야 한다.

[키워드]
- 생체정보 생성시 보편성, 유일성, 획득성, 독특성, 생체정보 처리시 정확성, 수용 성, 강건성
- 생제성보 특징주출 후 특정 알고리즘을 통한 생체인식정보 생성
- 사용자에게서 획득하고 처리한 생체인식정보와 저장된 정보 비교로 개인식별 및 인증
- 인증: 신원을 시스템에 알려주고, 사전에 등록된 생체인식정보와 일 대 일로 비교하 여 동일인 판별

- 인식: 신원을 시스템에게 알리지 않고, 사전에 등록된 생체인식정보와 일 대 다로 비교하여 시스템에 등록된 사용자인지 판별
- 종류: 생체적 특징(지문, 얼굴, 망막, 홍채, 정맥 인식), 행동적 특징(음성, 서명 인식)
- 생체인식 성능 평가항목: 오인식율(FAR), 오거부율(FRR), 등록시간, 검색시간
- 생체인식 프라이버시 침해 위험 및 수집정보 유출 및 위변조 대응방안: 암호화, 외부 침입차단.
- 생체인식정보 데이터베이스 암호화, 보안 프로토콜 사용

[기출문제]
13) 66회 조직응용: 생체인식, 74회 조직응용: 생체인증기술, 77회 조직응용: 생체인식

[예상문제]
- 1 교시형
 1) 오인식율과 오거부율

- 2교시형
 1) 생체인식의 특징, 종류별 특징, 활용분야를 설명하시오.

답안제시

문제) 생체인식

답〉
　　　(ex 정보 보안수험생자들이)

I. 21 세기 새계 10대 기술, 생체 인식의 개요

　가. 생체인식(Biometric)의 정의

　　- 개인의 고유한 신체적, 행위적 특성에 따라 사람들의 신원을
　　　확인(validation)/식별(identification)하는 기술들 총칭

　나. 사용자 인증방법의 유형 (200면 3장 참조)

　　- 소유(have)에 의한 인증: 물리적 장치(카드,키,토큰)에 의한 인증

　　- 지식(knowledge)에 의한 인증: 비밀번호, PIN 등으로 측정가능성, 망실의 위험

　　- 생체(care)에 의한 인증: 신체적 특징(지문,뭉탄,동체)를 가지며 복제 불가

II. 생체인식 기술의 유형 및 기술 평가 기준 (선려사항)

　가. 생체인식 기술의 유형

분류	세부 구분	장점	단점
신체적 특징	지문 인식 (finger scan)	- 양호/비양호 방식으로 지문분류용, 일치성/비용 저렴	- 지문 사용에 따른 거부감 - 지문 훼손 문제
	혈관 인식 (vein recognition)	- 정맥혈에 대한 인식 2 사용자 편의성	- 광투과 이미지, 구축 비용 이 높다
	홍채 인식 (iris scan)	- 홍채 패턴 DB에 저장/복원, 인식도 거의 완벽	- 사용자의 거부감 저장순 사용의 불편
행동적 특징	음성 인식 (speech)	- 원격지에 사용 가능 - 편리성	- 신체적 상태변화에 따라 인식불가 (예:감기)

　　- 이외에도 망막 인식, 몸코 인식, 서명 인식 등의 유형이 있다.

4. 생체 인식 기술 평가 기준
- False Acceptance Rate (오인식률) : 등록되지 않은 사용자를
  등록된 사용자로 잘못 인식할 확률
- False Rejection Rate (인식거부율) : 등록자를 거부하는 인식 확률
- 등록 실패 : 시스템이 처리 가능한 사용자 template 생성 못하는 경우
- 획득 실패 : 인증 대조시 시스템이 충분 품질 영상 획득치 못하는 것
- (FAR + FRR)이 낮을 수록 인식 기술 우수, FRR 보다는 FAR이 중요

Ⅱ. 생체 인식 기술의 문제점 및 발전 방향

가. 생체 인식 기술의 문제점
- 사용자 영향 : 생체정보의 증가(템플릿), 관리자/관련자의 영향, 개인
  정보(질병 등)의, 노출에 대한 대책 방안 필요
- 운영 영향 : 카메라 처리공간의 한계, 위/변조 Spoofing 등등의 문제점

나. 생체 인식 기술의 발전 방향
- TTA 주관하의 K-BioAPI, K-X9.84 등 개발 등 국내 표준화정립
- 생체인식의 지문 번호 시장 확대 (바이오 여권, 혼 네트웍크, 유비쿼터스) 기대
  '끝'

4 OTP

1) 개인정보 유출에 대한 사용자 인증을 강화하기 위한 OTP의 개요

(1) OTP (One Time Password)의 개념

- OTP생성 매체에 의하여 필요한 시점에 발생되고 매번 다른 번호로 생성되는 높은
  보안수준을 가진 사용자 인증용 동적(Dynamic) 비밀번호

(2) OTP의 구성요소와 원리

- OTP의 구성요소(OTP = Function f(secret, seed))
  - secret(사용자 비밀키): 암호쌍, 코드표 등 사용자와 인증시스템이 공유한 비밀
    번호
  - seed(시퀀스 카운트): 임의의 숫자, 문자·숫자 기호, 현재 시간 등
  - Function f(해시함수): secret, seed를 입력 받은 질의문 생성 함수(MD4, MD5,
    SHA)
- OTP의 주요 원리
  - OTP생성 프로그램에 비밀키와 시퀀스 카운트를 입력
  - 해시 알고리즘으로 암호화 후 OTP생성
  - 사용자와 서버가 각각 사용자 비밀키로 OTP생성기를 통해 비교 후 상호 인증

2) OTP 생성 매체와 종류

(1) OTP생성 매체

- 개념: OTP를 생성할 수 있는 기능을 가진 장치(Device), OTP 토큰

- 특징
  - 사용방법: OTP생성 기능만 가진 전용 물리적 장치 또는 사용자가 가지고 있는 다른 매체에 OTP 생성기능 적용하여 이용 가능
  - 종류: 전용 OTP 토큰, 휴대폰에 OTP기능 탑재, 금융 IC카드 OTP 토큰 등

(2) OTP 생성 매체 간 비교

항 목	전용 OTP 토큰	기존 매체 활용	기 타
종 류	– 전용 토큰 (호출기, 포켓용 계산기, USB 모양 등)	– 휴대폰(OTP생성 모듈 내장) – 금융 IC카드(OTP 생성기능 탑재)	디스플레이형 IC카드, 오디오형 IC카드
장 점	– 리더기 불필요 (추가장비 필요없음)	– 휴대 편리 – 기존 매체 활용으로 경제적	휴대 편리, 리더기 불필요
단 점	– 별도 매체 소지에 따른 불편 – 은행별로 개별 소지에 따른 불편	– 금융 IC카드: 리더기 필요 – 휴대폰: OTP생성 지원 전용 단말기 구입, 인터넷뱅킹 서비스만 가능	고비용

3) OTP 생성 방식 구조와 종류

(1) OTP 생성 방식

- OTP생성 매체와 OTP인증 서버 사이 규칙에 따라 OTP 생성 매체에서 생성(보통 6자리 숫자)
- 사용자가 전송한 OTP와 인증서버에서 생성한 OTP를 비교하여 인증 수행
- OTP 생성 매체와 OTP인증 서버의 동기화 여부에 따라 비동기화(Asynchronous) 방식과 동기화(Synchronous) 방식으로 구분

(2) OTP 생성방식 구조(은행 업무 사례)

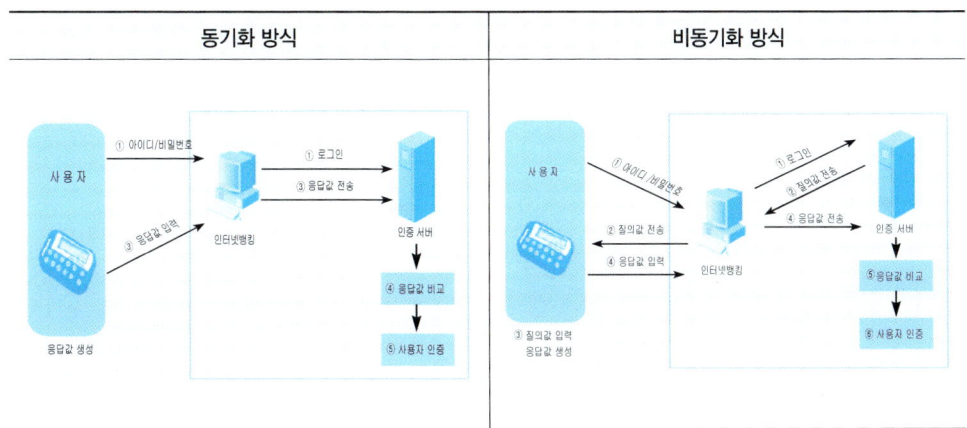

	동기화 방식		비동기화 방식

(3) OTP생성 방식 간 비교

비교 항목	비동기화 방식	동기화 방식	
종 류	질의응답 방식	시간 동기화 방식	이벤트 동기화 방식
OTP생성시 입력값과 입력방식	– 인증서버에서 전달받은 질의값 　(임의의 난수) – 사용자 직접 입력	– 시간 – 자동 내장	– 인증 횟수 – 자동 내장
장 점	– 구조 간단 – OTP생성 매체와 인증 – 시내긴 동기화 필요없음	질의값 입력이 없어 질의응답 방식에 비해 사용 간편	
		질의응답 방식에 비해 호환성 높음	시간 동기화 방식에 비해 동기화되는 기준값 자동화 로 사용 간편

비교 항목	비동기화 방식	동기화 방식	
단 점	– 사용자의 질의값 직접입력으로 사용 번거로움 – 같은 질의값 생성되지 않도록 인증 서버 관리 필요	– OTP생성 매체와 인증 서버 시간 정보의 동기화 필요 – 일정 시간 이상 인증불가시 새로운 비밀번호 생성시까지 시간 소요	– OTP생성 매체와 인증 서버의 인증 횟수 동기화 필요

- 시간+이벤트 동기 방식: 이벤트 카운터의 시간을 기반으로 OTP를 생성(가장 최근에 나온 기술)

4) OTP 도입시 고려사항과 주요현황

(1) OTP 도입시 고려사항

고려사항	상세 설명
보안성	주로 전자 금융거래의 보안 강화 위한 인증 수단으로 도입, 보안성 뛰어난 매체 방식 선택
사용 편리성 및 휴대 간편성	사용시 OTP 위한 중간 매체 및 복잡한 절차에 대한 사용자 거부감 고려
OTP 토큰 간 호환성	OTP 토큰이 어떤 애플리케이션에서도 작동가능 필요, 편리성 및 비용과 연관
비용 측면	OTP토큰 파손 및 도난에 따른 재구입, 동기화 방식 이용시 재동기화 비용, 유지보수 비용 등의 관리상 문제로 발생되는 비용 고려

(2) OTP 현황

- OTP 통합인증센터 운영 시작
  - OTP 통합인증: 전자금융서비스 이용자가 하나의 OTP 토큰으로 다수의 은행과 거래할 수 있도록 은행이 공동으로 OTP를 인증하는 제도
  - 은행 비롯한 금융기관별 OTP 개별 도입에 따른 불편과 사용자 부담을 최소화하고 은행 간 OTP 사용의 호환성을 높여 OTP 이용의 편리성 제고 위해 OTP 통합인증센터 운영
- OTP 통합인증센터 해결과제
  - OTP 토큰 도입 비용 및 배부 방법, 사용자 정보의 보유주체에 대한 문제 해결 및 OTP 통합인증 센터 장애 발생시 모든 은행의 OTP인증 중단으로 인한 리스크 해결 문제 등이 해결과제임

:: 도우미 임기술사

[설명]

OTP(One Time Password)는 개인정보 유출에 대한 사용자 인증을 강화하기 위해, OTP 생성 매체에 의해 필요시점에서 매번 다른 번호가 생성되는 높은 보안수준을 가진 사용자 인증용 동적 비밀번호이다.

OTP는 사용자와 인증시스템이 공유하는 비밀번호인 사용자 비밀기와 시퀀스 카운트, 사용자 비밀키와 시퀀스 카운트를 입력 받는 해시함수로 구성되고, OTP생성 프로그램에 비밀키와 시퀀스 카운트를 입력하여 해시함수로 암호화 하여 OTP를 생성한 후, 사용자와 서버가 각각 OTP를 비교한 후 상호인증을 수행하는 프로세스를 가진다.

OTP를 생성은 OTP생성 기능만을 가진 전용장치나 다른 매체에 적용하여 OTP를 생

성하는 방법이 있는데, 전용 OTP 토큰, 기존 매체활용, 기타 형태로 구분할 수 있다. 전용 OTP토큰은 호출기나 포켓용 계산기, USB 모양으로 추가장비는 필요없으나, 별도 소지에 불편이 있다. 휴대폰이나 금융IC카드 등 기존 매체를 이용한 OTP 생성은 휴대가 편리하고 경제적이나, 금융 IC카드의 경우는 리더기가 필요하고, OTP 생성이 지원되는 휴대폰 등이 필하며, 인터넷뱅킹 서비스만 가능한 단점이 있다. 기타 OTP 생성기로는 디스플레이용 IC카드나 오디오형 IC카드 등이 있다.

OTP는 OTP 생성 매체와 OTP 인증 서버 사이 규칙에 따라 OTP생성매체에서 OTP를 생성하여 OTP 인증서버로 전송하여 OTP를 비교 후 인증을 수행한다. OTP 생성 매체와 OTP 인증 서버의 동기화 여부에 따라 생성방식을 비동기화 방식과 동기화 방식으로 구분한다. 비동기화 방식은 인증서버에서 받은 질의값을 사용자가 직접 입력하여 OTP를 생성하는 으로, OTP 생성 매체와 인증서버간의 동기화가 필요 없어 구조는 간단하지만, 사용자의 질의값 입력의 번거로움과 같은 질의값이 생성되지 않도록 인증서버에 대한 관리가 필요하다. 동기화 방식은 OTP 생성시 입력값을 매체에 자동내장된 시간이나 인증횟수를 OTP서버와 맞추어 질의값으로 사용하여 OTP를 생성하는 것으로, 시간동기화 방식과 이벤트 동기화 방식 두 가지가 있다.

OTP는 주로 전자 금융거래의 보안강화를 위한 인증 수단으로 도입되므로, 보안성이 높아야 하고, 비용을 고려한 사용편리성 및 휴대 간편성이 필요하며, OTP 토큰 간 호환성도 고려해야 한다.

OTP 토큰 간 호환성을 위하여 전자금융서비스 이용자가 하나의 OTP 토큰으로 다수의 은행과 거래할 수 있도록 은행이 공동으로 OTP를 인증하는 OTP 통합인증센터를 운영하고 있다.

[키워드]

- OTP 구성 요소 및 생성: 사용자 비밀키, 시퀀스카운트, 해시함수를 통해 생성
- 사용자가 생성한 OTP를 인증서버와 상호 비교 후 인증
- OTP 생성 매체: 전용OTP토큰, 기존매체 활용, 기타
- OTP 생성 방식: 동기화 방식(인증서버에서 질의값 전달받아 사용자가 직접 입력), 비동기화 방식(시간 동기화 방식, 이벤트 동기화 방식)
- OTP 도입시 고려사항: 보안성, 사용편리성, 휴대간편성, OTP 토큰 간 호환성, 비용
- OTP 통합인증센터: 하나의 OTP 토큰으로 다수의 은행과 거래가 가능하도록 은행이 공동으로 운영

[예상문제]

- 2교시형
1) OTP의 동기방식과 비동기방식에 대해서 설명하시오.

답안제시

문제〉 OTP
답〉
1. 일회용 패스워드 OTP의 개요
가. OTP(One Time Password)의 정의
  - 리모터로 접속하는 환경에서 스니핑 공격등의 문제를 해결 하기 위해 고안된 일회용 패스워드 솔루션
나. OTP의 필요성
  - 패스워드 인증방식의 취약점: 추측이 쉬움, 유출이 쉬움
  - 패스워드 공격기법: 무차별공격, 사전공격, 트로이목마, 사회공학적 방법 등
  - 2006년 5월 제1금융권의 기업고객은 의무사용 법제화

2. OTP의 구현 방식 및 비교
가. OTP의 구현 방식

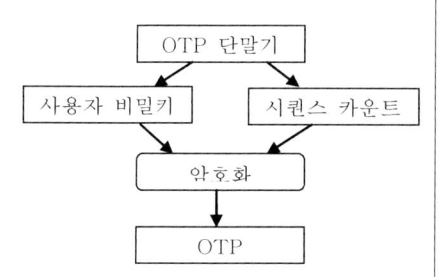

OTP 단말기		– 사용자는 OTP 단말기 보유
		– 사용자 비밀번호 입력
사용자 비밀키 / 시퀀스 카운트		– 임의의 숫자 생성
암호화		– 암호화 또는 해시값 생성
OTP		– OTP 생성

나. 동기식과 비동기식의 비교

구 분	동기식	비동기식
동 작	– 미리 정한 고정된 시간간격 주기로 새로운 난수값 생성 – 난수값을 이용사용자와 서버는 패스워드 공유	– 서버는 난수를 발생하여 시도값으로 사용자에게 전달 – 사용자는 시도값을 암호화하여 서버에 응답값 전달, 서버는 응답값을 복호화하여 패스워드 인증
주요 메커니즘	– 시간 또는 이벤트 동기화	– 시도 응답 방식
장 점	– 속도 빠름(간단한 절차)	– 안정성이 매우 다양 (양방향 인증)
단 점	– 사용자–> 서버 단방향 인증	– 복잡한 절차를 통한 인증으로 속도가 느림

3. OTP 도입시 고려 사항 및 현황
가. 사용자 인증을 위해 기존에 구축되어 있는 인증서버(RADIUS, SSO, EAM, IAM)와 쉽게 연동이 가능 여부, 사용 중인 그룹웨어 등 애플리케이션과 호환성 제공 유무 확인
나. OTP 알고리즘의 보안 강도 및 사용 편리성
다. MOTP는 휴대전화에 탑재 가능한 S/W로 휴대전화 사용자는 언제 어디서든 사용자 인증을 받을 수 있다.

"끝"

1) 마이크로 프로세서 Chip과 메모리를 내장한 스마트카드의 개요

(1) 마이크로 프로세서 Chip 카드

구 분	특 징	사 례
Memory Card	– EEPROM or EPROM Memory 사용 – 데이터 저장 + 가치, 로열티 카운터기능	전화카드, 로열티 카드
Smart Card	– Memory + Microprocessor – 일종의 소형 컴퓨터(Micro Controller) – 높은 보안성 요구	전자지갑, 신용카드, 의료카드

(2) 스마트카드의 사용 이유(필요성)

사용 이유	상세 특징
보안성	데이터 보관(복제불가), 안전한 오프라인 거래, 사기(Fraud)방지
저장용량	데이터, 프로그램 저장 가능(8KB~256KB)
다목적성	하나의 카드에 다양한 애플리케이션 탑재
이동성	인증서(certificate)저장, 휴대 간편
사용의 편리성	소형, 경량

2) 스마트카드의 구조 및 구성요소

(1) 스마트카드의 구조

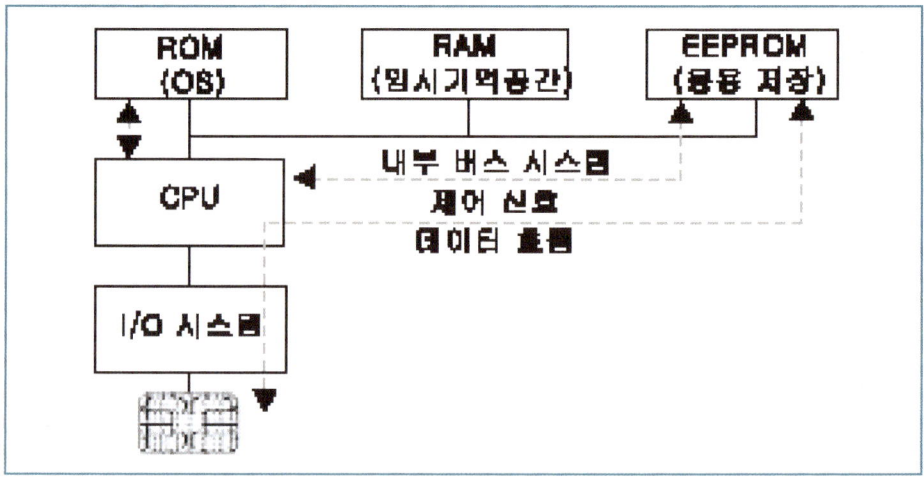

(2) 스마트카드의 구성요소

구성 요소	상세 특징
CPU	8bit(16bit/32bit) Microprocessor
ROM	운영체제(COS)탑재, 보안알고리즘(3DES), 카드제작 시 저장(수정불가)
RAM	임시 데이터 저장용(4KB 이상)
EEPROM	파일시스템, 프로그램 및 응용 프로그램, 키, 비밀번호, 카드발급 시 저장
I/O시스템	접촉식과 비접촉식, 2가지 동시지원 콤비형

3) 스마트카드의 종류

구분	종류	특 징
폐쇄형 카드	접촉식카드	신용카드, 전자지갑, 의료카드
	비접촉식카드	교통카드, 출입통제
	하이브리드카드	Contact+contactless(물리적 공유 없음)
	콤비카드	Contact+contactless(공유하는 메모리 공간 존재)
공개형 카드	자바카드	자바카드 포럼, 비자
	멀토스카드	마스터 카드, 몬덱스

4) 스마트카드 제작과정

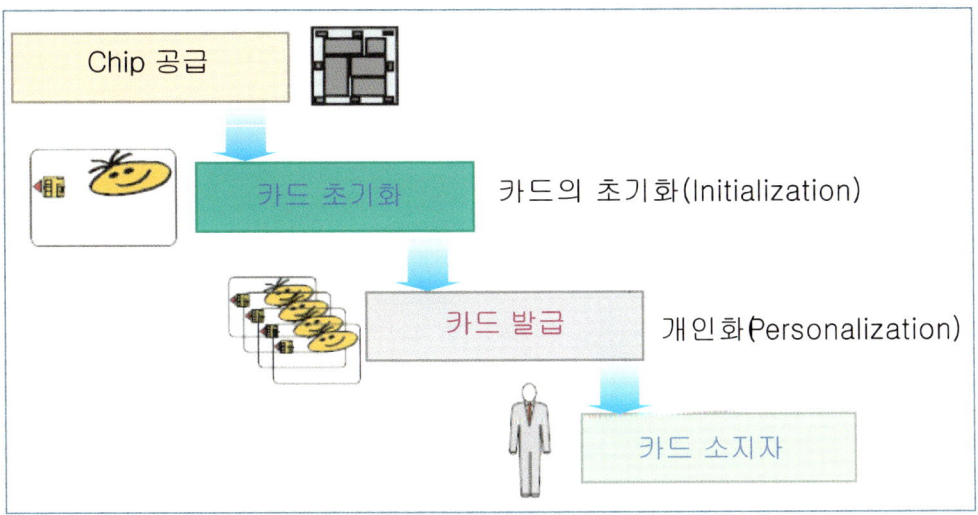

5) 스마트카드의 보안

구 분	보안 기능	보안 방법
인증	카드, 단말기 진위 확인	카드 인증, 단말기 인증
식별	카드 사용자 확인	저장된 비밀코드로 확인
무결성	메시지 내용 변경 확인	전자서명 방식(원문, 암호화)
부인방지	거래사실 부인 방지	전자서명 방식(원문, 암호화)
기밀성	정보누출 방지	키 암호화(대칭키, 공개키 알고리즘)

6) 스마트카드의 활용 사례

분 야	활용 사례
금융	직불(Debit), 신용(Credit), 전자화폐(E-Cash)
통신	전화카드, 이동통신 카드
의료	의료보험 카드(Healthcare Card)
보안	인터넷, 네트워크, PC보안 솔루션, 인증서 저장
교통	교통카드(Transportation Card)
신분증	출입 통제

:: 도우미 임기술사

[설명]

스마트카드는 보안성, 정보저장, 다목적, 이동성, 사용편리성 등의 특징이 있고, 메모리와 마이크로 프로세서를 내장한 카드이다. 스마트카드는 일종의 소형 시스템과 마찬가지로, CPU, ROM, RAM, EEPROM, I/O시스템으로 구성되어 있고, Chip 공급 후 카드를 초기화 하고 카드발급 과정에서 카드 소지자에 맞게 카드를 개인화 하면서 제작하게 된다. 스마트카드를 위한 보안조건은 카드 및 단말기 진위 확인을 위한 인증, 카드사용자를 확인하는 식별, 메시지 내용에 대한 변경 여부에 대한 무결성, 거래사실에 대한 부인방지를 위한 부인 방지, 정보누출 방지를 보장하는 기밀성 등이다. 활용분야는 전자화폐 및 신용 관련 금융분야, 이동통신카드나 전화카드 등의 통신분야, 의료보험 카드, 인증서 저장 등을 위한 보안분야, 교통카드, 출입통제를 위한 신분증 등으로 사용되고 있다.

[키워드]
- 스마트카드 필요성: 보안성, 데이터 및 프로그램 저장가능, 다목적성, 이동성, 사용 편리성
- 스마트카드 구성 요소: CPU, ROM, RAM, EEPROM, I/O시스템
- 스마트카드 보안 요소: 인증, 식별, 무결성, 부인방지, 기밀성
- 스마트카드 활용 분야: 금융, 통신, 의료, 보안, 교통, 출입 통제

6 i-PIN

1) 안전한 인터넷 서비스 사용을 위한 인터넷 개인 식별 번호– i–PIN의 개요

(1) i–PIN(Internet Personal Identification Number)의 개념

– 대면확인이 불가능한 인터넷상에서 주민등록번호를 대신하여, 본인임을 확인 받을 수 있는 사이버 신원 확인번호

(2) i–PIN 사용 이유

– 주민등록 번호 도용 및 유출, 과용 방지 위해 필요한 제도
– 인터넷상 실명 확인, 연령 확인(성인 인증)에 이용, 이용자 중요 정보 및 프라이버시 침해 방지

[길라잡이]

구문 항목	주민등록번호를 통한 실명확인	아이핀
기본속성	• 주민등록번호 외부 노출시 변경 불가	• 아이핀 외부 노출시 수시 변경 가능
검증절차	• 실명확인기관에서 주민등록번호와 성명 일치여부를 확인	• 본인확인기관에서 이용자 본인여부 확인
성인인증	• 수집한 주민들록번호상의 생년월일 기준으로 성인 여부 확인	• 웹사이트가 필요로 하는 경우, 이용자 생년월일 제공

2) i-PIN의 이용 방법 및 기존 본인 확인 방식과의 비교

(1) i-PIN의 이용 방법

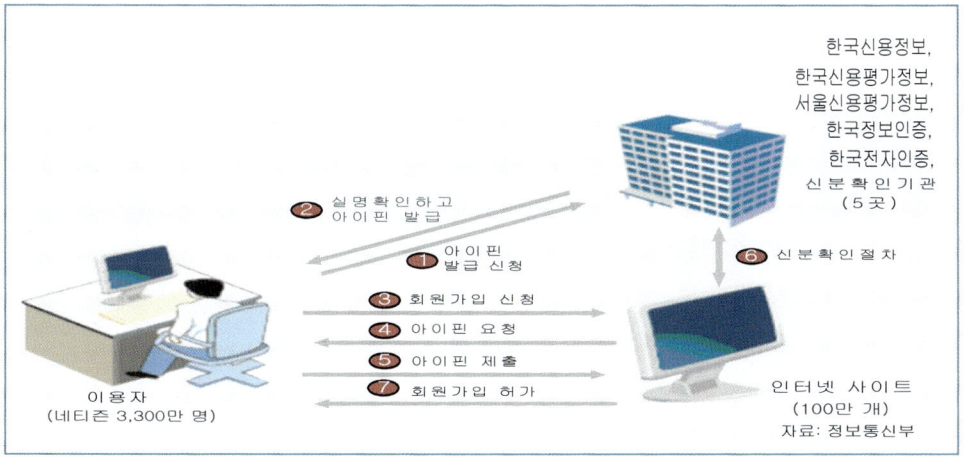

(2) 기존 본인확인 방식과 i-PIN과의 비교

구 분	비교항목	주민등록번호 이용 본인 확인	i-PIN 이용 본인확인
이용자 입장	이용절차	주민번호, 성명 입력	주민번호, 성명입력 -> 신원확인수단제시-> 식별 ID/PW 발급
	편리성	주민번호만 입력으로 이용 편리	최초 발급절차 길어 불편, 회원 가입시 ID/PW만 사용하여 편리
	보안성	개인정보 유출우려(정보유출시 본인 확인정보 변경 불가)	개인정보 유출, 도용, 남용 방지 (정보유출시 본인확인정보 변경가능)

구 분	비교항목	주민등록번호 이용 본인 확인	i-PIN 이용 본인확인
사업자 입장	신용확인 절차	주민등록번호–성명 일치 여부 –> 실명확인기관 통한 확인	이용자 본인 여부 본인확인 기관 통한 확인
	수집정보	주민등록번호	13자리 본인확인 정보, 이용자 연령 정보
	수집방법	이용자로부터 직접 받음	본인확인기관으로부터 전달 받음

3) i-PIN 이용시 기대효과 및 서비스

(1) 개인정보보호의 강화로 안전한 인터넷 서비스 이용가능. 서비스 사업자의 본인확인기관 통한 신원확인 및 회원정보 관리의 안전보장과 안정적 서비스 제공이 가능함

(2) 대면확인, 공인인증서, 신용카드정보, 휴대폰 SMS 등을 통한 신용확인 하는 나이스 아이핀, 가상 주민번호서비스, One Pass, 그린버튼 서비스, Siren24 아이핀 서비스 등이 있음

:: 도우미 임기술사

[설명]

i-PIN은 안전한 인터넷 서비스 사용을 위하여 주민번호를 대신해서 본인임을 확인 받을 수 있는 사이버 신원확인번호로, 주민등록번호 도용 및 유출과 과용방지를 위해 필요하며, 인터넷상의 실명 확인과 연령확인, 이용자의 중요정보와 프라이버시 침해 방지를 위해 필요하다.

이용방법은 이용자가 신분확인기관에 i-PIN 발급을 신청하면 실명확인 후 i-PIN이

발급되고, 이를 이용하여 인터넷사이트 회원가입시 본인확인에 사용한다. 기존의 주민번호를 이용한 본인확인방법은 사용자 입장에서 이용절차가 편리하지만 개인정보 유출 등의 보안성에 문제가 있었으나, i-PIN을 이용한 본인확인은 절차가 복잡하지만 개인정보 유출시 본인확인정보를 변경할 수 있어 보안성이 뛰어난 장점이 있다. 또한 사업자 측면에서는 i-PIN을 사용하면 이용자의 본인여부를 신뢰성 있는 본인확인기관을 통하여 확인하므로 신원확인 및 회원정보 관리의 안전보장과 안정적 서비스 제공이 용이한 장점이 있다. 신원확인 기관은 한국신용정보, 한국신용평가정보, 한국정보인증, 한국전자인증 등으로, 대면확인, 공인인증서, 신용카드정보, 휴대폰 SMS 등을 통해서 신용을 확인하는 나이스 아이핀, 가상 주민번호서비스, OnePass, Siren24 등의 서비스가 있다.

[키워드]
- i-PIN: 안전한 인터넷 사용을 위해 주민등록번호를 대신하여 본인확인이 가능한 신원확인 번호
- i-PIN 필요성: 주민등록번호 도용 및 유출과 과용방지, 인터넷 실명확인 및 연령확인에 이용

[기출문제]
14) 81회 조직응용, 83회 정보관리: i-PIN

7 아이디 관리

1) 기존 아이디 관리 방식의 문제

- 서비스 제공 업체마다 아이디 사전등록 후 인증필요
- 개인정보 변경 시 대상 사이트마다 정보갱신의 불편함
- 사용자의 방문 사이트 수에 따른 아이디 수의 증가
- 개인정보 오남용 및 유출 통한 프라이버시 침해 우려

2) 다양한 사용자 아이디 관리 기술

- 아이디 및 개인정보 관리의 효율성 제공하기 위한 다양한 방식 등장
- 사용자 중심형 방법 중심의 다양한 아이디 관리 방식 필요

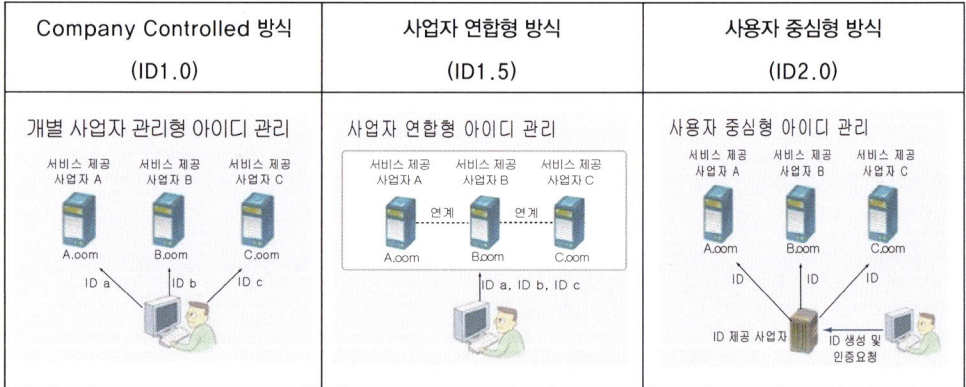

Company Controlled 방식 (ID1.0)	사업자 연합형 방식 (ID1.5)	사용자 중심형 방식 (ID2.0)
개별 사업자 관리형 아이디 관리	사업자 연합형 아이디 관리	사용자 중심형 아이디 관리

- 사용자 중심의 아이디 관리 방식의 지속적인 확산으로 Open ID와 카드스페이스 등이 서비스 되고 있음
- Open ID: 한 아이디로 여러 웹사이트를 이용할 수 있는 표준기술 기반 인증서비스

– 카드스페이스: 아이디 관리 효율화를 지원하는 아이디 메타 시스템

3) Open ID

(1) Open ID 개념

– 하나의 ID로 여러 인터넷 사이트를 동시에 이용할 수 있는 이용자 중심의 개방형 ID 서비스

[길라잡이]

• OPEN-ID 처리 흐름

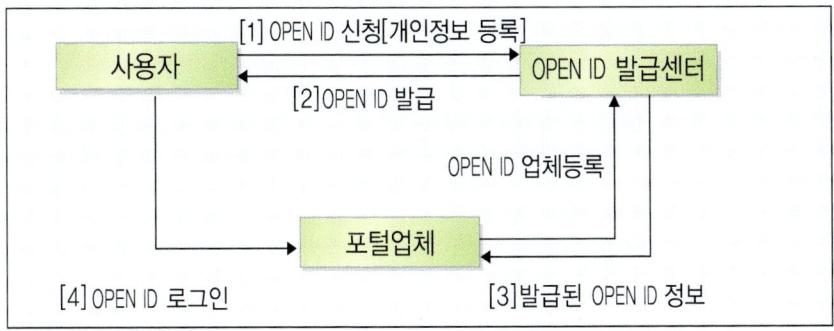

(2) Open ID의 특징

– 매번 사이트 가입 시마다 개인정보 입력 불필요

- 사이트마다 다른 비밀번호로 야기되는 문제 감소로 편리
- Open ID 발급과 운영은 Open ID 재단(OpenID.net)이 담당
- 공인된 국제 표준 따름(국내외 다양한 서비스 이용가능)
- Open ID 로고 붙은 사이트에서 사용가능
- Open ID로 발급받는 ID는 URL형태(이름.myid.net)

(3) Open ID 전망

- 웹 2.0이 차세대 키워드로 떠오르면서 관리의 편의성을 제고하고 개인정보보호의
  성격도 강한 사용자 중심형 아이디 관리 방식은 지속적으로 확산될 것임

:: **도우미 임기술사**

[설명]

　아이디 관리방식은 서비스업체마다 아이디등록 후 인증을 받거나 개인정보 변경 시 대상 사이트마다 정보갱신을 해야 하고 관리해야 하는 아이디 수의 증가 및 개인정보 오남용과 유출 등으로 인한 프라이버시 침해 우려 등의 문제가 있다. 이를 보완하기 위하여 업체 중심의 아이디 관리방식에서 사업자 연합형의 아이디 관리방식, 사용자 중심의 관리 방식으로 점차 변하고 있다. 아이디 및 개인정보 관리의 효율성을 제공하기 위한 다양한 방식들이 등장하였고, 아이디와 카드스페이스 등이 서비스되고 있다. Open ID는 아이디로 여러 웹사이트를 이용할 수 있는 표준기술 기반의 인증서비스이고, 카드스페이스는 아이디 관리 효율화를 지원하는 아이디 메타시스템을 말한다.

　Open ID는 하나의 ID로 여러 인터넷 사이트를 동시에 이용할 수 있는 이용자 중심의 개방형 아이디 서비스로, 발급과 운영은 Open ID 재단(OpenID.net)이 담당하고 국제 표

준을 따른다.

Open ID 로고가 붙은 사이트에서 사용가능하며 Open ID는 URL형태를 따르는데, 사이트 가입시마다 개인정보 입력을 할 필요가 없고, 사이트별 인증 비밀번호 관리에 대한 문제도 해결가능하다.

[키워드]
- 아이디 관리 방식: Company Control방식, 사업자 연합형 방식, 사용자 중심형 방식
- 사용자 중심아 아이디 관리서비스: Open ID, 카드스페이스
- Open ID: 하나의 ID로 여러 사이트를 동시에 이용할 수 있는 이용자 중심의 개방형 서비스
- Open ID 특징: Open ID재단에서 발급 및 운영, 국제표준 따름, URL 형태의 아이디
- Open ID 기대효과: 사이트 가입 시마다 개인정보 입력 불필요, 비밀번호 관리 문제 감소

[기출문제]
15) 75 정보관리: 인터넷 ID관리 서비스

8 SSO

1) 효율적 시스템 보안을 위한 SSO의 개요

(1) SSO(Single Sign On)의 개념

- 다수의 서비스를 단 한번의 Login으로 기업의 업무시스템이나 인터넷 서비스에 접속할 수 있도록 해주는 보안 응용시스템

(2) SSO의 주요기능

- 관리기능: 중앙집중적 사용자 권한 및 접근제어 관리
- 보안기능: PKI(Public Key Infrastructure), 암호화 기능

2) SSO 동작구조 및 시스템 구조도

(1) SSO의 동작구조

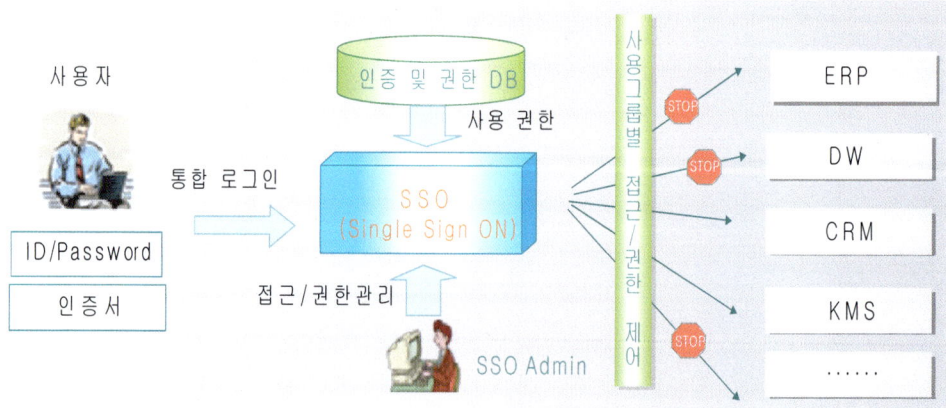

(2) SSO의 시스템 구조도

- 요소기술: 암호화 기술, PKI 기반 인증, LDAP 기술 등

(3) SSO와 응용프로그램과의 비교

항 목	SSO	응용 프로그램
특 징	– 한 번의 로그인으로 모든 시스템 접근	– 각 시스템별 개별 인증
장 점	– 보안성 – 단일 ID의 편의성 – ID/PW 기록에 따른 위험 예방	– 구축기간 (단기소요) 및 구축 비용의 절감
단 점	– 구축기 기간 장기 – 구축비용 부담 – 한 번의 해킹으로 모든 시스템 노출	– SSO 방식에 비해 보안성 취약 – 통합관리의 어려움

- OTP(One Time Password)로 SSO의 단점 보완가능

[설명]

Single Sign On은 다수의 서비스를 한 번의 로그인으로, 업무시스템이나 인터넷 서비스에 접속할 수 있도록 하는 효율적 시스템 보안을 위한 응용시스템이다. 주요기능으로는 중앙집중적으로 사용자 권한 및 접근제어를 관리하는 관리기능과 PKI 및 암호화 등의 보안기능이 있다. SSO Server는 SSO Engine, Access Control Server, SSO Admin으로 구성되고, 요소 기술로는 암호화기술 및 PKI 기반 인증기술과 LDAP 기술 등이 있다. 기존 응용프로그램의 로그인 구축보다 개발기간이 길고 구축비용이 부담되며, 한 번의 해킹으로 모든 시스템이 노출되는 위험성이 있으나, 단일 ID를 사용하는 편의성과 ID나 Password 기록에 따른 위험이 예방되는 등의 보안성 높은 장점이 있다.

[키워드]
- 한 번의 로그인으로 다수의 업무시스템이나 인터넷 서비스에 접속을 지원하는 보안 응용시스템
- 주요 기능: 관리기능(사용자 권한 및 접근제어), 보안기능(PKI, 암호화)
- 주요 요소 기술: 암호화 기술, PKI기반 인증기술, LDAP 기술
- 장점: 보안성, 단일 ID사용의 편의성, ID나 Password기록에 따른 위험 예방가능
- 단점: 구축기간 장기, 구축비용 부담, 한 번의 해킹으로 모든 시스템 노출 위험

[기출문제]
16) 80회 정보관리: EIP 관점에서 SSO

[길라잡이]

• 금융권 차세대 시스템의 SSO 구성

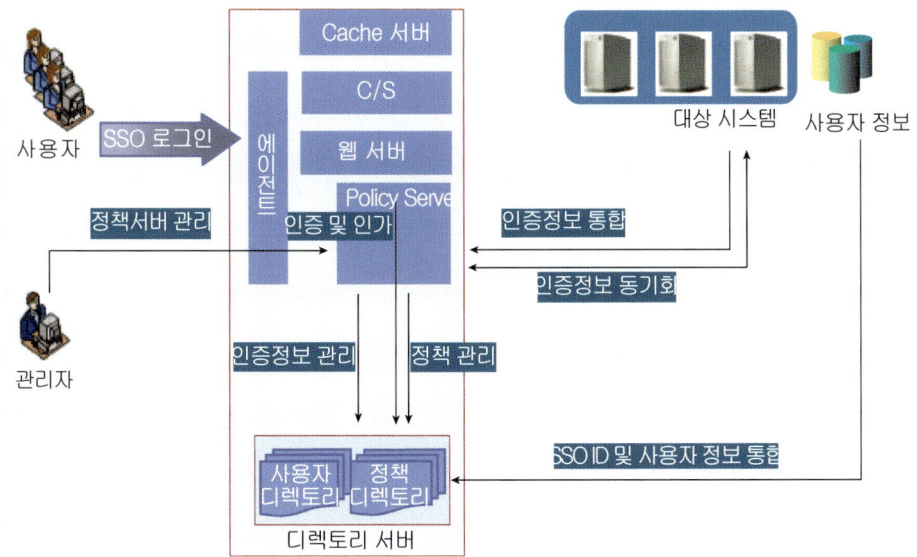

[작성] 84회 조직응용 기술사

문제〉 SSO

답〉

1. 효율적 접근제어를 위한 SSO

가. SSO(Single Sign On)의 개념
   - 단 한 번의 인증을 통하여 해당 사용자에게 허용된 시스템들에게 중복인증 없이 접근가능 하게 하는 접근 통제 기술

나. SS가 접근제어에 필요한 이유
   - 반복적 인증 절차에 따른 업무생산성 저하 및 사용자 불편
   - 보안정책 구현 및 관리 용이, 중복구현 방지로 비용 절감

2. SSO의 구성도

가. SSO의 구성도(위의 그림 참조)
   - 중앙집권화된 사용자 계정관리

나. SSO의 요소기술
   1) 사용자 인증: X.509v3 기반, PKI, 디렉토리 서비스
   2) 암호화 기술: 비대칭 암호화, SSL
   3) 계정 관리: 웹기반 관리, 인증 및 권한을 위한 DB관리
   4) 권한 관리: 사용자인증 후 권한, MAC, DAC, RBAC

다. 응용프로그램 기반 인증과 SSO의 비교

구분	응용 프로그램 기반	SSO
방식	– 각 시스템 및 응용 프로그램에서 인증구현	– SSO API를 사용한 통합된 계정 및 인증관리
장점	– 소규모 시스템에 적합 – 구현 용이 및 비용절감	– 인증 절차의 간편화 – 보안정책 구현 용이
단점	– 반복적 인증 절차 필요 – 관리 운용에 많은 노력	– 구축기간 및 비용 소요 – 해킹시 모든 시스템 노출

3. SSO의 고려점 및 현황

가. SSO 적용시 Login 정보의 Cache 또는 쿠키에 대한 대응책 마련 필요(Secure SSO 등)

나. SSO의 편리성으로 다수 기업에서 활용 중이며 빠른 인증을 위해 MMDB가 고려되고 있음

"끝"

9 IAM

1) IT운영 효율 개선을 위한 IAM의 개요

(1) IAM(Identity & Access Management)의 개념

- 보안관리자가 전체적인 IT운영의 효율을 개선할 수 있도록 계정 및 접근권한 관리를 지원하는 통합솔루션
- 계정관리 담당: Identity Management, 권한통제담당: Access Management

(2) IAM 필요 이유

- 컴플라이언스 요구 증대: 다방면의 요건준수 및 규정으로 인한 IT 보안조직 필요확대
- 사용자의 지속적 증가: 파트너와 고객에 대한 비즈니스 애플리케이션 개방으로 사용자와 프로파일 및 접근권한 관리 업무 필요

(3) IAM 주요특징

- 다양한 자원의 액세스 보호 필요(각종 애플리케이션, 물리적 디바이스, 시스템 및 주요 시스템서비스, 데이터베이스)
- ID와 관련된 시스템 위험 노출 처리
- 전사적으로 일관성 있는 보안정책 집행
- 운용관리자 권한 위임
- 통합된 감사 및 자동화된 관리를 통한 운용관리 비용 절감

2) IAM 구성(기능)

구성 요소	상세 설명
계정관리 (Identity Management)	 – 기능: 사용자 ID 및 프로파일 정보의 생성 및 운용관리를 지원, 적절한 계정 및 액세스 권한 할당, 신속한 De-provisioning 수행 – 구성 요소: 사용자 ID 셀프서비스 및 운용관리 권한 위임, 패스워드 서비스, 액세스 권한 중지 자동화, 운용관리 활동 모니터링, 취약성 관리의 일원화 등
액세스 관리 (Access Management)	 – 기능: 기업정보의 및 애플리케이션 무결성 유지 지원 – 구성 요소: 애플리케이션 사용자 통제, 웹 서비스 보호, 웹 사이트 통제, OS 접근 통제 강화, SSO, EAM
모니터링 및 감사	– 보안 이벤트 취합, 필터링, 분석 및 상관 분석기능, 시각화 툴 제공

:: 도우미 임기술사

[설명]

보안관리자가 전체적인 IT운영의 효율성을 위해 사용하는 계정관리와 권한통제관리가 통합된 솔루션을 IAM(Identity & Access Management)이라고 한다. IAM은 다양한 자원의 액세스 보호와 ID와 관련된 시스템 위험 노출처리, 전사적으로 일관성 있는 보안정책 집행, 운영관리자 권한 위임, 통합 감사 및 자동화된 관리를 통한 운용관리 비용을 절감이 가능하다. IAM은 계정관리와 접근관리, 모니터링 및 감사 기능으로 구성되며, 계정관리는 사용자ID 및 프로파일 정보의 생성과 운용관리를 지원하고, 적절한 계정 및 접근 권한을 할당과 회수를 수행한다. 접근관리는 기업정보 및 애플리케이션의 무결성 유지를 지원하는 기능으로, 애플리케이션 사용자를 통제, 웹 서비스를 보호 및 웹사이트 통제, OS접근통제 강화, SSO, EAM 등의 기능이 필요하다. 모니터링 및 감사기능은 보안 이벤트를 취합 및 필터링하고, 분석과 상관분석, 시각화 툴을 제공할 수 있어야 한다.

[키워드]
- IT운영의 효율개선을 위한 계정 및 접근권한 관리 지원 통합솔루션
- IAM 필요성: 컴플라이언스 요구증대, 사용자의 지속적 증가
- 주요 특징: 다양한 자원에 대한 접근보호, ID와 관련된 시스템 위험 노출 처리, 일관성 있는 보안정책 집행, 운용관리자 권한위임, 통합 및 자동화된 관리로 운용관리 비용 절감
- IAM의 주요기능: 계정관리, 접근관리, 모니터링 및 감사

[작성] 78회 정보관리기술사

문제〉 IAM

답〉

1. 다중사용자 컴퓨팅환경의 통합관리 접근방식 IAM의 이해

가. IAM(Identity Access Management)의 정의

- 기업의 조직구조에 맞게 사용자들을 관리(Identify Management)함으로써, 기업내 모든시스템의 사용자 접근을 통한된 방법으로 관리(Access Management)하는 시스템

나. IAM의 부각이유

- EAM 이용한 차등접근제어구현시 시스템관리자의 관리 비용·시간의 손실이 큼
- 자동화된 권한부여 관리로 생산성 향상, 중앙집중관리로 기업 보안성 증대

2. IAM의 특징 및 통합관리보안시스템 간 비교

가. IAM의 특징

- 인증(Authentication): SSO, PKI, 생체인식등 다양한 방법으로 일관된 인증방법 관리
- 접근허가(Authorization): 일관 인증정책의 유연성 반영 접근제어 관리체계
- 관리(Administration): 통합적 로깅, 감사, 리포팅, 웹기반 GUI 제공
- Identify Provisioning: 개별시스템에 대한 사용자 Identity 관리를 소프트웨어가 자동 수행

나. 통합관리보안시스템 간 비교

구분	SSO	EAM	IAM
공통점	기업 내 다양한 시스템의 접근 통합관리 보안 솔루션		
관련기술	PKI, LDAP	SSO, AC, LDAP, PKI, 암호화	통합자원관리+Provisioning
특징	하나의 ID, PWD로 다양한 시스템 접근	SSO+정책기반+접근제어	기업업무 프로세스에 근거한 사용자 관리, 접근 제어
장단점	권한에 따른 접근 제한 기능 없음	시스템관리(권한제어) 비용·시간 손실	자동화된 자원관리로 확장성 용이

3. IAM의 현황 및 도입시 고려사항

- 계정도용, 비권한자의 데이터 접속으로 인한 대규모 데이터 통제관리의 어려움으로 EAM에서 IAM으로 시장수요 변화
- 기존 응용시스템과 연동을 통한 업무적 차원의 계정관리 정책설정과 통합 DB형태의 Directory 서비스를 통한 사용자 인증과 정보의 동기화 필요

"끝"

[길라잡이]

• IAM 시스템 개념도

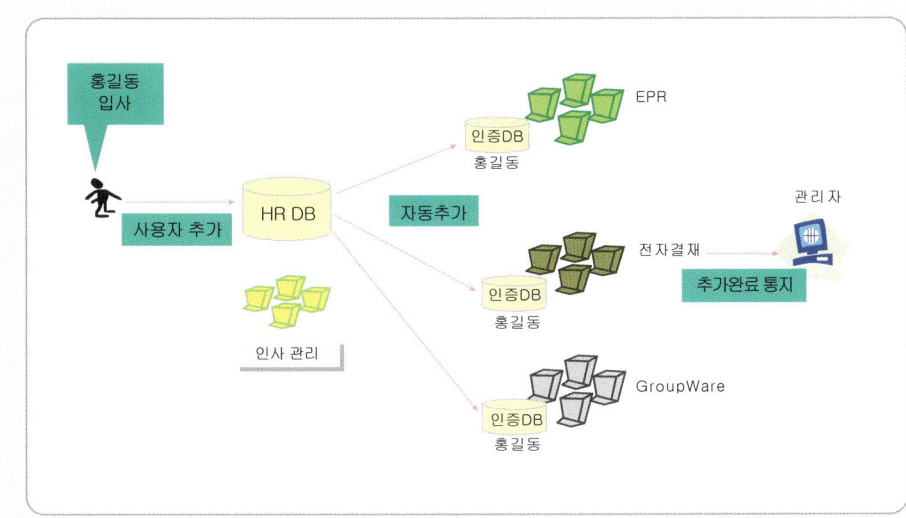

1) 통합 인증관리를 위한 EAM(Enterprise Access Management)의 개요

(1) 보안 서비스의 강화

- 서비스 채널의 일원화 -〉 웹포탈방식(2tier or 3tier) 및 SSO을 통한 서비스 편리성 강화
- 사용자 및 자원의 효율적 관리 -〉 효율적인 Access Control 기반의 지원 및 사용자 통제 -〉 EAM/PMI 메커니즘 적용
- 사용자 인증 강화 -〉 PKI인증서 기반 전자서명 메커니즘 적용 -〉 관리효율 극대화를 통한 비용절감 및 보안강화를 통한 서비스 안전, 신뢰성 보장

(2) EAM의 개념

- 개별 시스템에 대한 접근통제를 SSO 정책에 따라 관리하는 통합 솔루션
  - 단일로그인(ID, Password or 전자서명) + Access Control + Security Management
  - SSO(사용자인증, 단일 및 다중 Domain에 대한 SSO) + 권한관리(사용자 인가, 권한에 따른 자원 접근관리 기능)
- 3A Technology Area

3A	보안 방안
Authentication	ID/Password 메커니즘, PKI인증서 기반 전자서명인증, Biometric 인증기술, Authentication Token(스마트카드 등), Credential, Ticket
Authorization	보안정책, ACL, PMI기술, MAC, DAC, RBAC
Administration	ESM 메커니즘, SSO

2) EAM의 주요기능

구 분	주요 기능	상세 내용
접근통제 (인가)	User ID based Access Control	– 사용자 ID기반 자원에 대한 접근제어 방법 – 관리와 확장성에 문제
	Role-Based Access Control	– 역할 기반 자원 접근 제어방법 – 각 사용자에 역할 할당, 역할에 대한 권한 설정
	Attribute-Based Access Control	– 속성기반 자원 접근제어방법 – Group, Role, Clearance 등과 같은 다양한 속성설정 권한 관리
사용자인증	사용자인증	– ID/ Password, Form Based사용자 인증(주민등록번호 등), External LDAP Directory, PKI 인증서 기반(전자서명) 사용자 인증, Biometric
	SSO(C/S, Web based)	– Single Domain SSO, Multi Domain SSO
기타	개인화속성 (Personalization Attributes)	– 개인화 콘텐츠(Personalization Attributes) 제공 목적 – 사용자의 Group, Role 등에 따라 Resource에게 적당한 속성 전송 – ASP, JSP 등의 resource는 속성값들을 이용하여 개인화 Contents 제공
	관리위임 (Delegated Management)	– 사용자와 자원에 대해 하위 도메인 생성, 위임된 관리자에 의해 도메인 관리 – 전반적인 정책은 주로 Top Domain에서 설정, 사용자 생성 및 사용자에 대한 역할 및 그룹 할당은 하위 도메인에서 설정 – 그룹과 역할은 위임된 부서에서 필요한 그룹과 역할을 생성

3) EAM의 관리 요소

관리 요소	상세 내용
사용자(User)	– 사람, 네트워크 장비, 프로그램 등 – 사용자는 소속, 지리적 위치, 역할 등에 따라 Group, Role로 구분
자원(Resource)	– Web: HTML File, Directories, GCI, JSP, AJP Files – Filesystem: Directories, Files – Database: Tables, Rows, Columns

관리 요소	상세 내용
오퍼레이션(Operation)	– Web: GET, POST, PUT – Filesystem: READ, WRITE, EXECUTE – Database: SELECT, INSERT, DELETE, QUERIES

4) EAM 관련 표준기술

(1) TLS(Transport Layer Security): IEFT

(2) XML(Extensible Markup Language): W3C

(3) SAML: draft(Security Assertion Markup Language): OASIS

(4) XAML: draft(Extensible Access Control Markup Language): OASIS

:: 도우미 임기술사

[설명]

EAM(Enterprise Access Management)는 개별시스템에 대한 접근통제를 SSO(Single Sign On)정책에 따라 관리하는 통합솔루션으로, 단일로그인과 접근통제 및 보안관리의 통합이나 단일로그인 및 권한 관리의 통합 등이 있다. EAM의 3A기술부분으로 인증을 위한 Authentication, 접근관리를 위한 Authorization, ESM 메커니즘 및 SSO 등의 Administration이 있다.

EAM의 주요기능은 사용자 ID 기반의 역할 기반, 속성기반의 접근통제 기능, 다양한 방법의 사용자 인증 및 SSO, 개인화된 보안속성관리, 관리위임 등이 있고, 관련 표준기술은 TLS, XML, SAML, XAML 등이다. EAM 관리요소는 장비 및 프로그램과 이용자, 그룹 및 역할로 구분되는 User, Web상의 파일이나 파일시스템 및 데이터베이스 같은 Resource, GET/POST, READ/WRITE, SELECT/INSERT 등의 Operation 등이다.

[키워드]
- 개별 시스템에 대한 접근통제를 SSO에 따라 관리하는 통합솔루션
- Authentication, Authorization, Administration
- 주요 기능: 접근통제, 사용자 인증, 개인화된 속성, 관리 위임
- 관리 요소: 사용자, 자원, 오퍼레이션
- 관련 표준: TLS, XML, SAML, XAML

[기출문제]
17) 71회 정보관리: EAM

[작성] 74회 정보관리기술사

1. 통합인증 및 권한관리를 위한 EAM의 이해
가. EAM(Enterprise Access Management)의 정의
- 개별시스템에 대한 통합인증 및 권한관리를 수행 할 수 있는 전사적 통합 인증 및 권한 관리 솔루션(SSO + 접근권한 + 보안정책)
나. 최근 EAM이 부각되는 이유
- 기존 개별시스템 인증에서 SSO 기반의 통합 인증과 접근 권한, 정책을 부여한 통합 솔루션의 필요성 증대, 비용절감, 관리의 편리성

2. EAM의 요소 기술 및 개발인증과 비교
가. EAM의 요소기술
1) SSO(SigleSignOn): 한 번의 로그인으로 모든 시스템의 접속, 구현방법– 쿠키 기반, Web Post 통신기반, PKI 기반
2) 암호화: 대칭키 암호화(DES, Tripple DES, AES), 관용키 암호화(RSA, Rabin)
3) PKI 기반의 인증: 인증기관을 통한 키배달 시스템
4) LDAP: TCP/IP 기반의 IETF의 표준 디렉토리 서비스

나. 개별인증과 EAM의 비교

비교 항목	대칭키(개인키) 방식	비대칭키(공개키) 방식
인증 방법	개별 시스템별 인증	SSO기반의 통합 인증
비 용	비용과다, 시스템별 구현	비용절감, 통합구현
관 리	시스템별 관리	통합관리로 인한 관리의 편리성
장 점	시스템 독립성, 각기 다른 패스워드 가능	한 번의 인증으로 전 시스템 로그인 및 권한 인가

3. EAM의 활용분야 및 기술동향
가. 정보 시스템이 다량으로 구축되어 있는 대기업, EAM은 ESM(Enterprice Security Management)와 상호연동되어 기업의 전사적 통합 시스템으로 발전
나. EAM는 한번 패스워드가 누출되면 모든 시스템에 접근이 가능하므로 One Time Password를 고려

"끝"

STEP 5

데이터베이스 보안

1 데이터베이스 보안

1) 데이터베이스 관리 개요

(1) 데이터베이스 보안관리 이슈

- 정상권한자의 악의적 행위
- DBMS 환경설정상 취약성: Default 환경설정 적용으로 인한 보안 취약성
- 비정상적 계정권한의 변경: 해킹스크립트로 불법적 권한 변경, 변경 권한 사용으로 신규계정 생성, 권한 부여에 의해 악의적 행위 후 권한 회수 및 계정 삭제
- 데이터 손상, 훼손: 하드웨어 오류, 애플리케이션 버그, 유저의 업무오류 등으로 인한 DB 데이터의 손상

(2) 데이터베이스 보안의 개념

- 정보보호의 핵심관리 대상인 데이터베이스를 비인가된 변경, 파괴, 정보 누출을 발생시키는 침해로부터 보호하고, 사고 원인 분석과 조치를 위한 방안

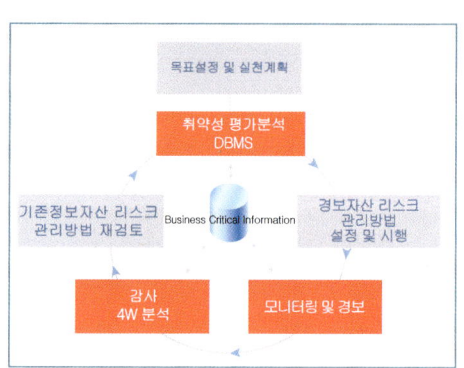

2) 데이터베이스 보안의 종류 비교 - 데이터 암호화, 데이터 접근감사 및 통제

구 분	데이터 암호화	접근 감사 및 통제
장 점	- 데이터를 암호화하여 저장하므로 데이터 유출 가능성 적음 - HW유출시에도 데이터 보호가능	- 간편한 구성 및 적용 가능 - 운용시 오버헤드 적음(스니핑 방식 경우) - 사고발생시 후처리 위한 감사자료 제공
단 점	- 대상 데이터베이스에 적용시 서비스중단 - 암·복호화에 따른 처리시간 증가 - 추가 데이터베이스 저장 공간 필요 - 제품에 따라 응용프로그램 변경 필요	- 데이터 암호화 방법과 상대적으로 데이터 유출의 가능성 있음

:: 도우미 임기술사

[설명]

데이터베이스 관리에 있어 정상권한자의 악의적 행위, DBMS 환경설정상의 취약성, 비정상적 계정권한의 변경, 데이터 손상 및 훼손 등이 보안 이슈로, 정보보호의 핵심관리 대상인 데이터베이스를 비인가된 변경과 파괴 및 정보누출을 발생시키는 침해로부터 보호하고, 사고원인분석 및 조치를 위한 방안을 데이터베이스 보안이라고 한다.

데이터베이스 보안은 데이터 암호화와 데이터 접근감사 및 통제로 구분할 수 있다. 데이터 암호화는 데이터를 암호화하여 저장하므로 데이터 유출가능성이 적고, 시스템 유출시에도 데이터 보호가 가능하나, 대상 데이터베이스에 암호화 적용시 서비스 중단이나 암·복호화에 따른 처리시간 증가, 추가 데이터베이스에 대한 저장공간이 필요하거나 제품에 따라 응용프로그램 변경이 필요한 경우가 있다.

접근감사 및 통제를 통한 데이터베이스 보안은 구성 및 적용이 간편하고, 운용시 오버헤드가 적으며 사고발생시 후처리를 위한 감사자료 제공이 가능하나, 데이터 유출시에는 위험성이 있다.

[키워드]
- 데이터베이스 보안관리 취약점: 정상권한자의 악의적 행위, DBMS 환경설정상 취약
  성, 비정상적 계정 권한의 변경, 데이터 손상 및 훼손
- 데이터베이스 보안: 데이터베이스의 비인가된 변경, 파괴, 정보누출 등의 침해로부
  터 보호
- 데이터베이스 보안 종류: 데이터 암호화, 접근감사 및 통제

[예상문제]
- 2교시형
1) 데이터베이스 보안에 대해서 사전관점과 사후관점에서 설명하시오.
2) 데이터베이스 보안을 위해서 접근하는 데이터 암호화 및 데이터 접근제어 방식을
   설명하시오.

[길라잡이]

- 단계별 정보보안 방법

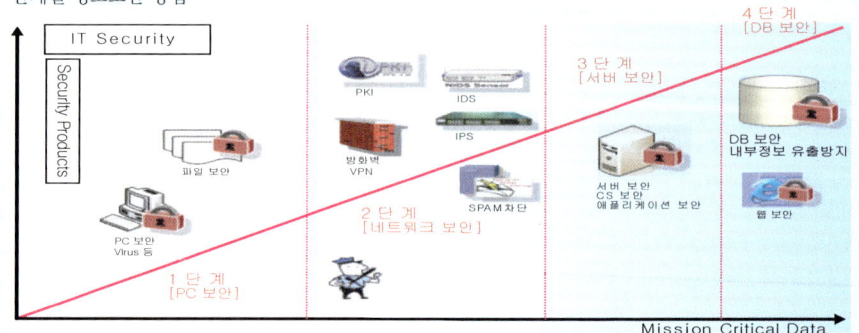

[길라잡이]

- DB보안 솔루션 기능

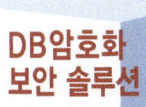
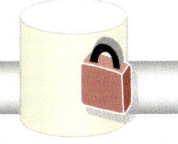

DB암호화 보안 솔루션

- ◆ DB 데이터 저장 시 자체적인 암호화
- ◆ DB 데이터 자체의 강도 높은 보안성
- ◆ 암/복호화에 따른 DB 서버의 성능 부하 우려
- ◆ 데이터 암호화 처리시간 소요
- ◆ 시스템 부하에 따른 특정 데이터만 암호화
- ◆ DB 서버 보안강도 낮음

접근제어&감사 DB보안솔루션

- ◆ 다양한 DB 접근에 대한 완벽한 통제
- ◆ 비정형적인 DB 접근에 대한 완벽한 통제
- ◆ DB 작업 내역에 대한 실시간 감사
- ◆ DB 서버 시스템 보안 강도 높음
- ◆ 보안사고 발생 시 역추적 가능
- ◆ DB 서버 부하 최소, 강력한 DB 보안 구현
- ◆ 다양한 구성 방식

2 데이터베이스 암호화

1) 데이터베이스 보안을 위한 데이터베이스 암호화의 개요

(1) 데이터베이스 암호화(Database Encryption)의 개념

- 데이터베이스 내부의 데이터 자체를 암호화 하여 내외부자로부터 중요 정보의 유출을 대비한 보안 방안

(2) 데이터베이스 암호화 시 요구사항

- 암호화한 데이터의 색인검색 용이성
  : 암호화 후 일치검색, 전방일치, 범위 검색 등 지원 필요(검색속도 느림 방지)
- 복호화된 데이터 존재 불가
  : 암호화 대상 데이터가 색인키로 사용되어 Index에 존재 하면 색인검색 어려움
- NULL Data의 암호화 가능 지원
  : NULL Data의 암호화 및 해당 칼럼이 Index의 Key로 사용시 암호화 구축 지원
- 실시간 암호화 지원
  : 암호화 구축 작업시간 소요, DB서비스 중단 없이 컬럼의 추가 및 초기 암호화 지원

2) 데이터베이스 암호화 기술의 문제점

(1) 기능상의 데이터 암호화 문제점

문제점	주요 내용
심각한 DB 성능 저하	– Encryption/Decryption 알고리즘 수행으로 Overload 발생 – 암호화된 인덱스의 데이터 검색 속도 저하(Table Full Scan) – 배치 처리, 부분 범위 처리시 급격한 처리 속도 저하 발생
실시간 데이터 암호화 미지원 및 장시간 소요	– 실시간 데이터 암호화의 어려움(Lock발생) – 대용량 테이블의 암호화 적용시 장시간 소요(서비스 중단 발생)

(2) 관리상의 문제점

문제점	주요 내용
데이터 객체관리의 혼란 및 응용프로그램 사용 제약	– View와 Trigger의 사용으로 실제 데이터 객체와 접근객체 상이 – 예상치 못한 제약사항으로 일부 애플리케이션 수정 및 유틸리티 사용 불가 등의 부작용 발생
IP기반 데이터 접근 통제 미지원	– 암호화 칼럼은 사용자 계정별로 접근 차단, NULL, 치환값으로 접근 통제 – IP기반으로 접근통제 불가, 사용자 계정 공유환경에서 실효성 없음 – 접근 제어 감사 솔루션과 병행한 불법 데이터 유출 차단 필요

3) 데이터베이스 암호화 방법

(1) 데이터베이스 암호화에 사용되는 모델 DAS(Database As a Service)

- DAS 모델 개념
  - 데이터를 저장하는 영역을 외부에 맡기는 데이터베이스 아웃소싱

- 암호화된 데이터는 외부 DBMS 영역에서 관리, 신뢰 보장하지 않음
- Front-End: 사용자의 검색요청에 암호화된 검색어로 변경, 암호화된 검색결과 복호화

– DAS 모델 구성

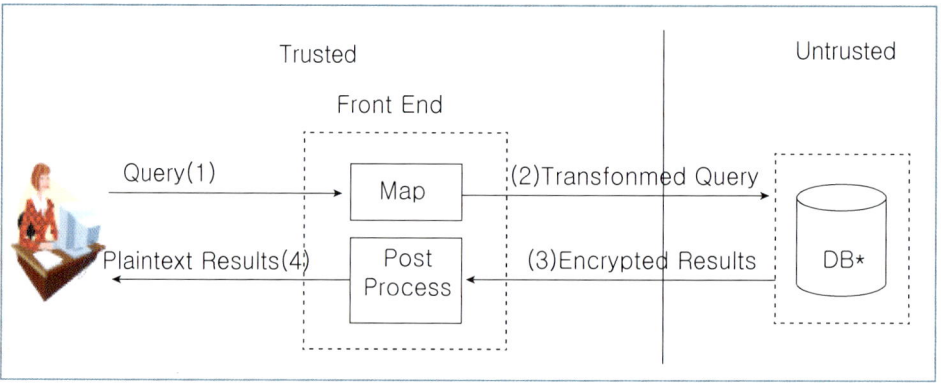

(2) DBMS를 안전하게 관리하기 위한 데이터베이스 암호화 방안

– 데이터베이스 암호화 알고리즘
- 데이터베이스 검색시 속도 저하 최소화, 검색 기능 최대 제공 필요
- 암호화 알고리즘의 안정성 및 기능성 고려하여 선택

– 데이터베이스 암호화 알고리즘 비교

암호화 알고리즘	주요 특징
Bucket-based Index	– 인덱스 생성 위해 별도의 인덱스 칼럼 생성하는 방법 – 암호화된 동일 버킷ID 정보로부터 평문의 범위 유추가능
Hash-based Index	– 단방향 해시함수 사용, 평문의 정확한 분포 은폐 가능 – 동일 평문이 상이한 해시값 가지므로 안전성 높음
B+Tree Index	– 안전성 보장 위해 B+Tree 구성작업을 Front-End에 맡기는 방법 이용 – 평문의 정확한 분포 은폐 가능, 행전체 암호화로 안전성 높음
Random Number-based Encryption	– 암호화 결과가 평문의 순서와 동일한 순서 유지 암호화 방법 – 암호문 분포와 평문 분포 형태 동일하여 평문 정보 유추 가능

4) 데이터베이스 암호화 알고리즘 적용 및 보안 고려사항

(1) 데이터베이스 암호화 알고리즘 적용시 고려사항

– 암호 알고리즘의 안전성
  • 데이터를 DBMS에서 안전하게 관리, 데이터베이스 컬럼 직접 암호화/인덱스 암호화
  • 암호화 DB의 효율적 검색위한 표준알고리즘과 차별화된 알고리즘 선택 필요
  • 공격모델에 따른 안전성 고려
    : Cipher Text Only Attack, Known Plaintext Attack, Chosen Plaintext Attack

– 암호 알고리즘 기능성
  • DB검색시 속도 저하 최소화, 최대한 많은 검색기능 제공

- 기능평가 기준 고려
  : 패턴일치(Pattern Matching) – 일치검색, 범위검색, 전방일치
  : 집계검색(Aggregation Query) – Min, Max, Count, Sum, Average 등

(2) 데이터베이스 보안 고려사항

- 데이터베이스 관련 기능, 암복호화 모듈과 키관련 체계 등을 고려한 데이터베이스
  보안성 및 운영성 부분 고려 필요
- 데이터베이스 암호화와 접근제어 및 감사기능을 함께 도입하여 보안환경 구축

∷ 도우미 임기술사

[설명]
데이터베이스 내부 데이터 자체를 암호화하여 내외부자로부터 중요정보의 유출에 대비한 보안방안을 데이터베이스 암호화라고 한다. 데이터베이스 암호화시에는 암호화한 데이터 색인검색의 용이성, 복호화된 데이터 존재 불가, NULL Data의 암호화 가능 지원, 실시간 암호화 지원 등이 요구된다.
데이터베이스 암호화는 기능 및 관리상의 문제점을 고려하여 적용해야 하는데, 기능상의 데이터 암호화 문제점으로는 암·복호화로 인한 오버헤드 발생이나 암호화된 인덱스 데이터 검색속도 저하, 배치처리 및 부분범위 처리시 급격한 처리속도 저하가 발생되는 등의 심각한 데이터베이스 성능저하 문제가 있고, Lock발생 등으로 인한 실시간 데이터 암호화의 어려움이나 대용량 테이블 암호화 적용시 서비스 중단 등의 문제가 있다. 데이터 암호화의 관리상의 문제점으로는 View와 Trigger의 사용으로 실제 객체와 접근객체가 상이하거나, 예상치 못한 제약사항으로 일부 애플리케이션 수정 및 유틸리티 사용이 어려운

부작용이 발생할 수 있으며, IP 기반으로 접근통제가 불가능하므로 접근제어 감사 솔루션과 병행한 불법 데이터 유출 차단에 대한 고려가 필요하다.

　데이터베이스 암호화 방법으로 사용되는 모델로 DAS(Database As a Service)가 있는데, 데이터를 저장하는 영역을 외부에 맡기는 데이터베이스 아웃소싱으로, 암호화된 데이터는 외부 DBMS 영역에서 관리하고, 사용자의 검색요청에 암호화된 검색어로 변경하고 암호화된 검색결과를 복호화하여 사용자에게 제공하는 Front-End를 사용하는 방법이다. 데이터베이스를 안전하게 암호화하기 위한 방안으로 데이터베이스 특성에 맞는 암호화 알고리즘을 선정해야 하는데, 데이터베이스 검색시 속도 저하를 최소화하고 검색기능을 최대로 제공해야 하는 암호화 알고리즘을 안정성이나 기능성을 고려하여 선택해야 한다. 데이터베이스 암호화 알고리즘으로는 인덱스 생성을 위해 별도의 인덱스 컬럼을 생성하는 방법인 Bucket-Based Index, 단방향 해시함수를 사용하고 동일평문이 상이한 해시값을 가져 안정성이 높은 Hash-Based Index, 안전성 보장을 위해 B+Tree 구성 작업을 Front-End에 맡기는 방법인 B+Tree Index, 암호화 결과가 평문의 순서와 동일한 순서를 유지하도록 하는 암호화 방법인 Random Number Based Encryption 등이 있다. 데이터베이스 암호화 알고리즘을 적용할 때에는 공격 모델에 따른 암호화 알고리즘의 안전성이나 기능평가 기준을 고려하여 암호화 알고리즘의 기능성을 점검해야 한다.

[키워드]
- 데이터베이스 내부 데이터 자체 암호화로 중요정보 유출 대비
- 암호화 요구사항: 암호화힌 데이터 색인검색 용이성, 복호화된 데이터 존재 불가, Null Data의 암호화 기능 지원, 실시간 암호화 지원
- 데이터베이스 암호화 기술 문제점: 기능상의 문제점(심각한 DB 성능저하, 실시간 데이터 암호화 미지원 및 장시간 소요), 관리상의 문제점(데이터 객체관리 혼란 및 응

용프로그램 사용의 제약, IP 기반 데이터 접근통제의 어려움)
- 데이터베이스 암호화 방법: DAS모델 사용
- 데이터베이스 암호화 알고리즘: Bucket-based Index, Hash-based Index, B+ Tree Index, Random Number based Encryption
- 데이터베이스 암호화 알고리즘 적용시 고려사항: 안정성, 기능성

3 데이터베이스 감사 및 통제

1) 데이터베이스 감사 및 통제 구성

- 구성방식
  - 보안 시스템의 설치 위치 및 동작방식에 따라 구분
  - 에이전트 방식, 스니핑 방식, 게이트웨이 방식
- 구성방법
  - 보안의 용도와 시스템에 미치는 영향, 데이터베이스 관리 및 시스템 관리자의 요구사항 등을 고려
  - 하이브리드 방식, 단일 방식으로 구성

2) 데이터베이스 감사 및 통제를 위한 구성방식

항 목	에이전트 방식	스니핑 방식	게이트웨이 방식
용 도	– 통제, 감사	– 감사	– 통제, 감사
장 점	– 보안기능 좋음	– 서버 및 네트워크 부하 없음	– 접근통제 기능 좋음 – 서버 부하 없음
단 점	– DB서버에 부하 – 장애시 DB운용에 지장 가능성	– 통제기능 지원의 어려움	– 네트워크 부하 – Failover 대책 필요 – 설치시 네트워크 단절

:: 도우미 임기술사

[설명]

데이터베이스 보안을 위한 데이터베이스 감사 및 통제는 보안의 용도와 시스템에 미치는 영향이나 데이터베이스 관리 및 시스템관리자의 요구사항 등을 고려하여 구성해야

하며, 구성방법에 따라 하이 브리드 방식과 단일방식으로 구분할 수 있다. 또한, 보안 시스템 설치위치 및 동작방식에 따라 에이전트방식, 스니핑방식, 게이트웨이방식의 구성방식이 나누어진다.

에이전트방식은 통제 및 감사가 목적이고 보안기능은 좋으나 데이터베이스서버의 부하 및 장애시 데이터베이스 운용에 영향을 미칠 가능성이 있다. 스니핑 방식은 감사가 주된 목적이고, 서버나 네트워크 부하는 없지만, 통제기능 지원이 어려운 단점이 있으며, 게이트웨이 방식은 통제 및 감사가 주된 용도이고, 접근통제 기능이 좋고 서버부하가 없으나, 네트워크 부하가 있어 Failover 대책이 필요하며, 설치시에 네트워크가 단절되어야 하는 단점이 있어 각 구성방식의 특징을 고려하여 적용 해야 한다.

[키워드]
- 보안의 용도, 시스템에 미치는 영향, 관리자의 요구사항에 따른 구성방법: 하이브리드, 단일방식
- 보안시스템 설치위치 및 동작방식에 따른 구성방식: 에이전트, 스니핑, 게이트웨이 방식

STEP 6

네트워크 보안방안

1 인터넷 보안 프로토콜

1) 인터넷 보안 프로토콜 개요

(1) 인터넷 보안 기술 개념 및 특징

- 인터넷 네트워크 보안기술은 애플리케이션 또는 TCP/IP프로토콜 부분에서 보안서비스를 제공하는 방식
- 데이터를 처리하는 애플리케이션 자체의 안전성 보장
- 애플리케이션 데이터가 전송되는 통신 프로토콜의 안전성 보장

(2) 인터넷 보안 기술 종류

구 분	보안 기술
Application 보안	S-HTTP(HTTP 자체 보안 확장), PGP와 S/MIME(전자우편 보안)
TCP/IP	SSL/TLS(TCP 계층), IPSec(IP 계층에 통합 형태로 개발)

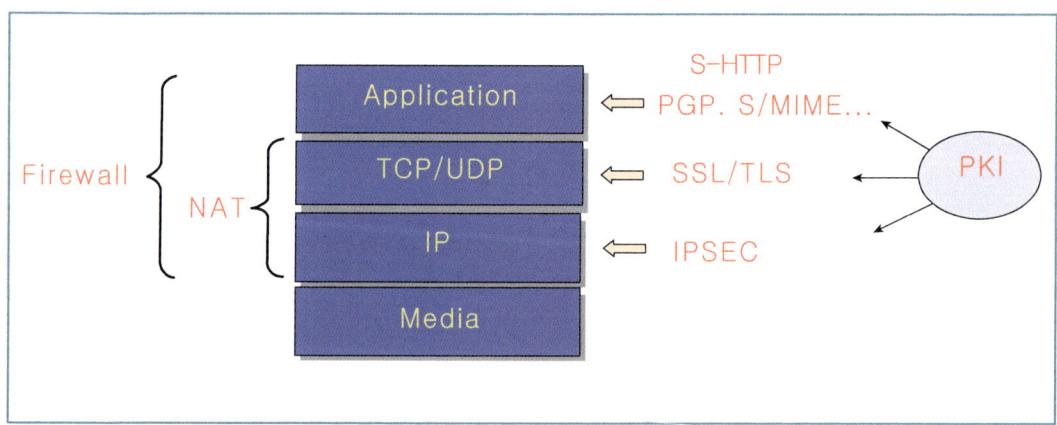

2) S-HTTP(Secure Hypertext Transfer Protocol)

(1) S-HTTP 개념

- HTTP에 보안기능을 추가, 확장한 보안 프로토콜
- HTTP의 전송능력을 그대로 가지면서 전송되는 각각의 메시지에 대해 전자서명, 암호화, 메시지 인증(MAC)과 같은 세 가지 전송모드로 보안서비스 제공

(2) S-HTTP 특징

- HTTP를 확장하여 대체하는 것으로서 기존 클라이언트 서버시스템 대신 새로운 시스템 필요
- 응용계층의 HTTP의 확장 구현으로 다른 응용 계층의 프로토콜은 S-HTTP 보안 기능 사용 불가

(3) S-HTTP 메커니즘

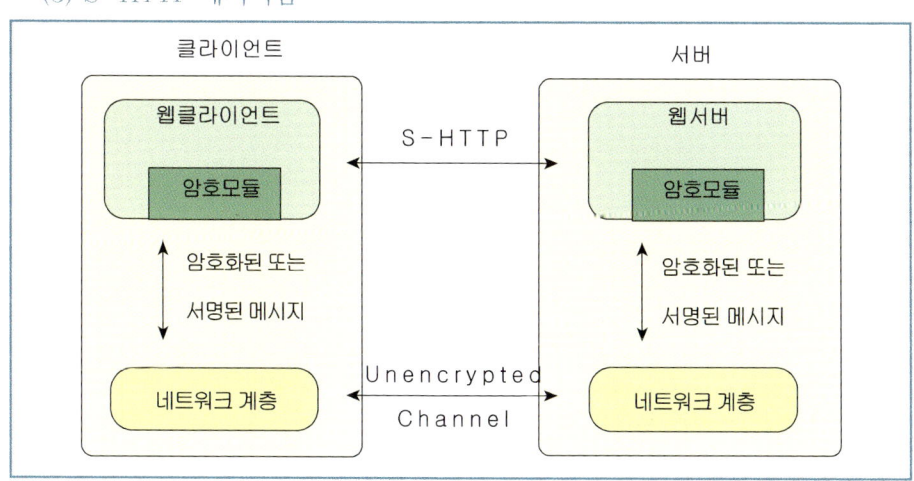

3) 내용 기반 보안방식 PGP와 S/MIME

(1) 개요

- e-Mail 보안용으로 널리 사용되는 응용계층 보안 프로토콜
- 메시지에 대한 암호화나 인증, 서명 등의 기능 제공

(2) PGP(Pretty Good Privacy): 분산키 인증방식

- Web of Trust형의 분산구조 공개키 인증방식으로 별도의 공개키 기반구조 없이 동작, 주로 사용되는 응용 보안 프로토콜, 구현 용이
  * PEM(Privacy Enhanced Mail): 중앙집중 키 인증방식
- 공개키 전자서명, 해시함수 이용한 메시지 다이제스트, 공개키/비밀키 이용한 알고리즘 사용

(3) MIME(Multipurpose Internet Mail Extension)

- 인터넷 메일 시스템 안의 정보교환을 포함시키는 방식
- PGP 또는 PEM과 같이 외부응용 정보를 처리할 때 암호화된 문서를 HTTP를 통하여 전송

4) SSL/TLS(Secure Socket Layer/Transport Layer Security)

(1) 채널 기반 전송계층 보안 프로토콜 SSL/TLS 의 개요

- SSL은 특정한 Web Application을 위한 보안 프로토콜이 아닌 일반적인 인터넷 환경에서 Web Browser와 서버 사이에서 연결 형식으로 동작
- TCP상의 응용프로토콜에 대한 인증, 암호화나 무결성 등의 보안서비스를 제공해주는 Client-Server 모델의 보안 프로토콜
- TLS는 웹 트랜잭션 보안용으로 널리 사용되고 있는 SSL을 IETF에서 표준화 시킨 것

(2) SSL/TLS의 특징

- 보안생성 채널, 핸드셰이크 과정을 통한 보안채널 설정 정보교환
- 전자서명기능 제공 불가, 채널보안으로 인한 불필요한 암·복호화 발생
- IPSec에 비해 간단, UDP상의 응용에 적용 불가
- IPSec 같은 보안정책 기반의 중앙집중식 통합보안관리 기능 제공 불가

(3) TLS 메커니즘

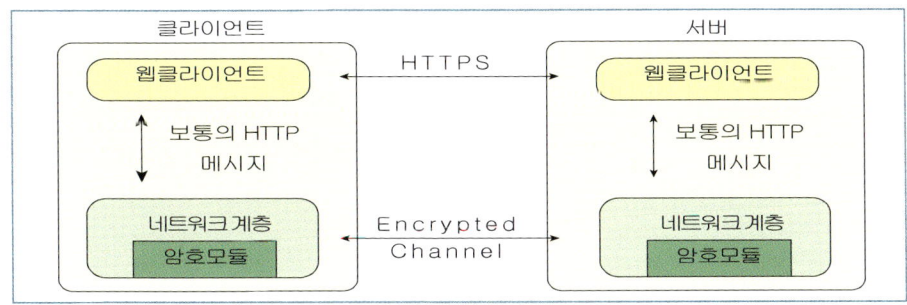

5) WTLS(Wireless Transport Layer Security)

(1) WAP에서 사용하는 전송계층 보안 프로토콜 WTLS 개념

- WAP Forum에서 무선데이터 보호를 위해 TLS를 무선환경에 최적화시킨 보안 프로토콜

(2) WTLS의 특징

- UDP와 같은 데이터그램 프로토콜상에서 동작하여 인터넷 UDP 통신 보호에 사용 가능
- 핸드셰이크 과정을 통하여 보안채널 설정을 위한 정보교환
- 인증서 교환을 통한 상호인증 가능
- 전자서명 기능 제공 안 됨

(3) WTLS 구성 프로토콜

- Record 프로토콜
- Change Cipher Spec 프로토콜
- Alert 프로토콜

6) IPSec(IP Security)

(1) IP계층의 보안 프로토콜 IPSec의 개념

– IP Packet에 대한 인증이나 암호화, 접근제어 등의 다양한 보안서비스를 제공해 주
는 Peer-to-Peer 기반의 보안 프로토콜

(2) IPSec의 기능

– IP주소 위장방지, IP 데이터그램의 변경 및 재전송방지와 기밀성 등 보안서비스 제공
– 보안 프로토콜, 암호 알고리즘 선택, 암호키 생성 및 분배
– 보안서비스– 접근제어, 데이터 근원 인증, UDP프로토콜 위한 비연결형 무결성 보
장, 재전송되는 패킷의 탐지와 거부, 데이터의 기밀성 제공 위한 암호화

(3) IPSec의 동작방법

IPSec AH(인증헤더)	데이터 근원 인증, 비연결형 무결성 제공
ESP(캡슐화보안 페이로드)	데이터 기밀성, 제한된 트래픽 흐름, 재전송 공격방지 제공, 비연결형 무결성 제공
IKE 프로토콜	암호알고리즘 선택 협상, 키분배 위해 사용

(4) IPSec의 적용

– TCP나 UDP 등 Transport Protocol에 무관하게 적용가능
– VPN구현에 주로 사용됨

- IPv6에서 의무적으로 지원, 3세대 이동통신에서도 네트워크 보안용으로 고려

7) ALS(Application Layer Security)

(1) ALS의 개념

- HTTP기반에서 S-HTTP와 TLS의 장점을 수용한 응용 계층 보안 프로토콜

(2) ALS의 특징

- 신뢰된 TLS 동작 메커니즘 수용
- S-HTTP 응용종속적 문제 해결
  : HTTP를 전송매체로 사용, HTML 태그확장 사용하지 않음
- SSL/TLS, WTLS의 리소스 낭비 및 전자서명 지원문제 해결
  : 부분 암호화 기능제공, 프로토콜 자체 전자서명 서비스 기능 제공

:: 도우미 임기술

[설명]

인터넷상의 네트워크 보안 기술은 애플리케이션, TCP/IP 프로토콜 부분에서 보안서비스를 제공하는 것으로, 데이터를 처리하는 애플리케이션 자체의 안정성을 보장하거나 애플리케이션 데이터가 전송되는 통신 프로토콜의 안전성을 보장한다. 애플리케이션 자체의 안전성을 보장하는 기술로는 S-HTTP, PGP와 S/MIME가 있고, TCP/IP 보안 기술은 SSL/TLS, IPSec 등이 있다.

S-HTTP는 HTTP에 보안기능을 추가하여 확장한 보안 프로토콜로, 전송되는 각 메시

지에 대해 전자서명, 암호화, 메시지인증의 세 가지 전송모드로 보안서비스를 제공한다. S-HTTP는 기존 Client/Server 시스템 대신 새로운 시스템이 필요하고, 응용계층 HTTP의 확장구현으로 다른 응용계층 프로토콜은 S-HTTP 보안기능 사용이 불가능하다.

PGP와 S/MIME는 E-mail 보안용으로 주로 사용되는 응용계층 보안 프로토콜로, 메시지에 대한 암호화나 인증, 서명 등의 기능을 제공한다. PGP는 분산키 인증방식으로 별도의 공개키 기반구조 없이 동작하며, 구현이 용이하여 주로 사용되는 응용 보안 프로토콜 이다. MIME는 인터넷 메일 시스템 내부의 정보교환 시 암호화된 문서를 HTTP를 통해 전송하도록 한다.

SSL/TLS는 채널기반 전송계층의 보안 프로토콜로, SSL은 특정한 웹 애플리케이션용 보안 프로토콜이 아닌 일반적인 환경에서 웹브라우저와 서버 간 연결형식으로 동작하고, TCP상의 응용프로토콜에 대한 인증 및 암호화나 무결성 등의 보안서비스 등을 제공해주는 Client-Server 모델의 보안 프로토콜이다. TLS는 웹트랜잭션 보안용으로 주로 사용되는 SSL을 IETF에서 표준화시킨 것이다. SSL/TLS는 보안생성 채널로, 핸드쉐이크 과정을 통한 보안채널 설정 정보교환, 전자서명 기능제공은 불가능, 채널보안으로 인한 불필요한 암복보화가 발생한다는 특징이 있고, IPSec에 비해 간단하고 UDP상의 응용에는 적용이 불가능하다.

WTLS는 WAP에서 무선데이터 보호를 위해 사용하는 전송계층 보안 프로토콜로, TLS를 무선환경에 최적화시킨 것이다. UDP 같은 데이터그램 프로토콜상에서 동작하고 인터넷 UDP통신 보호에 사용가능하다.

핸드셰이그 과정을 통해 보안채널 설정을 위한 정보교환 및 인증서 교환을 통한 상호인증은 가능하나, 전자서명 기능은 제공되지 않는다. WTLS구성 프로토콜로는 Record protocol, Change Cipher Spec protocol, Alert protocol이 있다.

IPSec은 IP Packet에 대한 인증이나 암호화, 접근제어 등의 보안서비스를 제공하는

Peer-to-Peer기반의 IP 계층의 보안 프로토콜이다. 주요 기능은 IP주소 위장 및 데이터 그램 변경과 재전송 방지와 기밀성 등의 보안서비스를 제공하고, 보안 프로토콜이나 암호 알고리즘 선택, 암호키 생성 및 분배 기능을 수행한다. 제공하는 보안서비스는 접근제어, 데이터 근원인증, UDP 프로토콜용 비연결형 무결 성보장, 재전송되는 패킷의 탐지 및 거부, 데이터 기밀성 제공용 암호화 등이다. IPSec의 동작은 인증헤더가 데이터 근원인증 및 비연결형 무결성을 제공하고, ESP(캡슐화보안 페이로드)가 데이터의 기밀서, 제한된 트래픽 흐름, 재전송 공격방지 제공, 비연결형 무결성을 제공하며, IKE 프로토콜이 암호화 알고리즘 선택을 협상하거나 키 분배를 위해서 사용된다. IPSec은 TCP나 UDP 등 전송프로토콜과 무관하게 적용가능하고 VPN구현에 주로 사용되며, IPv6에서 의무적으로 지원 및 3세대 이동통신에서도 네트워크 보안용으로 고려되고 있다.

ALS는 HTTP기반에서 S-HTTP와 TLS의 장점을 수용한 응용계층 보안 프로토콜로, 신뢰성 있는 TLS 동작 메커니즘을 수용하고 S-HTTP의 응용종속적 문제를 해결하며, SSL/TLS 및 WTLS의 리소스 낭비 및 전자 서명 지원문제를 해결하는 특징이 있다.

[키워드]
- 인터넷 보안 기술: 애플리케이션 자체 안정성보장, 통신 프로토콜의 안전성 보장
- Application 보안: S-HTTP(HTTP자체 보안확장), PGP와 S/MIME(전자우편 보안)
- TCP/IP보안: SSL/TLS(TCP계층), IPSec(IP계층에 통합형태로 개발)
- S-HTTP: 전송되는 메시지에 대한 전자서명, 암호화, 메시지 인증 전송모드로 보안서비스 제공
- PGP, S/MIME: 이메일 보안용으로 사용되는 응용계층 보안 프로토콜, 암호화, 인증, 전자서명기능
- PGP: Web of Trust형의 분산구조 공개키 인증방식의 응용보안 프로토콜, 구현용이

- MIME: 메일시스템의 정보교환시 암호화된 문서를 HTTP를 통해 전송
- SSL/TLS: 채널기반 전송계층 보안 프로토콜, 보안생성 채널 및 보안설정 정보교환, UDP상 응용에 적용 불가, 전자서명 및 중앙집중식 통합보안관리 기능 제공 불가
- SSL: 일반적인 인터넷 환경에서 웹브라우저와 서버 사이의 연결, Client-Server 모델 보안 프로토콜
- TLS: IETF에서 표준화된 SSL(웹 트랜잭션 보안용)
- WTLS: WAP에서 무선데이터 보호를 위해 TLS를 무선환경에 최적화시킨 보안 프로토콜
- IPSec: IP Packet에 대한 인증, 암호화, 접근제어 등 보안서비스 제공하는 보안 프로토콜
- IPSec 기능: IP주소 위장 방지, 데이터그램 변경 및 재전송 방지, 기밀성제공, 암호 키 생성 분배
- IPSec 동작: IPSecAH, ESP, IKE 프로토콜로 보안서비스제공(접근제어, 무결성보장, 암호화 등)
- ALS: HTTP기반에서 S-HTTP와 TLS의 장점을 수용한 응용계층 보안 프로토콜

[기출문제]

18) 66회 정보관리: 인터넷 보안, 68회 조직응용: 네트워크보안 위협
   71회 조직응용: 네트워크 보안

[예상문제]
- 1 교시형
1) SSL
2) IPSEC

문제1). IPSEC

답)

1. IP 계층의 보안프로토콜 IPSec의 개요

 가. IPSec (Internet Protocol Security)의 정의
  - TCP/IP Protocol 의 IP 계층에서 보안서비스를 제공
    하며 VPN, Firewall, Router 등에 광범위 연동가능 수행

 나. 최근 IPSec 이 부각되고 있는 이유
  - TCP/IP 보안취약성으로 IP Sniffing , IP Spoofing 방법
  - 패킷단위 암호화 및 인증체계를 제공하여 상위계층 보호

2. IPSec 의 기본도 및 구성요소

 가. IPSec 의 기본 구성도

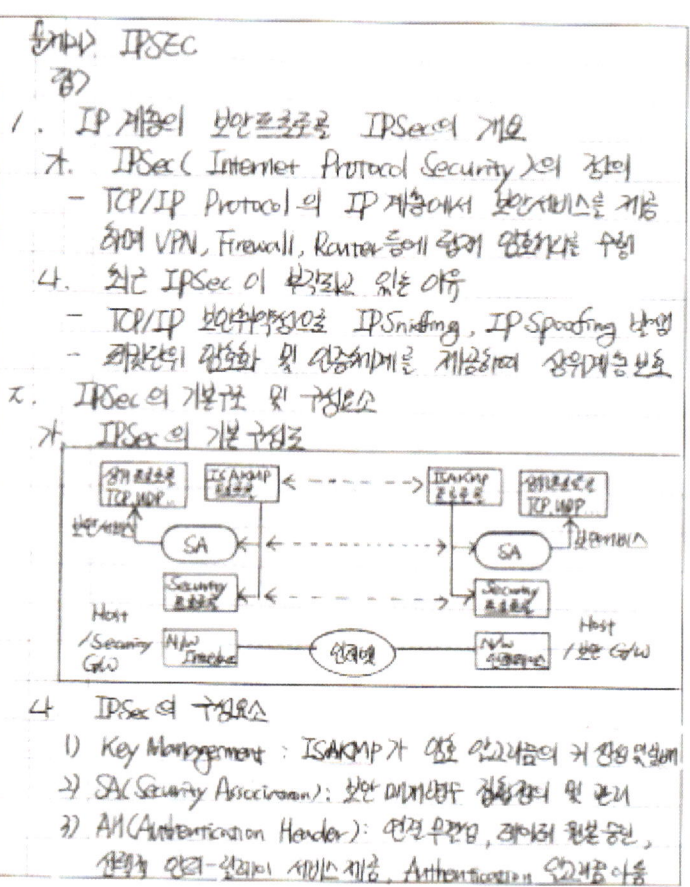

 나. IPSec 의 구성요소

  1) Key Management : ISAKMP 가 암호 알고리즘의 키 관리 및 설비

  2) SA(Security Association): 보안 매개변수 접속관리 및 관리

  3) AH(Authentication Header): 연결 무결성 , 레이어 원본 증명 ,
     선택적 암호-실패의 서비스 제공, Authentication SA제공 따름

4) ESP (Encapsulation Security Payload) : 연결 무결성,
데이터 원본 승인, 안티리플레이 연결-전체에 서비스제공, 기밀성, 제한
된 트래픽 흐름 기밀성 제공, 암호화와 승인 알고리즘 이용

3. IPSec 활용분야 및 향후 전망

가. VPN 터널링기술, IPv6 보안기능, Mobile IP에 적용되어
사용되고 있음

4. Network 전반에서 Overhead를 감소시키기 위한 노력,
필요 "끝"

2 무선랜 보안

1) 무선랜 보안의 개요

(1) 무선랜 시스템

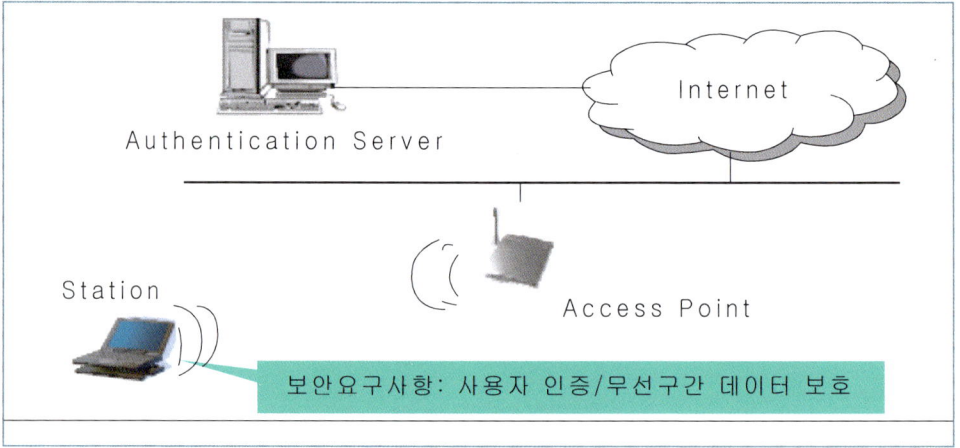

(2) 무선랜 보안 요소

- SSID: AP가 동일한 SSID를 가진 Client만 접속 허용
- MAC Address 인증: AP에서 Client의 MAC Address 인증하는 방식
- WEP: AP와 Client 사이의 데이터 암호화

2) 무선랜 보안의 문제점 및 주요 표준

(1) 무선랜 보안의 문제점

- 사용자 인증의 문제점: Open System Authentication, Shared Key Authentication
- 무선구간 데이터 암호화의 문제점-WEP의 문제점

WEP(Wired Equivalent Privacy)
- 40bit 또는 104bit의 정적 암·복호화 키 사용
- 문제점: 고정 키 사용(동일 AP접속자 간 암호화 의미없음), 알려진 평문공격에 취약, 사용자 인증구조가 정의되어 있지 않음, 중앙집중식 인증체계 없음, 스마트카드, 인증서, 생체인식 등 추가 보안 메커니즘 지원 불가,

---

[길라잡이]

- 무선LAN 보안의 취약점

문제점	내 용	고려 사항
무선랜 하드웨어 장비분실	- 분실시 허가된 사용자들은 더 이상 MAC 주소나 WEP키를 사용하여 접근 권한 얻지 못함	- 장비분실시 반드시 관리자에게 통보 - 보안정책 수정
Access Point	- 올바르게 설정 안 된 AP가 무선랜 구간에 설치된 경우 합법적 사용자의 Hijacking에 의해 서비스 거부공격 발생	- 클라이언트와 인증시비 간 상초인증 방식 사용, 양측간 합법성 증명
WEP	- 정적인 WEP키 사용 - 네트워크 트래픽 분석 통해 키 스트림을 알 수 있고 이를 통해 암호문 해독 가능	

(2) 무선랜 보안 표준

- 사용자 인증

IEEE802.1X	- 포트기반 접근제어(Port-Based Network Access Control) - 인증 이전: Uncontrolled Port, 인증 이후: Controlled Port Open
IEEE802.1aa	- 802.1x의 수정 및 추가문서, 인증 및 키 교환 이후 Controlled Port Open
EAP	- Extensible Authentication Protocol - 다양한 인증 메커니즘 수용하는 확장 가능한 인증 프로토콜
AAA Server	- Authentication, Authorization, Accounting - 사용자 인증, 권한 검증 및 과금 서버, RADIUS Server, Diameter Server

- 무선구간 데이터 보호(키관리/암호 알고리즘)

IEEE802.1aa	- 802.11i Key Descriptor 수용, 키교환 상태 머신의 정의 - 키 교환 절차, 암호 알고리즘 등 암호화 적용 시나리오 미흡
IEEE802.11i	- RSN(Robust Security Network), 802.1X 기반 접근제어, 동적 키 교환 및 키 관리 - 새로운 무선구간 암호 알고리즘(TKIP-WEP 활용, CCMP-AES-CCM 모드)

- 안전한 핸드오프 및 로밍

IEEE802.11f	- IAPP(Inter-AP Protocol), 안전한 핸드오프지원 위한 AP통신 프로토콜 - IAPP-CACHE 기능으로 STA의 Fast Handoff 지원
IEEE802.11k	- 핸드오프 시점을 알려주는 무선자원 관리(Radio Resource Management)

3) WPA(Wi-Fi Protected Access) 무선랜 보안

(1) WEP와 WPA 비교

구 분	WEP	WPA
Encryption	− 해커나 암호학자에 의한 해독가능 − 40bit 암호화키 − 네트워크에 있는 모든 사용자가 동일 Static Key 사용 − 각 장비에 수동적 키 입력	− WEP의 결함 해결 − 128bit 암호화키 − 사용자별, 패킷별, 세션별 Dynamic Session Keys 사용 − 키 자동 분배
Authentication	− WEP Key를 통한 인증	− 802.1x and EAP를 사용한 강한 사용자 인증

(2) WPA 보안방식

구 분	주요 특징
WPA-PSK (WPA Personal)	− 128bit 동적 암복호화 키열 − TKIP(Temporal Key Integrity Protocol)방식: 사용자, 네트워크 세션, 전송 프레임별로 키 구분
WPA-EAP (WPA Enterprise)	− IEEE802.1X보안 표준, IETF EAP 인증 프로토콜 채택 − 802.1X 구성요소 　• 요청자(Supplier): 네트워크 접근 클라이언트 　• 인증자(Authenticator): 네트워크 스위치 또는 AP 등의 중간 장치 　• 인증서버(Authentication Server): 사용자 데이터베이스 이용한 인증

:: 도우미 임기술사

[설명]

무선랜 시스템의 보안요구사항은 사용자 인증과 무선구간 데이터 보호로, 무선랜 보안요소는 AP가 동일한 SSID를 가진 Client만 접속을 허용하는 SSID, AP에서 Client의 MAC Address 인증, AP와 Client 사이의 데이터를 암호화하는 WEP이다. 무선랜보안을 위한 사용자 인증부분에서는 Open System 인증과 분배키 인증에서 보안상의 문제가 있으며, 무선구간 데이터 암호화 부분에서는 고정키 사용 및 알려진 평문 공격에 취약, 중앙집중식 인증체계 없음, 추가 보안 메커니즘 지원 불가능 등의 WEP에 대한 문제점이 존재한다.

무선랜 보안 표준으로는 사용자 인증 부분에서의 포트기반 접근제어를 지원하는 IEEE 802.1x, 다양한 인증 메커니즘을 수용하는 확장 가능한 인증 프로토콜인 EAP, 사용자 인증과 권한 검증 및 과금 서버인 AAA Server 등이 있다. 무선구간의 데이터 보호를 위한 키관리 및 암호알고리즘 표준은 IEEE 802.1aa와 IEEE 802.11i가 있다. 안전한 핸드오프 지원을 위한 AP 통신 프로토콜인 IARP 표준의 IEEE 802.11f와 핸드오프 시점을 알려주는 무선자원관리 표준인 IEEE 802.11k는 핸드오프 및 로밍을 위한 표준이다.

해독이 가능하고 모든 사용자가 동일 Static Key를 사용하며, 각 장비에 수동적으로 키를 입력하는 WEP의 결함을 해결하기 위한 WPA는 암호화에 128bit 암호화 키, 키 자동 분배, 사용자/패킷/세션별 동적 세션키를 사용하고, 802.1x 와 EAP를 이용한 강한 사용자 인증 방식의 특징이 있다. WPA보안 방식은 WPA-PSK 방식과 WPA-EAP 방식으로 구분한다.

[키워드]
– 무선랜 보안요소: SSID, MAC Address 인증, WEP
– 무선랜 보안문제점: 사용자인증 문제점(Open System Authentication, Shared Key Authentication), 무선구간 데이터 암호화의 문제점(WEP의 문제점)
– 무선랜 보안표준 분야: 사용자인증, 무선구간 데이터 보호, 안전한 핸드오프 및 로밍

- WEP: 암호화(해독용이, 40bit암호화키, 동일 Static key 사용, 수동적 키 입력), 인증(WEP Key)
- WPA: 암호화(WEP 결함 해결, 128bit 암호화 키, 사용자/패킷/세션별 동적세션키 사용, 키 자동 분배), 강한 사용자 인증
- WPA 보안방식: WPA-PSK(WPA Personal), WPA-EAP(WPA-Enterprise)

[예상문제]
- 1 교시형
  1) WPA

답안제시

[작성] 77회 조직응용 기술사
문제〉
답〉
1. 무선랜 보안표준의 하나인 WPA의 이해
가. WPA(Wi-Fi Protected Access)의 정의
 - IEEE 802.11i보안 규격의 일부기능을 준용하여 Wi-Fi에서 채택한 무선보안규격
나. WPA의 등장배경
- 기존 WEP의 취약점인 인증(해킹취약, 키관리), 무결성위협 대비, 인증, 접근제어, 권한 검증, 기밀성, 무결성 등을 충족하기 위함

2. WPA의 주요 특징 및 무선랜 보안의 종류
가. WPA의 주요 특징
 1) IEEE 802.11i기반: 인증 및 키교환, TKIP(Temporal Key Integrity Protocol)
 2) 키관리: 패킷당 Key 할당 기능, Key값 재설정
 3) 네트워크 접근시 인증절차 요구, 호환성 뛰어남, WEP 대체
 4) 가정과 기업 모두 적용가능 및 SW 업그레이드로 구현가능

나. 무선랜 보안의 종류

구분	IEEE 802.1X	IEEE 802.11i	WPA
암호화 (Encryption)	정적 WEP 암호화	TKIP, AES 암호화	TKIP 암호화
인증 (Authentication)	EAP-MD5	EAP	EAP-TLS
Key 관리	정적 키 사용	동적 키교환 및 관리	PSK(Pre-Shared Key)
특 징	RADIUS(AAA), 패스워드 노출	802.1x/1aa 기반, AC 사용자인증, 세션관리	802.11i 기반, 호환성

3. WPA의 주요 활용 및 향후 동향
가. 가정, 기업, 홈네트워킹 및 향후 안전한 핸드오프 지원으로 이동성 보안까지 업그레이드 할 수 있는 기반 조성
나. 무선랜의 효율성, 편리성, 경제성 등으로 도입증가할 것이고, 보안부분도 IEEE 802.11/IETF/Wi-Fi 등의 표준작업 활성화 예상

"끝"

3 방화벽

1) 방화벽(Firewall)의 개요

(1) 방화벽의 개념

– 외부 네트워크에서 내부 네트워크로의 진입을 방어해 주는 기능을 수행하여 외부의
  불법 사용자의 침입으로부터 내부의 전산 자원을 보호하기 위한 정책

(2) 방화벽 역할

역 할	상세 내용
취약한 서비스의 보호	– 안전하지 않은 서비스를 필터링으로 서브넷 상 호스트 위험 감소
호스트 시스템의 접근제어	– 사이트는 메일서버나 NIS같은 특별한 경우를 제외하고 외부로부터의 접근 차단 가능
보안의 집중	– 원하는 호스트에 방화벽 설치 가능 – OTP 시스템과 추가적 인증 소프트웨어를 방화벽에 설치 가능
확장된 프라이버시	– 외부에서 내부 네트워크의 DNS 정보 및 IP 주소를 보이지 않게 할 수 있어 원하는 사이트 finger와 DNS 서비스 차단 가능 – 침입자가 원하는 정보 숨길 수 있음
네트워크 사용 로깅 및 통계자료	– 시스템에 대한 모든 액세스에 대한 로깅과 네트워크 사용에 대한 통계자료 제공
정책 구현	– 네트워크 접근 통제 정책(사용자의 서비스에 대한 접근 제어)구현 제공

2) 방화벽 구성방법 및 종류

구성 방법	주요 특징
네트워크 정책	– 상위레벨 정책: 네트워크 접근정책(서비스 사용방법 및 정책 예외조건) – 하위레벨 정책: 접근제한 방법, 상위레벨에서 정의한 서비스 필터링 여부
사용자 인증 시스템	– 인증수단: 스마트카드, 인증토큰, 생체인식, 소프트웨어 메커니즘, OTP
Encryption Devices	– 네트워크가 여러 지역으로 분산되었을 경우 적합 – 본사와 지점네트워크 간 안전보장 위해 암호장비 이용하여 VPL (Virtual Private Link) 운영

구성 종류	주요 특징
Bastion Hosts	– 인터넷 사용자가 내부 네트워크로의 액세스를 원할 경우, 우선 베스천 호스트를 통과하여야만 내부 네트워크를 액세스 – 내부 네트워크로의 집근에 대한 기록, 감시, 추적을 위한 기록 및 모니터링 기능

구성 종류	주요 특징
Dual-Homed Gateway	– 하나의 네트워크 인터페이스는 인터넷 등 외부 네트워크에 연결되며 다른 하나의 네트워크 인터페이스는 보호하고자 하는 내부 네트워크에 연결 – 양 네트워크 간의 라우팅은 존재하지 않음(직접연결 허용 안 됨) – 모든 내·외부 트래픽은 이 호스트를 통과하도록 하여 베스천 호스트의 기능을 구현 Public Internet Public Internet 2 Network Interfaces, No Routing
Screen Router	– 3계층(인터넷계층)과 4계층(전달계층)에서 동작, IP, TCP, UDP의 헤더에 포함된 내용을 분석해서 동작 – IP 데이터그램에서는 근원지 및 목적지 주소에 의한 스크린 기능 – TCP 레벨의 패킷에서는 네트워크 응용을 판단하는 포트 번호에 의한 스크린 – 프로토콜별 스크린 등의 기능을 제공 허용된Packet만 통과 스크리닝라우터 IP Packet Filtering 내부네트워크 INTERNET
Screened Host Gateway	– 듀얼 홈드 게이트웨이와 스크리닝 라우터 혼합 – 스크리닝 라우터에서 허용된 패킷만을 통과시켜 베스천 호스트에 접속 – 외부에 스크린 라우터 내부에 베스천 호스트로 구성 – 네트워크 계층과 응용 계층의 두 단계로 방어(매우 인진) 내부 네트워크 Dual-Homed Gateway Screening Router INTERNET

구성 종류	주요 특징
Screen Subnet Gateway	– Dual-Homed 구조와 Screen Host 구조의 변형 – 두 개 이상의 스크린 라우터 조합을 이용 – 베스천 호스트는 격리된 네트워크인 스크린 서브넷상에 위치

3) 방화벽의 운영방법과 구축시 고려사항

(1) 방화벽 운영방법

구 분	Packet Filtering	Application Gateway	Stateful Inspection
방 식	– 패킷의 IP, TCP 헤더 분석 (주소, 서비스 포트) – 실시간 패킷 전송/드랍	– 애플리케이션 레벨에서의 패킷 내용 분석 – Store and Forward 방식	– 패킷 필터 기반에 세션 정보 분석 기능 포함 – 패킷 전후 관계 파악 가능
동작계층	– 네트워크, 전송 계층	– 애플리케이션 계층	– 네트워크, 전송 계층
장 점	– 속도 빠름, 사용자 투명성 – 유연성 높아 새로운 서비스 적용 쉬움	– 세밀한 분석가능 하므로 보안 성이 뛰어남 – 사용자 인증 등 부가기능	– 패킷 필터링의 빠른 속도에 Application Gateway 근접하는 보안성 제공
단 점	– 3, 4계층에 입각한 서비스만 필터링 가능함 – 패킷 내의 데이터(내용)을 기반으로 차단 못함 – 로깅 어려움(많은 로그양)	– 성능 저하(7계층 분석) – 새로운 서비스 유연성 미비 (애플리케이션마다 설치) – 사용자 투명성 미비 (로그인 등 인증 필요)	– 보안성이 Application Gateway보다는 떨어짐

(2) 구축시 고려사항

- 운영: 조직의 시스템 운영 정책, 방화벽 감시 및 백업과 제어 수준 결정, 구현 및 운영 비용
- 기술: 트래픽 라우팅 서비스, 프락시 설치 방법
- 손실제어(Damage Control), 위험지역(Zone of risk), 시스템 실패환경(Failure Mode), 쉬운 이용환경(Ease of Use), 방화벽 설치 기본입장(Stance) 등을 고려하여 구축

∷ 도우미 임기술사

[설명]

방화벽은 외부 네트워크에서 내부 네트워크로의 진입을 방어해주고, 외부의 불법사용자의 침입으로 부터 내부의 자원을 보호하기 위한 정책이다. 주요 역할로는 취약한 서비스의 보호, 외부로 부터의 호스트시스템의 접근제어, 원하는 호스트에 방화벽을 설치하여 보안의 집중, 확장된 프라이버시보안, 시스템 접근 및 네트워크 사용에 대한 로깅 및 통계자료 제공, 네트워크 접근통제 정책 구현제공 등이 있다. 방화벽은 네트워크 접근정책에 대한 상위레벨정책이나 접근제한방법 및 상위레벨에서 정의한 서비스 필터링여부 등의 하위레벨정책 등의 네트워크 정책을 통하여 구성가능하고, 스마트카드 및 인증토큰, 생체인증, OTP 등의 인증수단인 사용자 인증시스템으로 구성가능하며, 네트워크가 여러 시역으로 분산되었을 경우는 암호장비를 이용하여 VPL을 운영하여 Encryption Devices로 구성가능 하다. 구성종류로는 인터넷 사용자가 내부 네트워크로의 접근을 원할 때 우선 bastion host를 통과해야만 접근가능한 Bastion Hosts방식, 한 네트워크는 외부네트워크에 연결되고 다른 네트워크 인터페이스는 보호대상인 내부 네트워크에 연결해서 구성하는 Dual-

Homed Gateway방식, 인터넷계층과 전달계층에서 동작하여 IP/TCP/UDP 헤더에 포함된 내용을 분석하여 동작하는 Screen Router방식, Dual-Homed Gateway와 Screen Router 방식이 혼합된 Screened Host Gateway방식, Dual-Home구조와 Screen Host 구조가 변형되어 두 개 이상의 스크린 라우터 조합을 이용하는 Screen Subnet Gateway 방식이 있다.

네트워크 및 전송 계층에서 패킷의 IP, TCP헤더를 분석하여 실시간으로 패킷을 전송 여부를 결정하는 방식인 Packet Filtering은 속도가 빠르고 유연성이 높아 새로운 서비스에 적용이 용이한 방화벽 운영방식이다. 또한, Application Gateway는 애플리케이션 레벨에서 패킷내용을 분석하는 Store and Forward 방식으로, 상세한 분석이 가능하여 보안성이 뛰어나고 사용자인증 등의 부가기능이 가능하다.

Stateful Inspection은 네트워크 및 전송계층에서 패킷필터 기반에 세션정보 분석 기능이 포함되어 패킷의 전후관계 파악이 가능한 방식으로, 패킷필터링의 빠른속도에 Application Gateway에 가까운 보안성을 제공한다. 방화벽 구축시에는 손실제어, 위험지역, 시스템 실패환경, 쉬운 이용환경, 방화벽설치 기본 입장 등을 고려하여 트래픽 라우팅 서비스 및 프락시 설치 방법 등의 기술을 결정하고, 시스템 운영정책, 방화벽 감시와 백업 및 제어수준 결정, 구현 및 운영비용 등의 효율적인 운영방안을 수립해야 한다.

[키워드]
- 방화벽 역할: 취약한 서비스 보호, 호스트 시스템의 접근제어, 보안에 집중, 네트워크 사용 로깅 및 통계자료 제공, 네트워크 접근통제 정책 구현
- 방화벽 구성방법: 네트워크 정책, 사용자 인증 시스템, Encryption Devices
- 방화벽 종류: Bastion Hosts, Dual-Homed Gateway, Screen Router, Screen Host Gateway, Screen Subnet Gateway

— 방화벽 운영방법: Packet Filtering, Application Gateway, Stateful Inspection

[기출문제]

19) 69, 70회 조직응용: 방화벽

[예상문제]

* 1 교시형

1) Dual Home

답안제시

[작성] 78회 정보관리기술사
문제〉 방화벽
답〉
1. 외부의 공격으로 부터 내부 시스템 보호를 위한 방화벽
가. 방화벽(Firewall)의 정의
  - 기업 외부의 악의적인 공격 및 정보유출을 위한 시도 및 신뢰할 수 없는 외부 네트워크로부터 내부 네트워크를 보호하는 H/W, S/W의 총칭
나. Firewall의 주요 요구기능
  - 접근제어: 허가되지 않은 IP, 트래픽에 대한 차단
  - 감사추적: 모든 접속정보와 통계정보 제공(접근 로긴 정보 제공)
  - 주소변환: 사설 IP주소와 공인 IP 주소간의 변환

2. 방화벽의 구성 요소 및 구축 형태

가. 방화벽의 구성 요소

구성 요소	내용	핵심 요소
네트워크 정책	– 네트워크 가용성과 안정성을 확보하기 위한 전략 – 설정된 정책은 강제성을 가지고 실행해야 함	정책 결정 및 실행
DMZ(Demilitarized Zone)	– 내외부 네트워크의 중립지역으로 외부에 공개되어야 할 웹 서버, 메일서버 등이 위치함	보안정책
프록시(Proxy)	– 내외부 망에 대한 분리 기능 및 캐쉬기능 제공을 통해 네트워크 성능 및 보안 기능	구축전략

나. 방화벽 구축 방식

Bestion Host	– 정해진 정책에 의해 패킷의 통과여부 결정 – 서버 해킹시 전체 네트워크 노출	인터넷-서버-내부 네트워크(정책)
Screened Host	– Screened Router에서 패킷 필터링 후 – Bestion Host에서 정책에 따라 패킷 처리	인터넷-Screened-Bestion-내부 네트워크
Dual Homed	– DMZ, Screened Host와 같은 구조 – 사용자 입장에서 투명성 떨어짐	인터넷 – Screened – DMZ – Bestion Host- 내부 네트워크

3. 방화벽 구축시 고려 사항 및 현황

가. 제한된 서비스, Back Door의 위협, 내부 사용자의 위협으로부터 방어할 수 없는 한계가 있으므로 IDS 나 IPS도입을 고려하고, 내부 보안 정책 수립 필요함

나. EA관점에서 정책 결정이 필요하고, ESM, EAM도입 및 표준화된 프로세스 (BS7799/ISO17799) 도 입을 통한 선진 기법 활용 필요

"끝"

[길라잡이]

• 방화벽 시스템 요구 사항

1) 하드웨어기반 방화벽(일체형)
2) K4E 등급 이상 획득 제품
3) Unix계열의 자체OS
4) Memory: 512M (Flash Memory 8M) 이상
5) L4를 통한 HA(고가용성) 지원
6) Stateful Inspection 적용
7) VPN 기능 탑재
8) 재부팅 소요시간 30초 이내
9) L4스위치와 상호 연동
10) 침입탐지시스템 Sniper와 연동가능

4 IDS

1) IDS(Intrusion Detection System)의 개요

(1) IDS의 개념

– 조직 IT시스템의 기밀성, 무결성, 가용성을 침해하고, 보안정책을 위반하는 침입사
건을 사전 또는 사후에 감시, 탐지, 대응하는 보안 시스템

(2) IDS 제공 보안서비스

– 기밀성, 무결성: 비 인가자 침입 탐지, 백도어 탐지, Sniffing, 바이러스, 내부자
불법 행위
– 가용성: DOS공격, 시스템 변경, 인터넷 웜 탐지

(3) IDS의 구성

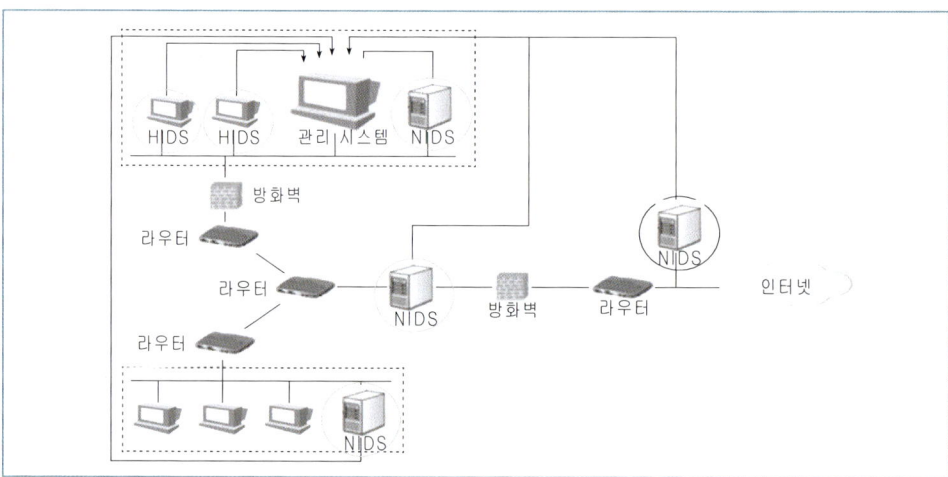

2) IDS의 동작과정

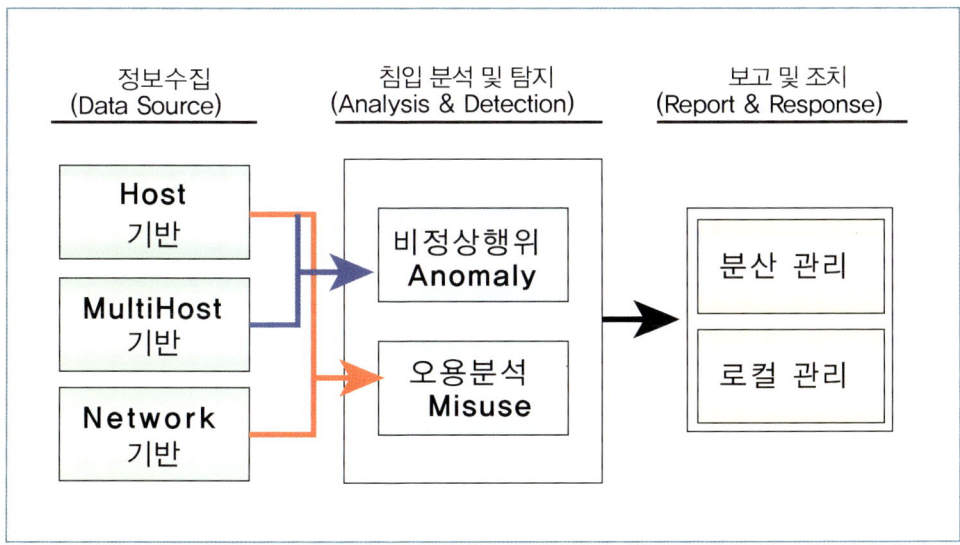

절차	주요 내용
정보수집 (Data Collection)	– 침입 탐지를 하기 위한 근원적인 자료들을 수집 – 자료원에 따라 NIDS와 HIDS로 나누어짐
정보가공 및 축약 (Data Filtering & Reduction)	– 불필요한 정보 제거(침입과 관련 없는 정보 제거) – 침입 판정을 위한 최소한의 정보만 남김(분석의 복잡도를 감소)
침입 분석 및 탐지 (Analysis & Detection)	– 축약된 정보를 기반으로 침입 여부를 분석, 탐지 – 방식에 따라 오용탐지 와 비정상행위 탐지로 나누어짐
보고 및 조치 (Report & Response)	– 침입 탐지 후 적절한 보고 및 대응 조치 – 다른 보안 장비(방화벽) 등과 연계

3) 자료원 분석 방법에 따른 탐지방법 분류

구 분	오용탐지(Misuse)	비정상탐지(Anomaly)
동작 방식	– 시그니처(signature) 기반 　= Knowledge 기반	– 프로파일(Profile) 기반 　= Behavior 기반 = Statistical 기반
침입 판단 방법	– 미리정의된 Rule에 매칭 – 이미 정립된 공격 패턴을 미리 입력하고, 　이것에 매칭됨	– 미리 학습된 사용자 패턴에 어긋남 – 정상적, 평균적 상태를 기준으로 하여 이에 　급격한 변화가 있을때 침입 판단
사용 기술	– 패턴비교, 전문가시스템	– 신경망, 통계적 방법, 특징추출
장 점	– 빠른 속도, 구현이 쉬움 – 사용자의 이해가 쉬움 – False Positive가 낮음	– 알려지지 않은 공격(Zero Day Attack) 　대응 가능 – 사용자가 미리 공격 패턴을 정의할 필요 없음
단 점	– False Negative 큼 – 알려지지 않은 공격 탐지불가 – 대량의 자료를 분석 하는 데는 부적합	– 어떤 행위가 정상인지, 비정상인지 결정할 수 　있는 임계치를 정하기 힘듦 – False Positive가 큼 – 구현이 어려움

- False Positive: 공격 아닌데도 공격이라 오판하는 것
- False Negative: 공격인데도 공격이 아니라 오판하는 것

4) Information Source에 의한 IDS 분류(NIDS, HIDS, Hybrid IDS)

구 분	NIDS(Network Based IDS)	HIDS(Host Based IDS)
동 작	– 네트워크에 흐르는 패킷들을 검사하여 침 　입을 판단함 – 방화벽 외부의 DMZ 나 빙화벽 내부의 내부 　네트워크 모두 배치 가능	– 시스템상에 설치, 사용자가 시스템에서 　행하는 행위나 파일의 체크를 통해 침입 　을 판단 – 주로 웹서버나 DB서버 등의 중요 서버 　등에 배치

구 분	NIDS(Network Based IDS)	HIDS(Host Based IDS)
자료원	– promiscuous 모드로 동작하는 네트워크 카드나 스위치	– 시스템 로그, 시스템 콜, 이벤트 로그
탐지 가능한 공격	– 스캐닝, 서비스 거부 공격(DOS), 해킹	– 부적절한 로그인 시도, 비 인가자의 시스템 사용, 바이러스, 웜
장 점	– 네트워크 자원의 손실 및 패킷의 변조가 없음 (캡처만 하기 때문) – 거의 실시간으로 탐지가 가능함 – 감시 영역이 하나의 네트워크 서브넷으로 HIDS에 비해 큼	– 침입의 성공여부 식별이 가능함 – 실제 해킹 및 해킹 시도 판단이 용이 – 주로 SW적으로 서버같은 시스템에 인스톨 되며, 설치 및 관리가 간단함
단 점	– 부가 장비가 필요함(스위치 등) – Gbit 네트워크 환경에서 비정상 작동 가능성 – 암호화된 패킷은 분석 불가 – False Positive가 높음 – 오탐으로 인해 정상적인 세션이 종료 – 서비스 거부 공격(DOS)의 경우 대응이 불가능(탐지만 가능) – 능동적인 대응 기능 미비	– 감시 영역이 하나의 시스템으로 한정됨 – 탐지 가능한 공격에 한계가 있음 (주로 이벤트 로그로만 탐지) – 오탐으로 인해 정상적인 사용자가 자신의 계정을 사용할 수 없는 문제 – 해킹 성공 이후 프로세스 종료 등의 대응은 무의미

＊ Hybrid IDS

- HIDS와 NIDS를 결합한 형태

- 단일한 호스트를 출입하는 네트워크 패킷을 검사해서 공격을 검색

- 시스템의 이벤트, 데이터, 디렉토리, 레지스트리에서 공격여부를 감시하여 보호망 강화

5) 탐지 후 보고에 의한 분류

(1) 액티브 IDS(Active IDS)

- 침입자의 세션을 강제로 종료하고 이후 접속하지 못하도록 차단하는 방식으로 방화벽과 함께 동작

(2) 패시브 IDS(Passive IDS)

- 침입자가 있다는 것을 메신저나 메일을 통해 알려주는 방식

::도우미 임기술사

[설명]

침입탐지 시스템 IDS는 IT시스템의 기밀성, 무결성, 가용성을 침해하고 보안정책을 위반하는 침입사건을 사전 또는 사후에 감시 및 탐지하고 대응하는 보안 시스템이다. IDS는 비인가자 침입탐지, 백도어 탐지, Sniffing, 바이러스, 내부자 불법행위 등에 대한 기밀성 및 무결성을 제공하고,DoS 공격, 시스템변경, 인터넷 웜탐지 등에 대한 시스템 가용성을 보장하는 보안서비스를 제공한다.

IDS는 침입탐지를 위한 근원적 자료를 수집하여, 불필요한 정보 제거 및 최소한의 정보만 남기는 등 정보를 가공하고 축약한 후, 축약된 정보를 기반으로 침입여부를 분석 및 탐지한다. 침입탐지 후 적절한 보고 및 대응조치가 수행된다.

IDS의 침입탐지 방법은 오용탐지와 비정상탐지로 구분되는데, 오용탐지는 Signature 기반으로 동작하고, 미리 정의된 공격패턴에 해당되는 것을 침입으로 간주하는 것으로, 패턴비교 및 전문가시스템 기술을 사용하여 속도가 빠르고 구현 및 사용자 이해가 용이하며, False Positive가 낮다. 오용탐지는, 알려지지 않은 공격에 대해서는 탐지가 불가능하고 대량의 자료를 분석하는 데는 다소 부적합하다. 비정상탐지는 프로파일을 기반으로 동작하는데, 미리 학습된 정상적인 사용자 패턴에 어긋나면 침입으로 인하고, 신경망 및 통계적방법, 특징 추출 기술을 사용한다. 알려지지 않은 공격(Zero Day Attack)에 대응이 가능하고, 구현이 어렵고 False Positive가 크다.

IDS는 Information Source에 의해 NIDS, HIDS, Hybrid IDS 세 가지가 있는데

NIDS는 네트워크상의 패킷을 검사하여 침입을 판단하고, 방화벽 외부의 DMZ나 방화벽 내부 네트워크에 모두 배치가 가능하며, 스캐닝, DoS, 해킹 등의 실시간 탐지가 가능하고 HIDS에 비해 감시영역이 크다. HIDS는 시스템상에 설치되어 사용자의 행위나 파일체크를 통해 침입을 판단하고, 웹서버나 DB서버 등의 중요서버 등에 배치되어 부적절한 로그인 시도나 비인가자의 시스템 사용, 바이러스 등에 대한 탐지가 가능하다. HybridIDS는 NIDS와 HIDS를 결합한 형태로 단일 호스트를 출입하는 네트워크 패킷을 검사하여 공격을 탐지한다.

IDS는 탐지 후 보고여부에 따라 침입자의 세션을 강제종료하고 차단하는 방식으로 방화벽과 함께 동작하는 Active IDS와 침입사실을 메신저나 메일을 통해 알려주는 Passive IDS로 분류할 수 있다.

[키워드]
- IDS의 보안서비스: 기밀성, 무결성, 가용성(비인가자 침입탐지, 백도어 탐지, 바이러스, 내부자 불법행위 탐지, DoS공격 및 시스템 변경 탐지, 인터넷 웜 탐지)
- 정보수집 -〉 정보가공 및 축약 -〉 침입분석 및 탐지 -〉 보고 및 조치
- 침입분석 방법에 따른 분류: 오용탐지(Misuse Detection), 비정상탐지(Anomaly Detection)
- 오용탐지: 시그니처 기반 동작, 공격패턴 미리 입력 후 매칭, 속도 빠르고 구현 및 이해 용이
- 비정상탐지: 프로파일 기반 동작, 정상사용 패턴 기준으로 침입판단, 알려지지 않은 공격대응 가능
- False Positive: 공격이 아닌데 공격이라고 오판
- False Negative: 공격인데 공격이 아니라고 오판

- Information Source에 의한 IDS분류: NIDS(패킷 검사), HIDS(시스템 행위 및 파일체크), Hybrid IDS(NIDS와 HIDS 혼합)
- 탐지 후 보고에 의한 분류: Active IDS, Passive IDS

[기출문제]

20) 66, 68, 75회 정보관리, 66회 조직응용: IDS

[예상문제]

- 1 교시형
 1) 이상탐지와 오용탐지

- 2 교시형
 1) IDS의 탐지 기능에 대해서 설명하고 IPS와 차이점을 설명하시오.

답안제시

[작성] 80회 조직응용기술사
1. 내부 IT 시스템의 감시자 IDS 개요
가. IDS(Intrusion Detection System)의 개념
  - 조직 IT시스템의 기밀성, 무결성, 가용성을 침해하고, 보안정책을 위반하는 침입사건을 사전 또는 사후에 감시, 탐지, 대응하는 보안 시스템
나. IDS가 제공하는 Security Service
  - 기밀성, 무결성: 비인가자 침입, 백도어, Sniffing, 바이러스, 내부자 행위
  - 가용성: DOS공격, 시스템변경, 인터넷 웜, 내부자 불법 행위

2. IDS의 동작구조 및 방식구분
가. IDS의 동작구조

[기간계]	–	[정보수집]	–	[가공, 축약]	–	[분석, 탐지]	–	[보고, 대응]
운영시스템		Collection		Reduction		Analysis, Detection		Report, Response
		시스템 내·외에서 수집		필요한 것만 저장		침입여부 판단		관리자보고, 대응
		이벤트, 로그, 패킷		필터링		패턴, 시그니처, AI		메일, 전화, 세션차단, 로그오프

나. IDS의 동작 방식에 따른 구분

구분	오용탐지(Misuse)	비정상탐지(Anormaly)
동작방식	시그니처(Signature) 기반	프로파일(Profile) 기반
침입판단방법	미리 정의된 Rule에 매칭	미리 학습된 사용자 패턴에 어긋남
사용기술	패턴비교, 전문가 시스템	신경망, 통계적 방법, 특징 추출
장점	빠른 속도, 구현 쉬움, 이해 쉬움	알려지지 않은 공격(Zero Day Attack) 대응 가능
단점	False Negative 큼, 알려지지 않은 공격 탐지 불가	False Positive 큼, 구현 어려움

3. IDS의 고려사항 및 현황
가. 성능(탐지율, 오탐지율, 패킷처리량, 처리속도) 및 구성(타 장비 호환, 지원 프로토콜, 속도)을 고려, 이를 위해 도입 목적 및 취약점 분석, 위험평가가 선행돼야 함
나. 실시간성(사전탐지 어려움) 및 대응기능의 부족으로 IPS(침입 방지)로 대체 되는 추세, 또한 TAS(트래픽 분석), TMS(위협관리)의 노입으로 IDS 입시 줄아짐

"끝"

5 Honeypot

1) 침입자를 속이는 최신 침입탐지 기법 Honeypot의 개요

(1) Honeypot의 정의

- 컴퓨터 프로그램에 침입한 스팸과 컴퓨터바이러스, 크래커를 탐지하는 가상컴퓨터로 인터넷상에 존재하여 침해 당함으로써 해커의 행동 및 공격기법을 분석하는 데 이용됨

(2) Honeypot의 목적

- 경각심(Awareness), 정보(Information), 연구(Research)
- 해커를 유인하여 정보 수집 및 시스템 제어
- 공격의 회피(중요시스템 보호용 위장 서버 역할)
- 침입자를 오래 머물게 하여 추적 가능한 능동적 방어, 침입자 공격 차단 가능

(3) Honeypot의 요건

- 해커에 쉽게 노출되어 해킹 가능한 것처럼 취약해 보여야 함
- 시스템의 모든 구성요소를 갖추고 있어야 함
- 시스템을 통과하는 모든 패킷을 감시해야 함
- 시스템 접속자에 대해 관리자에게 알려야 함

2) Honeypot의 위치 및 형태

(1) Honeypot의 위치

- 방화벽 앞: IDS처럼 Honeypot공격으로 인한 내부 네트워크 위험도 증가는 없음
  (대량의 필요 없는 정보수집으로 효율성 떨어짐)
- 방화벽 내부: 효율성 높아 내부 네트워크에 대한 위험도 커짐
  (많은 서비스를 제공하는 것처럼 설정되어 방화벽 패킷 필터링 규칙에 영향을 주어
  내부 네트워크의 보안수준을 떨어뜨림)
- DMZ 내부: 설치시간 소요, 관리 불편, 다른 서버와의 연결은 반드시 막아야 함

(2) Honeypot의 형태

구 분	Production Honeypot	Research Honeypot
목 적	– 조직 또는 특정환경의 보안을 강화, 위험감소	– 해커 community에 대한 정보수집으로 연구
특 징	– 일반적 Honeypot개념의 시스템 – 구입하여 설치 및 적용이 쉬움	– 설치 및 적용과 유지가 복잡 (예: Honeynet Project)
가 치	– 침입방지(Prevention), 침입탐지 (Detection), 침입 대응(Response)	– 획득 정보에 대한 정확한 이해, 조직보호

::도우미 임기술사

[설명]

Honeypot은 시스템에 침입한 스팸과 바이러스, 크래커를 감지하는 가상컴퓨터로, 인터넷상에 존재하여 침해당함으로써, 해커의 행동 및 최신 공격기법을 분석하고 시스템을

제어하는 데 이용되며, 중요시스템 보호용으로 위장 서버역할을 하며, 침입자를 오래 머물게 하여 추적 가능한 능동적 방어와 공격차단 기능을 수행하는 보안방법이다. Honeypot은 해커에 쉽게 노출되어 취약해 보여야 하고, 시스템의 모든 구성요소를 갖추어 시스템에 통과하는 모든 패킷을 감시할 수 있도록 해야 하며, 시스템 접속자에 대해 관리자에게 알릴 수 있어야 한다.

Honeypot의 구축 위치는 방화벽 앞과 내부, DMZ 내부 모두 가능한데, 방화벽 앞에 설치할 경우는 IDS처럼 Honeypot 공격으로 인한 내부 네트워크에 영향을 주지는 않지만 필요없는 대량의 정보수집으로 효율성이 떨어지는 단점이 있고, 방화벽 내부에 설치할 경우는 효율성은 높지만, 많은 서비스를 제공하는 것처럼 설정되어 방화벽 패킷 필터링 규칙에 영향을 주므로 내부 네트워크의 보안수준을 떨어뜨리는 단점이 있다. DMZ 내부에 설치할 경우는 설치시간이 소요되고 관리가 불편하며, 다른 서버와의 연결은 반드시 막아야 하므로, 시스템 환경을 고려한 위치선정이 필요하다.

Honeypot은 조직이나 특정환경의 보안을 강화하기 위한 Production Honeypot과 해커 커뮤니티에 대한 정보수집 연구용으로 사용하는 Research Honeypot으로 구분한다. Product Honeypot은 구입하여 설치 및 적용이 용이하고, 침입방지나 침입탐지, 침입대응이 가능하다. Research Honeypot은 설치 및 적용과 유지가 복잡하지만, 획득한 정보에 대한 분석을 통하여 조직보호를 위해 사용된다.

[키워드]
- 목적: 해커를 유인하여 정보수집 및 시스템 제어, 공격 회피, 능동적 방어 가능
- 요건: 취약성 노출, 시스템의 모든 구성요소 갖춤, 통과하는 모든 패킷 감시, 접속자 알림
- 위치: 방화벽 앞(내부 네트워크 위험성 없음, 대용량의 정보수집으로 효율성 저하),

방화벽 내부(효율성은 높으나 내부 네트워크의 보안수준 떨어져 위험성 커짐)DMZ 내부(설치시간 소요, 관리 불편, 다른 서버와의 연결 막아야 함)

- Production Honeypot: 보안 목적, 설치 및 적용 용이, 침입탐지/침입방지/침입대응 가능
- Research Honeypot: 해커커뮤니티에 대한 정보수집 및 연구용, 설치 및 적용과 유지가 복잡

[기출문제]
21) 84회 정보관리: Honeypot

6 Honeynet

1) Honeynet의 개요

(1) Honeynet의 개념

- Honeypot의 발전된 유형으로 Honyepot을 포함한 네트워크
- 일반 시스템, 보안솔루션, Honeypot 시스템으로 구성된 네트워크 구조

(2) Honeynet의 주요특징

- 목적: 침입사고 대응 및 분석 기술 발전을 위한 인터넷 위협 정보수집 및 연구, 위협에 대한 자산 보호목적의 정보제공
- 장점: 적용의 유연성, 데이터 수집 및 경보, 다양한 시스템 및 응용시스템에 적용 가능
- 단점: 공격자와 상호작용에 의한 보안 위험성, 설정 및 구축의 복잡성, 구축 및 관리 운영을 위한 전담 인력 투입 필요

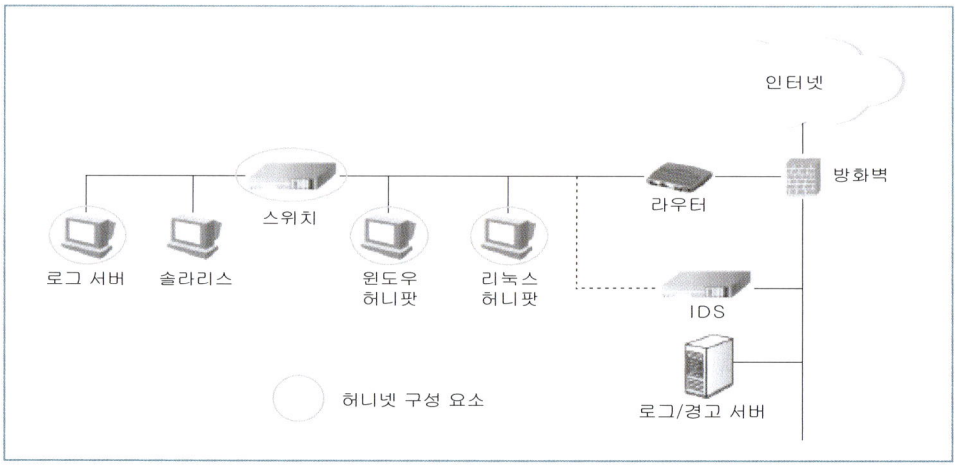

2) Honeynet의 구성

(1) Data Control: 공격자 행위를 Honeynet 내로 제한하여 외부시스템에 대한 피해 위험 방지. 공격자가 트래픽 통제 사실을 인식하지 못하도록 해야 함

(2) Data Capture: 공격자의 모든 정보 수집필요. 네트워크 계층, 시스템 레벨, 응용프로그램, 사용자 행위 등 모든 레벨에서 수집

(3) Data Collection: 분산 Honeynet에 적용. 데이터를 안전하게 정의된 포맷으로 수집.집중적 관리가 목적

::도우미 임기술사

[설명]

Honeynet은 Honeypot이 발전된 유형으로, 일반시스템 및 보안솔루션과 Honeypot 시스템으로 구성된 네트워크 구조이다. Honeynet은 침입사고 대응 및 분석기술 발전을 위해 인터넷 위협정보 수집 및 연구에 사용되며, 위협에 대한 자산보호를 위한 정보를 제공한다. 적용이 유연하고 데이터 수집 및 경보, 다양한 시스템에 적용가능하나, 공격자와 상호작용에 의한 보안의 위험성이나 설정 및 구축이 복잡하고 관리를 위한 전담인력 투입이 필요한 단점이 있다.

Honeynet은 Data Control, Data Capture, Data Collection 등으로 구성가능한데, Data Control은 공격자의 행위를 Honeypot 내로 제한하여 외부시스템에 대한 피해위험을 방지할 수 있고, Data Capture는 공격자의 모든 정보에 대한 수집이 필요하며 네트워크 계층, 시스템 레벨, 응용프로그램, 사용자 행위 등 모든 레벨에서 수집한다. Data

Collection은 분산 Honeynet에 적용하는데 데이터를 안전하게 정의된 포맷으로 수집가
능하고 집중적 관리가 목적이다.

[키워드]
- 일반시스템, 보안솔루션, Honeypot시스템으로 구성된 네트워크 구조
- 침입사고 대응 및 분석기술을 위한 인터넷 위협정보 수집과 연구에 사용, 자산보호
  목적
- 적용의 유연성, 데이터 수집 및 경보, 다양한 시스템이나 응용시스템에 적용 가능
- 공격자와 상호작용에 의한 위험성, 설정 및 구축의 복잡성, 구축 및 관리운영용 전
  담 인력 필요
- 구성: Data Control, Data Capture, Data Collection

7 IPS

1) 능동적 침입방어시스템 IPS(Intrusion Protection System)의 개요

(1) IPS의 개념

- 공격 시그니처를 찾아내 네트워크에 연결된 기기에서 수상한 활동이 이루어지는지 감시하여 자동으로 해결 조치함으로써 중단시키는 보안 솔루션
- 침입경고 이전에 공격을 중단시키는것이 주요목적

(2) IPS 도입의 필요성

- 현 정보보안 시스템의 취약성 보완에 필요
- 방화벽과 NIDS(침입탐지시스템)의 실시간 공격 방어불가 문제 및 취약성 보완
- 오탐지와 미탐지의 문제 보완

(3) IPS의 요구특성

- 침입방지 능력과 대응속도를 위해 인라인 상에 위치, 세션기반 탐지 지원, 다양한 종류의 방지방법 및 방식 통한 악의적 세션 차단 필수
- 고도의 정확성, 인라인 운영을 통한 악의적 트래픽 차단의 방지기능
- 광범위한 방어: 시그니처 탐지, 이상탐지, DoS 공격 탐지, Layer 3~7 감시, 오용 탐지 등
- 모든 관련 트래픽 분석, 고도의 세밀한 탐지와 대응정책 적용
- 유연한 정책관리, 확장 가능한 위협관리, 고도의 사후조사와 보고, 고성능 센서

2) NIPS와 HIPS

    (1) NIPS (Network IPS): 공격탐지에 기초하여 트래픽 통과 여부 결정을 내리는 인라인 장치

  – 원하지 않는 트래픽 막기 위해 패킷레벨 탐지 및 방지 사용, 공격세션으로부터 원하지 않은 패킷들만 탈락 가능

    (2) HIPS(Host IPS): HIPS는 보호되는 호스트 운영체제위에서 수행되므로 최종층 보안모델

  – 호스트상 공격 탐지 후 실행 전에 공격 프로세스 차단 가능

3) IPS와 IDS의 비교

    (1) NIPS와 NIDS의 특징 비교

구 분	NIDS	NIPS
장 점	– 익스플로잇 코드 이상으로 보안 관심사를 일으키는 네트워크 이벤트에 대한 가장 좋은 가시성 추가 가능 – Anomaly 기반 시스템은 암호화를 사용하는 시스템에 대한 공격탐지 제공 가능 – 규칙기반 시스템을 가진 트래픽 플로우 감시는 네트워크 사용 정책 실행지원	– 정상트래픽 막지 않고 웜의 전파 차단 가능 – 대부분 경우 익스플로잇 코드가 나오기 전에 새로운 공격에 대한 보호 가능 – 대부분의 사고가 자동적으로 대응되므로 사고 대응비용 감소
단 점	– 이벤트 감시 및 사고 대응용 인간요소 비용 큼 – 사고대응 계획의 설계와 기획이 없으면 보안가치를 거의 제공하지 않음 – 성공적인 전개는 오탐율을 감소하기 위해 IDS의 광범위한 튜닝을 포함	– 네트워크 코어에서 NIPS전개 비용 높음 – 인라인 장치이므로 단일 실패점을 생성, 여분의 유닛 추가 방법 사용 – 효과적 보안업데이트에 의존

(2) HIPS와 HIDS의 특징 비교

구 분	HIDS	HIPS
장 점	– 보안정책위반 시스템 사용 탐지가능 – 중요파일변경 같은 시스템 변경에 대한 경보가능 – 공격성공 전 자동대응이 침해된 시스템 상태변경 가능	– 알려지지 않은 공격에 대하여 Zero Day 보호 제공 – 매년 보안 업데이트가 필요 없어 유지비용 절감 – 성공적인 공격 결과 탐지대신 커널 레벨에서 호스트상에서 실행되는 공격 방지 – 패치관리 같은 작업부담 감소 – 애플리케이션에 특정한 보호 추가용으로 조정가능
단 점	– 전개 및 관리 비용 고가 – 데스크탑 제품에 대한 상용제품이 거의 없어 서버만 해당 – 탐지가 대응 커브에서 일반적으로 사후(After the Fact)이거나 느림	– 모든 주요서버와 워크스테이션에 에이전트가 필요하여 전체 시스템 비용 고가 – 모든 서버/데스크탑에 도달하기 위한 시간 소요 – 기능적 보안도구가 되기 위해 제품 초기 설치 이후에 튜닝 필요 – 합법적 애플리케이션 수행을 위해 적절한 튜닝 필요 – 새로운 애플리케이션 설치전 HIPS에 대한 테스트 필요

::: 도우미 임기술사

[설명]

침입방어시스템 IPS는 공격 시그니처를 찾아내 네트워크에 연결된 기기에 이상활동이 수행되는지 감시하여 자동으로 해결 조치하는 보안솔루션으로, 침입경고 이전에 공격을 중단시키는 것이 목적이다. IPS는 방화벽과 침입탐지시스템의 실시간 공격방어가 불가능한 취약성을 보완하고, 오탐지와 미탐지의 문제를 보완하기 위해 도입한다.

IPS는 침입방지 능력과 대응속도를 위해 내부네트워크에 위치해야 하고 세션기반 탐지 지원 및 다양한 종류의 방지를 통한 악의적 세션차단이 필수이며, 고도의 정확성과 광범위한 방어가 요구된다. 또한, 모든 트래픽 분석과 세밀한 탐지 및 대응정책의 적용이 필요하고, 정책관리 및 위협관리가 유연해야 하며, 고도의 사후조사 및 보고가 필요하다.

　IPS는 Network IPS와 Host IPS가 있는데, NIPS는 공격탐지를 기반으로 트래픽 통과 여부에 대한 결정을 내리는 인라인장치로, 원하지 않은 트래픽을 막기 위해 패킷레벨 탐지 및 방지에 사용되며 공격세션으로부터 원하지 않은 패킷들만 탈락가능하다. HIPS는 보호되는 호스트 운영체제상에서 수행되므로 최종층 보안모델로 적합하며, 호스트상 공격탐지 후 실행전에 공격 프로세스를 차단하는 기능을 한다.

　다양한 종류의 침입방지와 악의적 세션차단을 수행한다. 침입탐지시스템과 비교했을 때, NIPS는 정상트래픽을 막지 않고 웜의 전파차단이 가능하고 사고가 자동적으로 대응되므로 사고대응 비용에 부담이 없으며, HIPS는 Zero Day 보호기능과 커널레벨에서의 공격방지 기능이 있고, 보안 업데이트가 필요 없어 유지비용 절감 및 패치관리 작업 등의 부담이 적은 장점이 있다.

[키워드]
- 능동적 침입방어시스템: 침입경고 이전에 공격을 감지하여 중단시키는 보안솔루션
- 필요성: 방화벽 및 IDS의 실시간 공격방어 불가 등의 취약성 보완, 오탐지 및 미탐지 문제보완
- 요구특성: 인라인상에 위치, 세션기반 탐지, 악의적 세션차단 필수, 고도의 정확성, 모든 트래픽분석, 세밀한 탐지 및 대응정책적용, 유연한 정책관리, 확장가능한 위협관리, 사후조치 및 보고
- NIPS: 공격탐지에 기초하여 트래픽 통과여부를 결정하는 인라인장치, 패킷레벨 탐지
- HIPS: 보호되는 호스트 운영체제 상에서 수행, 호스트 공격 탐지 후 실행전에 공격 프로세스 차단

[기출문제]

22) 75회 조직응용: IPS

[예상문제]

- 1 교시형

  1) IPS

- 2교시형

  1) IPS의 주요기능 및 HIPS와 NIPS를 비교하시오.

답안제시

[작성] 80회 조직응용기술사

문제〉IPS

답〉

1. 능동적 보안을 위한 IPS의 개요

가. IPS(Intrusion Protection System)의 개념

– 네트워크상에 상주, 트래픽을 모니터링, 악성코드로 판단되는 패킷 Drop 및 세션종료 등 해킹에 대한 능동적 실시간 방어 시스템

나. IPS의 주요 특징

– IDS의 사전방어 불가, 대응시간 소요, 트래픽 영향 등의 한계극복

– 네트워크에 대한 NIPS, 시스템에 대한 HIPS, Application 등의 종류

2. IPS의 주요기능 및 보안솔루션 간 비교

가. IPS의 주요기능

1) 실시간 탐지 및 방어(실시간 분석과 학습)

2) 유해프로그램 차단기능(DOS, Worm 등)

3) 사용권한 및 Resource 제거

4) 사용자 인증 및 접근제어

나. 보안솔루션 간 비교

비교항목	Firewall	IDS	IPS
목적	– 침입차단	– 침입탐지, 대응	– 침입방어
특징	– 접근통제 – 내부망 보호	– 로그, Signature 기반 패턴 매칭	– 정책, Rule DB 기반 – 비정상행위탐지
장점	– 강력한 접근제어 – 인가된 트래픽만 허용	– 실시간 침입탐지 – 사후분석, 대응기술	– 실시간 침입대응 – 세션기반 탐지가능
단점	– 내부자공격 취약 – 네트워크 병목현상	– 변형패턴 탐지 어려움 – 트래픽 영향받음	– 오탐현상 발생가능 – 장비고가 및 설치 어려움

3. IPS 도입시 고려사항 및 현황
가. 도입 목적 및 환경에 맞게 구축가능한 솔루션의 유연성및 관리의 편이성, 다양한 상황의 침입탐지, 재현, 방어기능 고려하여 도입
나. IDS, Secure OS, VPN등의 타 보안솔루션과의 연동과 통합으로 ESM(Enterprise Security Management) 구축 검토가 필요함

"끝"

8 웹 애플리케이션 방화벽

1) 웹 애플리케이션 방화벽(Web Application Firewall)의 개요

(1) 웹 애플리케이션 방화벽의 개념

- 외부로부터 발생하는 웹 해킹을 차단하기 위해 주요한 웹, 애플리케이션 및 데이터 서버의 앞단에 놓이는 네트워크 장비
- 웹 서버나 웹단의 네트워크상에 위치하여 외부로부터 들어오는 웹 서비스 즉, 80 또는 443 포트로 들어오는 트래픽을 감시하고, 분석하여, 침해여부를 판단하고 능동적으로 차단하는 지능형 솔루션

(2) 웹 애플리케이션 방화벽의 주요 특징

- 요청검사: 애플리케이션 접근제어, Web Dos 제어, 쿠키 보호, 버퍼 오버플로우 차단
- 콘텐츠 보호: 신용카드 정보 유출차단, 주민등록번호 유출차단, 계좌번호 유출 차단 등
- 적응형: 애플리케이션 접근제어, 쿠키 정보, SQL/스크립트 등 적응형 학습
- 위장: URL 정보 위장, 서버 정보 위장

2) 웹 애플리케이션 방화벽의 구성

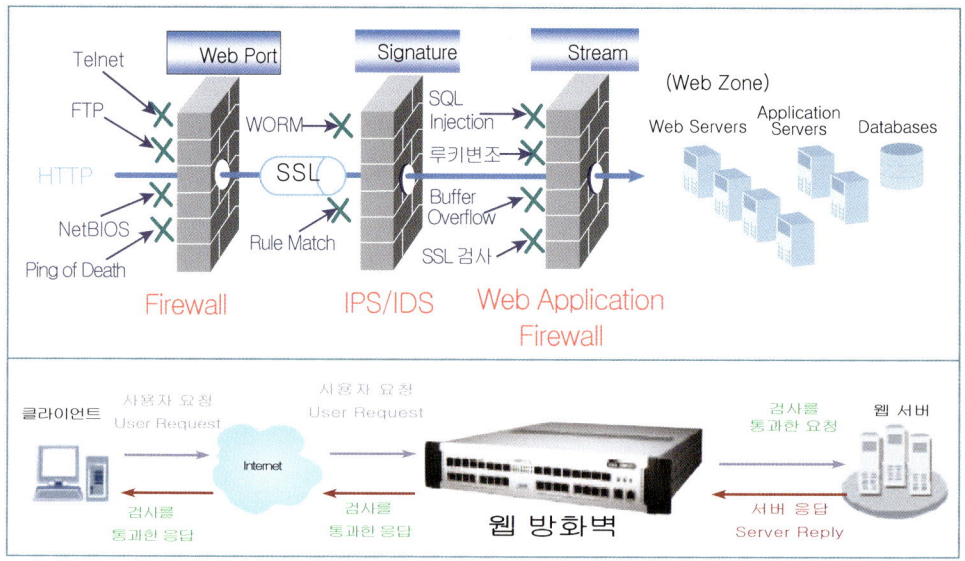

::도우미 임기술사

[설명]

웹 애플리케이션 방화벽은 외부로부터 발생하는 웹해킹을 차단하기 위해서 웹과 애플리케이션 및 데이터서버의 앞단에 놓이는 네트워크 장비로, 외부로부터 들어오는 웹 서비스포트의 트래픽을 감시 및 분석하고 침해여부를 판단하여 능동적으로 차단하는 지능형 솔루션이다. 웹 애플리케이션 방화벽은 애플리케이션 접근제어, Web Dos 제어, 쿠키 보호, 버퍼 오버플로우 등을 차단할 수 있고, 신용카드 정보나 계좌번호 등의 개인 중요정보 및 중요 콘텐츠를 보호하며, 애플리케이션 접근 제어 및 쿠키정보, SQL/스크립트 등을 통하여 적응형 학습과 URL정보 및 서버정보 위장이 가능하다.

클라이언트가 웹서버에 요청시 웹방화벽이 요청사항 검사 및 웹서버의 응답 검사까지 수행하여, 방화벽이나 IPS 및 IDS를 우회하여 들어오는 SQL Injection이나 쿠키 변조, SSL 검사 등을 차단하여 내부 시스템을 보호한다.

[키워드]
- 웹서버나 웹단의 네트워크상에 위치한 지능형 보안솔루션
- 외부로부터 들어오는 웹 서비스 포트의 트래픽감시, 분석, 침해여부 판단, 능동적 차단
- 애플리케이션 접근제어, Web DoS 제어, 쿠키 보호, 버퍼 오버플로우 차단
- 개인 중요정보 보호, 적응형 학습, 정보위장 기능

[예상문제]
- 2교시형
1) 일반 Firewall과 Web 방화벽의 차이점을 설명하시오.

9 VPN

1) VPN(Virtual Private Network)의 개요

(1) VPN의 개념

– 공중망에 보안과 QoS를 제공하여 마치 사설망처럼 사용할 수 있도록 하는 서비스

(2) VPN의 등장배경

– 인터넷의 급속한 보편화로 인터넷을 이용한 가상사설망의 급증
– 공중망 수준의 사설망의 보안과 QoS 보장 필요
– 터널링, 보안, 기술, VPN 관리 등의 요소 기술 필요

(3) VPN의 보안 3요소

요소	주요 내용
암호화(Encryption)	세션마다 일정한 암호화가 임의적으로 진행되어야 하는데, 이때 키의 단순화와 변경방법, 자동적인 키 관리가 필요
인증(Authentification)	인증은 송신자의 신분을 확인하고 해당 네트워크에 액세스할 수 있는 권한을 부여하는 과정
터널링 기법	터널은 가상으로 구성되는 통로로 연결중인 접속이 회선에서 유일한 통로처럼 보이게 함 예) PPTP(Point-to-Point Tunneling Protocol), L2TP(Layer 2 Tunneling Protocol), L2F(Layer 2 Forwarding), IPSec
QoS	속도, 지연, Jitter 등의 품질 보장

2) VPN의 분류

(1) 접속범위에 따른 분류

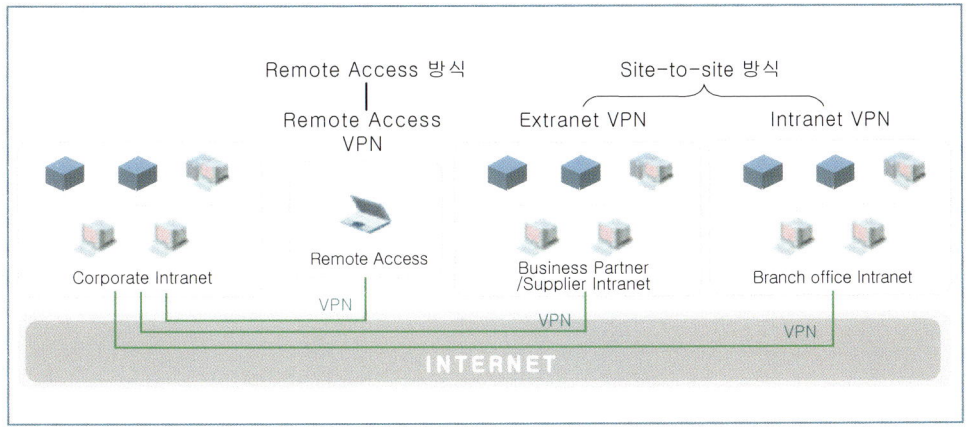

(2) 구현방법에 따른 분류

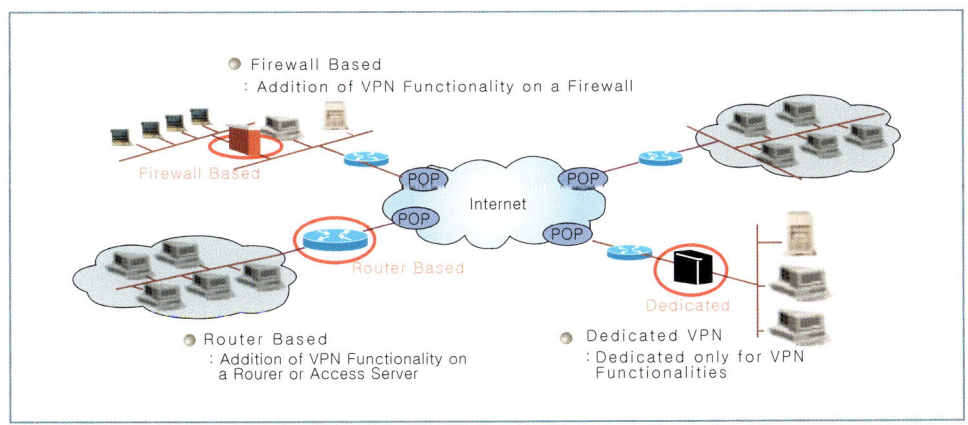

구 분	방 식	장 점	단 점
전용시스템방식	VPN 전용시스템을 구현해 보안이 필요한 곳에 독립적인 제품을 설치하는 방식	전용기기를 사용하므로 대역폭에 맞는 시스템 설치 가능하고 손쉽게 확장 가능	VPN서비스의 장비구입을위한 고가의 비용부담
라우터방식	라우터에 가상 사설망 기능을 부가하여 제공	VPN이 지원되는 라우터를 보유하고 있는 ISP의 경우 추가비용 부담없이 서비스 제공 가능	라우터의 기능에 의존해야하고 비밀정보 누출 위험성
방화벽방식	기존의 방화벽에 VPN 기능을 부가하여 제공	보안 통합솔루션에 부가 기능으로 추가되어 비용 부담이 적음	트래픽이 집중되는 방화벽에 VPN 기능까지 추가되어 병목현상 가중

3) VPN의 터널링 프로토콜

특징 \ 프로토콜	PPTP	L2TP	IPsec	SOCK W5
표준화	Vendor-specific	RFC 2661	RFC 2401-2410	RFC 1928, 1929, 1961
OSI 계층	Layer 2	Layer 2	Layer 3	Layer 5
작동 모드	클라이언트 / 서버	클라이언트 / 서버	Peer-to-Peer	클라이언트 / 서버
지원하는 상위 프로토콜들	IP, IPX, NetBEUI, AppleTalk, etc.	P, IPX, NetBEUI, AppleTalk, etc.	IP	TCP, UDP / IP
터널 서비스	접속당 단일 PPP 터널	접속당 단일 PPP 터널	SA(Security Association)에 기반한 다중 터널	각 세션에 대해서 별도의 터널
사용자 인증	PAP / CHAP	PAP / CHAP	없음	제공됨
데이터 암호 / 인증	없음(PPP에 의한 암호화)	없음(PPP에 의한 암호화)(IPsec으로 보호할 것을 권고함)	각 패킷에 대해서 AH / ESP에 의해서 암호와 / 인증 제공	GSS-API를 이용해서 메시지마다 암호화 / 인증
키 관리	없음	없음	ISAKMP / IKE	GSS-API / SSL
접근 제어	없음	없음	패킷 필터링	패킷 / 콘텐트 필터링, 프록시
기장 잘 적용되는 분야	원격 접속	원격 접속	랜-대-랜(Lan-to-Loan)인트라넷	익스트라넷

4) 터널링 기술상의 VPN 종류

(1) IPSec VPN

구 분	주요 내용
개념	– IP 프로토콜의 일부인 IPSec 프로토콜을 이용하여 VPN을 구현 – 전용 VPN 장비 기반 기술
동작계층	– 네트워크 계층(3계층)
구성방법	– 랜투랜 VPN(Site-to-Site, 혹은 Gateway-to-Gateway) – 원격접속 VPN(Site-to-Remote, 혹은 Gateway-to-Remote)
적합한 환경	– 일반적인 본사-지사 간 VPN 환경 – C/S 기반 애플리케이션 운영
표준	– RFC 2401
장점	– 보안수준과 암호화 기능 뛰어남(높은 보안 수준 유지 가능) – 다양한 환경에 적용, 고객이 애플리케이션과 독립적으로 운영(투명성 제공) – 다양한 인터넷 접속기술 활용 가능 – 고객사 고유 정책 반영
단점	– 높은 초기 도입 비용, 각 지사 VPN 장비 필요 – 트래픽 제어 및 QoS 기능 미약 – 지속적인 관리비용 발생, 대규모 원격 접속 환경에는 다소 부족함

(2) MPLS VPN

구 분	주요 내용
개 념	– 패킷 스위칭 기술인 MPLS 환경을 통해 VPN 구현 – 네트워크 기반 기술
동작계층	– 데이터 링크 계층(2, 3계층)
구성방법	– 랜투랜, 원격접속

구분	주요내용
적합한 환경	– 시간에 민감한 애플리케이션 운영 환경(음성, 동영상)
표 준	– RFC 2547
장 점	– 트래픽 제어 및 QoS 기능 제공, 네트워크 레벨에서 VPN 기능 제공 – 뛰어난 관리 편의성, 낮은 도입/관리 비용(장비도입 필요 없음)
단 점	– 동일 ISP 내부에서만 운영 가능, 고객사 고유정책 반영 미약 – 공중망 전송시 암호화 기능 미약함, 대역폭에 비해 고비용 구조
구 성	

(3) SSL VPN

구 분	주요 내용
개 념	– 보안 통신프로토콜인 SSL 통해 VPN 구현 – 네트워크 기반 기술
동작계층	– 전송 계층 ~ 응용 계층(4~7계층)
구성방법	– 원격접속
적합한 환경	– 다수의 원격 사용자를 가진 환경 – 웹 기반 애플리케이션 운영 환경
장 점	– 별도 장비 없이 웹브라우저만으로 VPN 구현 가능(Clientless VPN) – 뛰어난 사용성, 관리 편의성

구분	주요내용
단 점	- 적용 가능한 애플리케이션의 제한(UDP 사용 제한) - SSL 자체의 부하(핸드셰이킹 지연, 암호화 · 복호화 지연)
구 성	

[길라잡이]

- SSL VPN
- 가상 엑스트라넷(Instant Virtual Extranet)은 보안성 및 저가의 통신비라는 가상 사설망의 장점과 Thin-Client 혹은 Clientless라는 전용 엑스트라넷의 장점을 동시에 제공하는 새로운 개념의 플러그 & 플레이(Plug & Play) 형태의 네트워크 인프라스트럭처를 의미한다.
- SSL 혹은 SSL VPN은 이러한 가상 엑스트라넷을 구축하는 기반 기술이다.
- 가상 엑스트라넷을 통해 기업이나 기관은 기존의 LAN과 서버를 그대로 사용하면서 그룹 접근 제어 등을 통해 업무상 필요한 디지털화된 자원을 표준 웹 브라우저만으로 안전하게 액세스할 수 있다.

(4) Managed VPN

구 분	주요 내용
개 념	– VPN 장비를 외주사에서 관리하는 것
적합한 환경	– 별도의 전산인력 부재 환경, 관제 업무 병행 희망 고객
장 점	– 초기 장비 도입 비용 없음 – 유지보수 및 관리 비용 절감 가능
단 점	– 다소 고비용, 고객 고유의 정책 반영 힘듦 – 보안, 암호화 수준 미비 여지, 고객 정보 유출

5) VPN의 기대효과 및 활용분야

(1) VPN의 기대효과

– 공중망을 통하여 지역본부, 지점, 이동/재택 근무자 등에 대한 업무를 지원
– 시스템의 가용성, 기밀성, 무결성 등 안전한 네트워크 구성가능 및 통신비 절감
– 인터넷 트래픽의 분산을 통하여 효율적인 네트워크 운영관리 가능

(2) VPN의 활용분야

– 재택 근무자, Mobile User, Telecommuter, 본사와 지사, 지사와 지사, 협력업체
와 네트워크를 통한 Extranet 구성, 모 기업과 협력 업체 간의 연결, 동종 기업 간
의 자료 공유, 전자 상거래와 보안 등에 활용됨

[길라잡이]

구분	MPLS VPN	IPSec VPN
개요	– 네트워크 기반 기술	– 전용 VPN 장비 기반 기술
구성방법	– 2계층 VPN(MPLSL2VPN) – 3계층 VPN(MPLSL3VPN)	– 랜투랜 VPN(Site-to Site VPN) – 원격 접속VPN(Site-to Remote VPN)
장점	– 트래픽 제어 및 QoS 기능 제공 – 네트워크 레벨에서 VPN 기능 제공 – 뛰어난 관리 편의성 – 낮은 도입 / 관리비용	– 보안수준과 암호화 기능 뛰어남 – 고객사 고유의 보안정책 적용 가능 – 다양한 인터넷 접속기술 활용 가능
단점	– 동일 ISP 내부에서만 운영 가능 – 공중망 전송시 암호화 기능 미약함 – 고비용 구조와 낮은 대역폭	– 높은 초기 도입비용 – 트래픽 제어 및 QoS 기능 미약 – 기속적인 관리비용 발생

::도우미 임기술사

[설명]

공중망에 보안과 QoS를 제공하여 사설망처럼 사용할 수 있도록 하는 안전성을 보장하는 네트워크서비스를 VPN이라고 한다. VPN의 보안요소로 암호화, 인증, 터널링 기법, QoS가 있는데, 암호하는 세션마다 일정한 암호화가 임의적으로 지행되어야 하므로, 키의 단순화 및 변경방법과 자동적인 키 관리가 필요하다. 인증은 송신자의 신분확인 및 해당 네트워크 접근 권한을 부여하는 과정이고, 터널링 기법은 연결 중인 접속이 회선에서 유일한 통로처럼 보이도록 지원하며, QoS를 통하여 속도지연, Jitter 등을 통하여 네트워크상의 데이터 품질을 보장할 수 있다.

VPN은 접속범위에 따라 Remote Access VPN, Site-to-Site 방식인 Extranet VPN과 Intranet VPN으로 분류하고, 구현방법에 따라 전용시스템 방식, 라우터 방식, 방화벽 방식으로 구분한다. 전용시스템 방식은 VPN 전용시스템을 구현하여 보안이 필요한 곳에 독립적으로 제품을 설치하는 방법으로, 대역폭에 맞는 시스템 설치 및 확장이 가능하나, 장비구입에 대한 비용부담이 있다. 라우터방식은 라우터에 가상사설망 기능을 부가하는 방식으로, VPN이 지원되는 라우터를 보유하고 있는 ISP의 경우 추가비용 없이 서비스가 제공하나, 라우터의 기능에 의존해야해 비밀정보 누출의 위험성이 존재한다. 기존의 방화벽에 VPN 기능을 부가하는 방화벽 방식은 보안 통합솔루션에 부가기능으로 추가되어 비용부담이 적으나, 트래픽에 집중되는 방화벽에 VPN까지 추가하게 되어 병목현상이 가중되는 문제가 있다.

터널링 기법을 위한 터널링 프로토콜로는 PPTP, L2TP, L2F, IPSec 등이 있는데, PPTP는 접속당 단일 PPP터널 서비스를 제공하고, 데이터 암호화나 키관리 및 접근제어 등의 기능은 없으며 원격접속에 주로 사용되는 프로토콜이다. L2TP는 접속당 다중 PPP 터널 서비스를 제공하고 PPTP와 마찬가지로 데이터 암호 및 인증, 키관리, 접근제어 등의 기능이 없다. IPSec은 경우에는 보안접근(SA)에 기반한 다중터널로, 각 패킷에 대하여 AH/ESP에 의한 암호화 및 인증을 제공하고 키 관리 및 접근제어 등의 기능이 있다.

터널링 기술을 기반으로 VPN을 분류하면, IPSec VPN, MPLS VPN, SSL VPN, Managed VPN으로 구분된다.

IPSec VPN은 전용 VPN 장비 기반기술로 IPSec프로토콜을 이용하여 VPN을 구현하며, 네트워크 계층에서 Site-to-Site 및 원격접속 VPN으로 구성하며, 보안수준이 높고 보안수준유지가 가능하다.

MPLS VPN은 네트워크 기반기술로 패킷 스위칭 기술인 MPLS환경을 통해 데이터링크 계층에서 VPN을 구현하고, 랜투랜 및 원격접속을 통해 구성가능하며, 트래픽제어 및

QoS기능 제공과 관리가 편리하다는 장점이 있다. SSL VPN은 전송계층부터 응용계층에 걸친 네트워크 기반기술로 보안 통신 프로토콜인 SSL을 통해 VPN을 구현하고, 원격접속을 통해 별도의 장비없이 웹브라우저만으로 구현이 가능하여 사용 및 관리가 편리하다. Managed VPN은 VPN장비를 외주사에서 관리하여 초기장비 도입 비용 및 유지보수와 관리비용 절감의 효과가 있다.

　　VPN을 도입하면 공중망을 통해 지역본부, 지점, 이동/재택 근무자 등에 대한 업무지원과 시스템의 안전한 네트워크 구성과 통신비용 절감의 효과가 있으며, 인터넷 트래픽 분산을 통해 효율적 네트워크 운영관리가 가능하다.

[키워드]
- 공중망 수준의 보안 및 QoS를 제공, 암호화, 인증, 터널링 기법
- 접속범위에 따른 분류: Remote Access, Extranet VPN, Intranet VPN
- 구현방법에 따른 분류: 전용시스템 방식, 라우터 방식, 방화벽 방식
- VPN 터널링 프로토콜: PPTP, L2TP, IPSec, SOCKS v5
- 터널링 기술상 VPN종류: IPSec VPN, MPLS VPN, SSL VPN, SSL VPN, Managed VPN
- 기대효과: 공중망 통해 안전한 지역본부, 지점 간 업무지원, 안전한 네트워크 구성 및 통신비 절감, 효율적인 네트워크 운영관리

[기출문제]
23) 65,71,77,80회 조직응용, 66회 정보관리: VPN

[예상문제]

- 1교시형

1) 터널링 기술

- 2교시형

1) MPLS-VPN, SSL-VPN, IPSEC-VPN을 설명하시오.

답안제시

[작성] 80회 조직응용기술사

문제〉 VPN

답〉

1. 가상선을 이용한 비용절감 VPN 개요

가. VPN(Virtual Private Network)의 정의

– 패킷기반망에 속한 두 종단 사이의 가상적인 보안 라인으로 관리의 편의성 및 비용절감을 가능케 하는 통신 기법

나. VPN의 특징

  – 구성 편의성: 논리적 연결이므로 생성 • 제거 • 관리 편의

  – 비용 절감: 전용선 비용 대체, 관리 비용 절감

  – 보안성: 인증 및 암호화(헤더, Payload) 제공

2. VPN의 주요 기술과 VPN 방식의 비교

가. VPN의 주요 기술

  1) 터널링(Tunneling): 두 종단 사이의 보안 가상 구간(IPSec, L2TP, PPTP)

  2) 암호화(Encryption): 패킷 및 헤더 암호화(DES, AES, BlowFish)

  3) 인증(Authentication): 사용자인증 및 데이터 인증(AH, MAC)

  4) QoS: SLA를 통한 대역폭 협약 및 보장(RSVP)

282 정보처리기술사 보안 3.0

나. IPSec VPN, SSL VPN, MPLS VPN의 비교

구 분	IPSec VPN	SSL VPN	MPLS VPN
특 징	– IPSec 이용 터널링	– SSL 통해 암호화, 인증	– MPLS 태그 통해 가상연결
장 점	– 많이 사용됨, 저렴 – 대부분의 장비에서 지원, 표준화	– 전용 클라이언트 불필요 – 웹에서 지원	– 빠른 속도(태그, 2Layer) – 광대역망에서 제공됨
단 점	– 전용 클라이언트 필요	– 속도 느림(4Layer 이상)	– 장비 가격 고가 – ISP만 적용가능

3. VPN의 기대효과 및 고려사항
가. 변화하는 기업의 경영환경과 IT의 격차를 줄일 수 있는 기본 인프라로 활용됨
나. 구축비, 운영비, 관리비 같은 경제성과 기업목적 부합여부등의 비즈니스 측면, 기 시스템 호환 및 유지보수성 등의 기술적 측면을 모두 고려 해야 함

"끝"

10 L4/L7 스위치

1) L4/L7 스위치의 개념과 주요기능

L2 스위치	– L3 MAC 정보를 기반으로 트래픽을 스위칭 (패킷을 분류, 패킷 경로를 결정, 패킷을 전달)
L3 스위치	– L2 + L3 IP 헤더 정보를 기반으로 트래픽을 스위칭
다단계(L4, L7) 스위치	– L4 ~ L7까지의 콘텐츠 내용정보를 기반으로 트래픽을 스위칭

주요 기능	설 명
서버 로드 밸런싱 기능	– 여러 서버(웹서버, 파일서버, 메일서버)로의 접속에 대한 부하 분산 – 서버의 성능 및 안정성 향상
캐시 리다이렉션 기능	– CDS(Contents Delivery System) 등에서 사용하는 캐쉬 리다이렉션 지원 – 사용자는 캐시 서버가 어디 위치하는지 몰라도(위치 투명성 제공) L4/L7 스위치가 알아서 URL을 알맞은 캐시 서버로 리다이렉션 함
방화벽/ VPN 로드 밸런싱	– 여러 개의 방화벽, VPN으로 구성된 구조에서 해당 장비의 로드에 따라 수신 패킷량을 조절함
패킷 미러링/ 패킷 필터링	– 패킷 미러링: 스위칭 대상이 되는 패킷을 복사 하여 다른 경로로 전송함, 주로 패킷 분석을 하거나(포탈 등의 사용자 접속 행태 분석), IDS 등의 침입 탐지 소스 데이터로 활용 – 패킷 필터링: 패킷 헤더 + 패킷 내용 분석을 통해 룰에 매칭되는 패킷을 DROP/PASS 함, 일반 방화벽의 Layer 2, 3의 단순 헤더 분석을 통한 패킷 필터링보다 효과적이며 보안강도가 높음, 하지만 내용까지 분석하므로 효율성 떨어짐
보안 기능	– 바이러스 탐지, 대응 기능: 패킷 내용을 분석 하므로 바이러스 패턴에 맞는 일련의 패킷들을 탐지 할 수 있음 – 웜 탐지, 대응 기능: 웜 패턴에 맞는 패킷 탐지 가능

::도우미 임기술사

[설명]

L2 스위치는 MAC 정보를 기반으로 패킷분류 및 패킷경로를 결정하여 패킷을 전달하

여 트래픽을 스위칭하고, L3스 위치는 헤더 정보를 기반으로 트래픽을 스위칭하는 것이며, 다단계 스위치(L4~L7)는 콘텐츠 내용 정보를 기반으로 트래픽을 스위칭 하는 것이다. L4/L7 스위치는 웹서버 및 파일서버 등 여러 서버로의 접속에 대한 부하분산과 서버의 성능 및 안정성 향상을 지원하는 서버로드 밸런싱 기능, CDS 등에서 제공하는 URL에 맞는 캐시 서버로 리다이렉션하는 기능, 여러 개의 방화벽이나 VPN으로 구성된 구조에서 해당 장비의 로드에 따라 수신패킷량을 조절하는 방화벽/VPN 로드밸런싱 기능, 스위칭 대상이 되는 패킷을 복사하여 다른 경로로 전송하는 패킷 미러링과 패킷을 분석하여 패킷을 필터링 하는 기능, 바이러스 및 웜 탐지와 대응이 가능한 보안기능이 있다.

[키워드]

– L4/L7 스위치: 콘텐츠 내용 정보를 기반으로 트래픽을 스위칭
– 기능: 서버 로드밸런싱, 캐시 리다이렉션, 방화벽/VPN 로드밸런싱, 패킷미러링/패킷필터링, 보안

[기출문제]

24) 72회 조직응용: L7, 75회 조직응용: L4

STEP 7

시스템 보안방안

1 Secure OS

1) 안전한 시스템을 보장하는 Secure OS의 개요

(1) Secure OS의 개념 및 기존 보안시스템의 한계

- Secure OS의 개념: 컴퓨터 운영체제상에 내재된 보안상의 결함으로 발생 가능한 각
  종 해킹으로부터 시스템을 보호하기 위하여 기존의 운영체제 내에 보안기능 통합시
  킨 보안커널을 추가로 이식한 운영체제
- 보안시스템 한계(결함): 애플리케이션 수준보안시스템의 버그, 알려진 공격만 탐지
  하는 IDS의 구조적 보안 결점

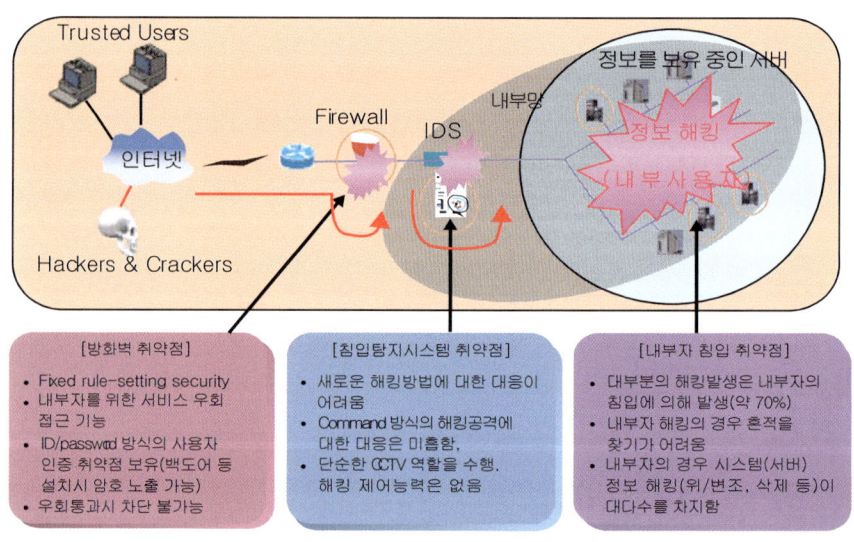

[방화벽 취약점]
- Fixed rule-setting security
- 내부자를 위한 서비스 우회
  접근 기능
- ID/passwd 방식의 사용자
  인증 취약점 보유(백도어 등
  설치시 암호 노출 가능)
- 우회통과시 차단 불가능

[침입탐지시스템 취약점]
- 새로운 해킹방법에 대한 대응이
  어려움
- Command 방식의 해킹공격에
  대한 대응은 미흡함.
- 단순한 CCTV 역할을 수행,
  해킹 제어능력은 없음

[내부자 침입 취약점]
- 대부분의 해킹발생은 내부자의
  침입에 의해 발생(약 70%)
- 내부자 해킹의 경우 흔적을
  찾기가 어려움
- 내부자의 경우 시스템(서버)
  정보 해킹(위/변조, 삭제 등)이
  대다수를 차지함

(2) Secure OS의 필요성

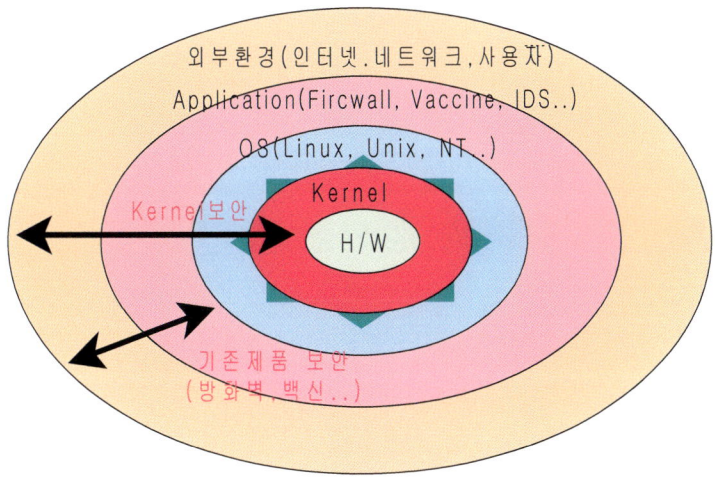

외부환경(인터넷.네트워크,사용자)
Application(Fircwall, Vaccine, IDS..)
OS(Linux, Unix, NT..)
Kernel보안
Kernel
H/W
기존제품 보안
(방화벽, 백신..)

(3) Secure OS의 필수 보안기능 요소

보안 요소	세부 요소
식별 및 인증	– 시스템 사용 인식, 인증(사용자 신분 유일성 보장)
접근제어	– 임의적 접근통제(DAC), 강제적 접근통제(MAC) 기반, RBAC – 안전한 중재 및 조정, 자원(객체) 재사용 제한
감사	– 감사기록 및 감사 기록 축소
시스템 관리	– 침입탐지, 안전한 경로

2) Secure OS의 보안 커널과 참조 모니터

(1) Secure OS의 보안커널(Secure Kernel)

	보안커널	보안커널 구조
개념	– 참조모니터 개념을 정의한 TCB(Trusted Computing Base)의 하드웨어, 펌웨어, 소프트웨어 요소 – 시스템 자원에 대한 접근을 통제하기 위한 기본적 보안절차 구현한 컴퓨터 중심부	
기능	– 보안경계 내 모든 주체, 객체 통제 – 프로세스, 파일시스템, 메모리관리, I/O를 위한 자원 제공	

(2) 참조 모니터(Reference Monitor)

– 참조 모니터 개념
- 객체에 대한 접근 통제 기능을 수행하는 보안 커널의 핵심요소
- 감사, 식별 및 인증, 보안 매개변수 설정등과 같은 다른 보안 메커니즘과 데이터를 교환하면서 상호 작용 수행

– 참조 모니터의 주요 특징
- 부정행위 방지 및 항상 호출 가능 원칙
- 분석과 시험 용이 목적의 소형화
- 보안커널 데이터베이스(SKDB) 참조하여 객체 접근 허가 여부 결정

(3) Secure OS에서의 보안 커널과 참조모니터

보호 대상	Kernel Layer	Application Layer

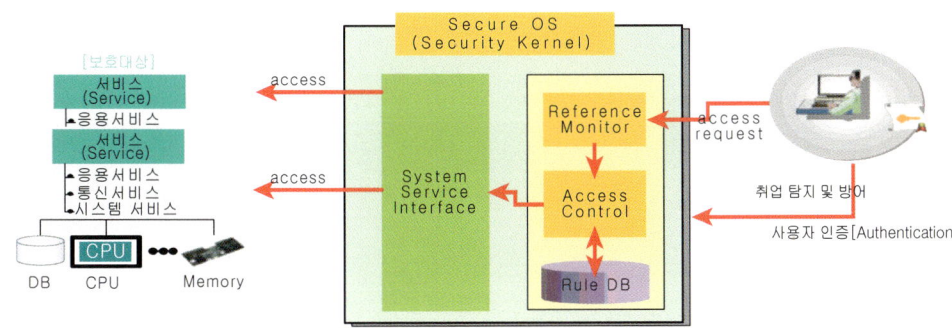

3) Secure OS의 제작방법

(1) Secure OS 제작시 설계원리

구 분	설계 원리
권한 부분	최소권한, 접근권한, 권한분리
실계 메커니즘	모호 메커니즘의 싱세성, 개망형 설계, 최소 공통 메커니즘
사용 부분	완전한 중재 및 조정, 사용 용이성

(2) Secure OS 제작 방법

- 제작 방안
- 전통적 운영체제 설계 개념 사용, 일반 운영체제에 내재된 보안 문제점 해결 위한 설계
- 민감한 오퍼레이션을 안쪽에 배치하여 안전성을 높이는 계층형 설계 방식

- Secure OS 제작 방법 분류

동일한 운영체제	호환 운영체제	새로운 운영체제
응용 ISOS인터페이스 ISOS H/W 인터페이스 커널 H/W 인터페이스 하드웨어	응용 ISOS인터페이스 ISOS 에뮬레이터 커널 H/W 인터페이스 하드웨어	새로운 응용 SOS인터페이스 SOS 커널 H/W 인터페이스 하드웨어
- 실행코드의 호환성 제공 - 기존 응용 대체	- 기존 ISOS 재설계 - 기존 모든 응용 지원	- 커널과 운영체제 새롭게 설계 - ISOS와 응용에 제약 없게 함

(3) Secure OS 제작시 고려 사항

고려 사항	주요 내용
보안 커널에서의 보안 함수 분리	운영체제 및 사용자 보호 목적, 객체 접근 시 보안 커널 통과 유도
참견의 회피	악의적, 우연한 간섭으로부터 프로세스 수행 영향을 막음

고려 사항	주요 내용
우회경로 회피	보안정책 강제 적용(우회 회피 관리 목적 설계)
보증제공	시스템 안전 증거 제공
하드웨어 메커니즘	메모리 보호, 안전 I/O 오퍼레이션 제공
복잡도 최소화	보안 커널 최소화, 경량화
결함 허용(Fault Tolerance)	결함(침해) 후에도 시스템 영속성 보장

4) Secure OS의 보안 참조모델(Reference Model)

(1) Secure OS 보안 정책에 따른 보안 모델

Policy	DAC	MAC	RBAC
Model	HRU	BLP, Biba	RBAC
Mechanisms	Matrix, Capability, ACL	Label, Level, Category	Role, SSD/DSD

(2) 보안 모델 종류

- BLP(Bell & Lapadula): 엄격한 기밀성 통제 보안모델, DAC/MAC 요소 포함, 주체/객체에 비밀등급 부여
- Biba: 무결성 정책 시원 보안모델, 주체 및 객체에 무결성 등급 부여(불법 수성방지 통제)
- Clark-Wilson 모델: 실행 가능한 프로그램에 의해 통제
- Lattice 보안모델: 불법정보흐름 방지, 주체 및 객체에게 보안클래스 부여, 정보 흐름 통제

[설명]

Secure OS는 컴퓨터 운영체제상에 내재된 보안상의 결함으로 발생할 수 있는 각종 침입으로부터 시스템을 보호하기 위해 기존 운영체제 내에 보안기능이 통합된 보안커널을 추가로 이식한 운영체제이다. Secure OS는 애플리케이션 수준의 보안시스템 버그, 내부자를 위한 서비스 우회 접근이 가능하고 ID/Password 방식의 사용자 인증 취약점을 보유하고 있으며 우회통과시 차단이 불가능한 방화벽의 취약점, 새로운 해킹방법에 대한 대응이 어렵고 해킹제어 능력이 없는 침입탐지시스템의 취약점, 흔적을 찾기가 어렵고 대부분의 해킹발생의 경우인 내부자 침입의 취약점 등을 보완하기 위해 필요한 보안방안이다.

Secure OS의 보안기능 요소는 시스템 사용 인식과 사용자의 식별 및 인증, 접근제어, 감사, 침입탐지 및 안전한경로를 제공하는 시스템 관리 등이다. Secure OS는 보안커널 내에 객체에 대한 접근통제에 관여하는 참조모니터를 이용하여 사용자 인증 및 접근제어와 침입탐지 및 방어를 수행한다.

보안커널은 참조모니터 개념을 정의한 Trusted Computing Base의 하드웨어, 펌웨어, 소프트웨어 요소로, 시스템 자원에 대한 접근통제용으로 기본적인 보안절차를 구현한 컴퓨터의 중심부이다. 주요기능은 보안경계 내의 모든 주체 및 객체를 통제하고, 프로세스 및 파일시스템과 메모리관리, I/O를 위한 자원을 제공하는 것이다. 참조모니터는 감사, 식별 및 인증, 보안 매개변수 설정 등의 보안 메커니즘과 데이터 교환을 통하여 객체에 대한 접근통제 기능을 수행하는 보안커널의 핵심요소로, 부정행위 방지 및 항상 호출이 가능해야하며, 분석과 시험이 용이하도록 소형화되어 있고, 보안커널 데이터베이스를 참조하여 객체 접근허가 여부를 결정한다.

Secure OS를 구축하기 위해서는 권한, 설계 메커니즘, 사용부분에 대한 설계원리가 필요한데, 최소권한, 접근권한, 권한분리를 고려한 권한설계, 보호 메커니즘의 경제성 및 개방형 설계, 최소 공통 메커니즘을 고려한 설계 메커니즘, 완전한 중재 및 조장과 사용 용이성을 고려한 사용부분을 고려해야 한다. Secure OS제작은 전통적 운영체제 개념을 사용하여 일반 운영체제에 내재된 보안 문제점 해결을 위해 설계하고, 민감한 오퍼레이션을 안쪽에 배치하여 안정성을 높이는 계층형 방식으로 제작해야 한다. 제작방법은 실행코드의 호환성이 제공되고 기존 응용에 대한 대체가 가능한 동일한 운영체제 사용방법, 기존 운영체제를 재설계하여 기존 모든 응용을 지원하는 호환운영 체제를 사용하는 방법, 커널과 운영체제를 새롭게 설계하는 방법이 있다. Secure OS제작시에는 보안커널에서 보안함수를 분리하고, 참견 및 우회경로 회피, 보증제공, 하드웨어 메커니즘, 복잡도 최소화, 결함 허용 등을 고려하여야 한다.

Secure OS의 보안정책에 따른 보안 모델은 접근통제 모델인 DAC, MAC〈 RBAC에 따라 구분할 수 있는데, 대표적으로 MAC 규칙을 따르는 BLP와 Biba가 있다. BLP는 기밀성 통제 보안 모델로, DAC와 MAC의 요소가 포함되어 주체 및 객체에 비밀등급을 부여하는 보안모델이고, Biba는 무결성정책을 지원하는 보안모델로 주체 및 객체에 무결성 등급을 부여하여 불법 수정방지를 통제한다.

[키워드]
- 보안기능을 통한시킨 보안커널을 운영체제 내에 추가로 이식
- 방화벽 취약점: 고정된 규칙기반 보안, 내부자 서비스 후회접근가능, 우회통과시 차단불가
- 침입탐지 취약점: 새로운 해킹방법 대응 어려움, 해킹제어 능력 없음, Command 방식 해킹대응 미흡
- 내부자 침입 취약점: 대부분의 해킹발생 사례, 흔적 찾기 어려움, 정보해킹이 대부분

- 필수보안기능요소: 식별 및 인증, 접근제어, 감사, 시스템 관리
- 보안커널: 시스템 자원에 대한 접근 통제를 위한 기본적 보안절차를 구현한 컴퓨터의 중심부
- 참조 모니터: 객체에 대한 접근통제 기능을 수행하는 보안커널의 핵심요소
- Secure OS제작 설계원리: 권한, 설계메커니즘, 사용 부분 고려
- Secure OS제작 방법: 동일한 운영체제, 호환 운영체제, 새로운 운영체제 사용
- 제작시 고려사항: 보안커널에서 보안함수 분리, 참견 회피, 우회경로 회피, 보증제공, 하드웨어
- 메커니즘, 복잡도 최소화, Fault Tolerance

[기출문제]

25) 81회 조직응용: Secure OS

답안제시

문제〉Secure OS
답〉
1. 능동형 정보보호 시스템 Secure OS
가. Secure OS의 정의
  - OS상에 내재된 보안상의 결함으로 각종 해킹으로부터 시스템을 보호하기위해 OS 내에 보안커널을 이식한 운영체제
나. 기존 보안 솔루션의 한계
  - Firewall: 방화벽의 우회침투 문제, 내부침입에 대한 대응 부재
  - IDS: 알려진 유형만 탐지 가능하고 대응 불가함
  - L7: 침입차단은 가능하지만 대응은 불가함

2. Secure OS의 기능 및 IIIDS와 비교

가. Secure OS의 기능

기 능	내 용
식별 및 인증	– 정당한 사용자여부 신원확인
접근통제	– MAC : OS에 의해 정해진 엄격한 규칙으로 강제적 접근통제 – DAC : 합법적으로 부여된 재량권내에서 임의 접근통제
침입탐지	– 정상패턴을 분석하고, 비정상 패턴 발생시 경보제공
객체재사용방지	– 메모리에 남아 있는 이전 사용자의 정보를 깨끗이 제거
감사 및 감사기록축소	– 보안 관련 발생 이벤트 기록, 감사기록 보호 – 막대한 양의 감사기록 분석 및 압축보관

나. Secure OS와 HIDS(Host IDS) 비교

구 분	Secure OS	HIDS
공통점	서버기반 보안 솔루션	
주역할	권한제어 및 시스템보호	침입탐지
권한 설정	사용자별 접근통제가능	사용자별 권한통제 불가
공격 탐지 방법	API Call, 패턴분석	알려진 패턴만 탐지

3. Secure OS의 현황
– 보안사고의 70~80%가 운영체제 및 응용프로그램의 취약점에서 발생함
– 미확인 공격방어 및 시스템 내부자원접근 통제의 필요성이 더욱 증가함에 따라 활용이 보편화될 것임
– Secure OS 기능확대 및 타 솔루션과의 연동을 통한 사전예방 단계 구축 사례가 증가

"끝"

2 UTM

1) 통합 보안 관리를 위한 UTM System의 개요

(1) UTM(United Threat Management) System의 개념

– 다양한 보안 솔루션 기능을 하나로 통합하여 보안 문제를 쉽고 편리하게 관리 및 해
  결하는 통합 보안 관리 시스템

(2) UTM이 주목 받는 이유

– 다양한 보안 솔루션 도입 및 효율적 운용을 위한 비용, 시간, 물리적 공간, 인력 확
  보 등의 어려움 해결 필요
– 시장 및 보안 기술의 변화에 따른 강력한 통합 보안 관리 제품 요구 증대

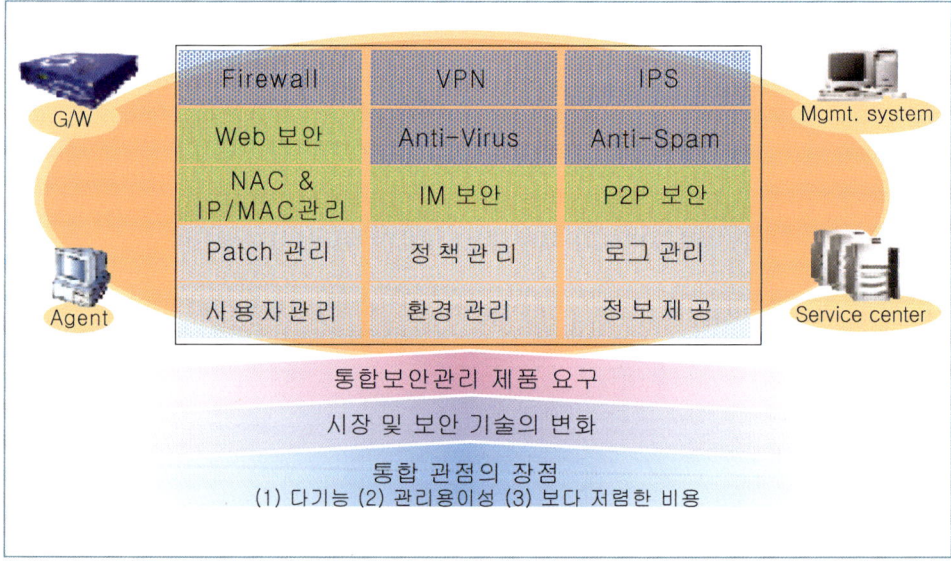

[길라잡이]

- 해킹기법의 다양화와 서비스 가용성에 대한 위협증대, 유해트래픽 폭증으로 공격기법이 진화되고 있고, 다양한 공격 패러다임은 단시간 내 복합화된 악성 공격형태로 변화하는 등 보안위협이 진화되고 있음
- 기업과 기관의 정보자산 보호를 위하여 주요 보안솔루션인 방화벽, VPN, IPS, 네트워크 접속 관리, 기타 보안 콘텐츠 제품 등이 구축되어 단순 기능에서 복합기능으로, 그리고 능동 감지형 보안제품으로 보안솔루션의 진화가 진행되고 있음
- 다양한 보안 위협과 이를 위한 보안솔루션의 다양화 및 복잡화로, 보안사고에 대한 신속한 대응과 예방 및 효율적 보안관리를 위하여 기존 보안제품들을 통합하여 다기능을 제공하는 UTM System이 주목 받고 있음
- UTM System은 게이트웨이, 관리시스템, 서비스 센트로 구성되어 있고 주요기능으로 보안기능과 관리기능이 있음
- UTM System의 다기능 보안으로 Firewall, VPN, IPS, Anti-Virus, Anti-Spam, Web 보안, NAC & IP/MAC 관리, P2P 보안 등 기능이 있음
- UTMSystem는 Patch관리, 정책관리, 로그관리, 사용자 관리, 환경관리, 정보제공 등의 관리적 기능을 제공함
- 웹 필터링과 NAC영역 등이 포함되면서 무결성 네트워크 환경 구성을 위한 고가용, 고신뢰성 확보를 통해 고성능 중대형 네트워크에서 효과적으로 활용되는 등 다양한 통합 보안 방안이 이슈화 되고 있음

2) UTM System의 주요 특징 및 구성

(1) UTM의 주요 특징

- 다기능: 방화벽, IDS, IPS, VPN 등과 콘텐츠 필터링(안티바이러스, 유해차단 기능 포함) 등
- 통합: 주요 보안 기능 및 보안 솔루션이 하나의 장비나 솔루션(시스템)에 통합되어 제공
- 관리 용이성: 다양한 공격 및 위협에 유연한 대처 가능한 모니터링 및 설정 환경 제공

(2) UTM의 구성

구 분	상세 내용
구성 시스템	게이트웨이, PC, 관리시스템, 서비스 센터 등
보안 기능	방화벽, VPN, IPS, 웹 보안, 안티 바이러스, 안티 스팸, NAC & IP/MAC 관리, 메신저 보안, P2P 보안
관리 기능	패치 관리, 정책 관리, 로그 관리, 사용자 관리, 환경 관리, 정보 제공

3) UTM의 현황 및 전망

(1) 주요 보안 솔루션 등이 기능 중심으로 융합, 네트워크 프로세싱 유닛(NPU) 등을 채택하여 고성능 중대형 네트워크에서 효과적으로 활용되는 등 다양한 통합 보안 방안이 주목 받고 있음

(2) 웹 필터링과 네트워크 접근제어(NAC) 영역 등이 포함 되면서 무결성 네트워크 환경 구성으로 고가용, 고신뢰성 확보가 가능함

::도우미 임기술사

[설명]

UTM은 다양한 보안솔루션 기능을 하나로 통합하여 보안문제를 편리하게 관리하고 해결하는 통합 보안시스템으로, 다양한 보안 솔루션 도입 및 효율적 운영을 위한 비용, 시간, 물리적 공간, 인력확보 등의 어려움을 해결하고, 시장 및 보안기술 변화에 따른 강력한 보안관리제품에 대한 요구증대로 주목 받고 있는 시스템이다. 방화벽, IDS, IPS, VPN 등과

콘텐츠 필터링 등의 다기능, 주요 보안 기능 및 보안 솔루션의 통합, 다양한 공격 및 위협에 유연하게 대처가능한 모니터링 및 설정환경 제공으로 관리가 용이한 특징이 있다.

UTM은 게이트웨이, PC, 관리시스템, 서비스 센터인 구성시스템과 방화벽, VPN, IPS, 웹보안 등의 보안기능, 패치관리, 정책관리, 로그관리, 사용자 관리 등의 관리기능으로 구성되고, 주요 보안 솔루션 기능 중심의 융합, 네트워크 프로세싱 유닛을 채택하여 고성능 중대형 네트워크에 효과적으로 활용되는 등 다양한 통합방안으로 주목받고 있는 보안시스템이다.

[키워드]
– 다양한 보안솔루션을 하나로 통합
– 다기능, 통합, 관리의 용이성, 저렴한 비용
– 구성: 구성시스템(게이트웨이, PC등), 보안기능, 관리기능(패치관리, 정책관리, 로그관리 등)

[기출문제]
26) 83회 조직응용: UTM, 84회 정보관리: UTMS

[예상문제]
• 1 교시형
1) UTM
2) ESM

• 2교시형
1) 사이버상의 공격기법의 다양화 및 진화로 보안위협이 진화되고 있다. 이를 대응하

고 예방하기 위한 효율적인 보안솔루션 구성 및 관리방안을 논하시오.

2) 기업의 보안정책을 반영하여 지능형 통합 보안을 수행하는 통합보안관리시스템의 구성모델과 주요핵심기술을 설명하시오.

[오늘의 한마디]

- 하루 한 개의 답안작성. 작지만 가장 빠른 합격 지름길입니다. 그래서 매일 저는 회사에서 하루에 두 개씩 답안을 작성했습니다.
- 그러한 활동을 3개월을 하니, 이미 수준급에 올라와 있었습니다.

답안제시

[출처] 세리 83회 조직응용 기출 문제 풀이

문제〉

답〉

1. 통합 보안 관리를 위한 UTM System의 개요

가. UTM(Unified Threat Management) System의 개념

– 다양한 보안 솔루션 기능을 하나로 통합하여 보안 문제를 쉽고 편리하게 관리 및 해결하는 통합 보안 관리 시스템

나. UTM이 주목 받는 이유

– 다양한 보안 솔루션 도입 및 효율적 운용을 위한 비용, 시간, 물리적 공간, 인력 확보 등의 어려움 해결 필요

– 시장 및 보안 기술의 변화에 따른 강력한 통합 보안 관리 제품 요구 증대

2. UTM System의 주요 역할 및 구성

가. UTM의 주요역할

1) 다기능: 방화벽, IDS, IPS, VPN 등과 콘텐츠 필터링(안티바이러스, 유해차단 기능 포함) 등의 기능을 가짐

2) 통합: 주요 보안 기능 및 보안 솔루션이 하나의 장비나 솔루션(시스템)에 통합되어 제공

3) 관리 용이성: 다양한 공격 및 위험에 유연한 대처 가능한 모니터링 및 설정 환경 제공

나. UTM의 구성

구분	상세내용
구성시스템	게이트웨이, PC, 관리시스템, 서비스 센터 등
보안 기능	방화벽, VPN, IPS, 웹 보안, 안티 바이러스, 안티 스팸, NAC & IP/MAC 관리, 메신저 보안, P2P 보안
관리 기능	패치 관리, 정책 관리, 로그 관리, 사용자 관리, 환경 관리, 정보제공

3. UTM의 현황 및 전망

가. 주요 보안 솔루션 등이 기능 중심으로 융합, 네트워크 프로세싱 유닛(NPU)등을 채택하여 고성능 중대형 네트워크에서 효과적으로 활용되는 등 다양한 통합 보안 방안이 주복 받고 있음

나. 웹 필터링과 네트워크 접근제어(NAC)영역 등이 포함 되면서 무결성 네트워크 환경 구성으로 고가용, 고신뢰성 확보가 가능함

"끝"

3 ESM

1) ESM(Enterprise Security Management)의 개념

- IDS, 방화벽, VPN등 각종 보안 제품의 통합 관리와 개별 침입에 대한 종합적인 대응을 위해서 각 요소제품 간에 인터페이스 및 교환 메시지 포맷을 표준화 하여 모니터링, 원격 중앙관리, 대응까지 가능한 지능형 종합 보안 관리 시스템
- 기업 보안 정책을 반영하여 다종, 다수 보안 시스템을 통합관제 · 운영 · 관리 함으로써 기업보안 목적을 효율적으로 실현시킬 수 있는 통합 보안 관제 시스템

2) ESM의 필요성

• 분산 컴퓨팅 • 개방형 네트워크	• Main Franm은 다수 서버군으로 대체	• 제품표준기반의 다수 제품군 등장
• 정보시스템의 지역분산 • 인터넷 확산	• 정보시스템 증가	• 이기종 제품 증가

- IT기술의 급진전
- 해킹 기술의 진전으로 피해 급증

- ❑ 중앙 관리 및 중앙 대응의 필요성
- ❑ 장비다원화에 따른 비효율성 증대
- ❑ 체계적인 보안관리 필요
- ❑ 해킹기술의 발전으로 단순히 보안장비에서는 모든 대응 불가

[길라잡이]

구분	ESM 요구기능
확장성	- 보안제품 다양화로 인해 추가적인 확장이 안정적으로 가능한 구조 (System Architecture)를 보유
전반적인 업무지원	- 실시간 관제뿐만 아니라 운영, 관리 업무까지 보안업무를 전반적으로 지원할 수 있도록 구축
관련시스템 관리	- 보안제품뿐만 아니라 서버 및 네트워크 장비에 대해서도 관리가 가능해야 함 - 구성관리, 장애관리, 성능관리, 이력관리 기능을 제공
예방도구로 활용	- 사후 대응 기능뿐만 아니라 사전예방을 위한 도구로 활용될 수 있어야 함
보안정책 감사	- 보안제품에 부여돼 있는 정책들과 동작환경 설정내용에 대해서 일괄적으로 감사하고 적용 할 수 있어야 함
외부연계	- ISAC(Information Sharing & Analysis Center, 정보공유분석센터)와의 연계를 통해 침해사고 분석, 대응

3) ESM 구성 및 구성모델

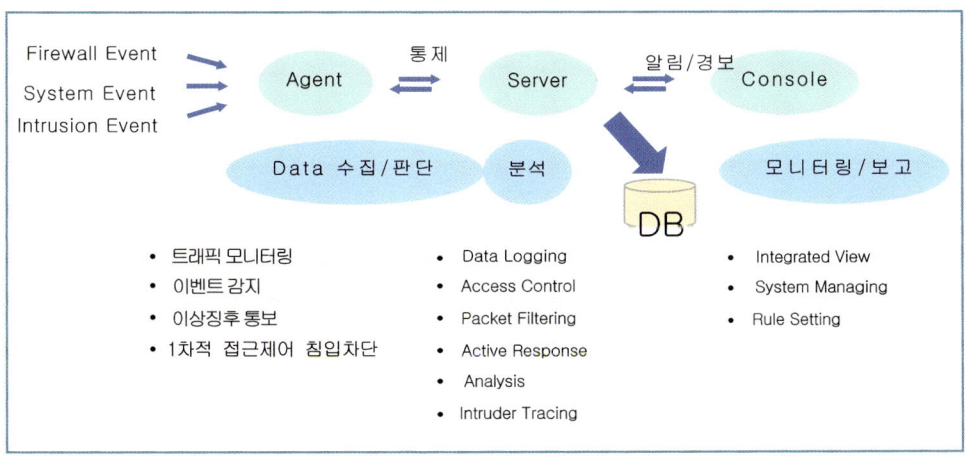

구현 모델	설 명
Hybrid Integrated Model	– 개별 보안 시스템을 하나의 서버 또는 하드웨어에 탑재한 통합 보안 시스템 – 주로 방화벽 + IDS + VPN
Interoperation Model	– 미리 정의된 프로토콜을 통해서 개별 보안 시스템간의 상호 연동 및 통합이 이루어지는 모델, ESM 프로토콜이 필요함 – OPSEC(Open Platform for Security): 방화벽, VPN, IDS 시스템을 중심으로 NMS, 안티 바이러스 시스템 등이 상호 연동 가능케 하는 프로토콜
Broker Model	– 개별 보안 시스템간 상호 연동 및 통합이 Broker를 통해 이루어짐 – 개별 보안 시스템은 자신에 탑재되는 Agent와 연동에만 집중

4) ESM 핵심기술

핵심 기술	주요 내용
Event Normalization	– 각각의 장비에서 보내오는 Event의 정규화 – Event의 수집
Analysis, Risk Classification Methology	– 각 보안 제품별 탐지 패턴 분석 – 탐지된 위험/취약점에 대한 분류 방법론 – 시스템에 따른 위험도의 설정 기준 정립
Anomaly Detection & Response	– Misuse/Anomaly Detection 방법 – 수동적, 능동적 대응
Integrated Policy Management	– 모든 보안제품에 대해 Automatic Policy Management

5) ESM 도입 효과

도입 효과	주요 내용
전체 종합적인 관리	– 각종 보안솔루션의 알람 및 로그정보를 중앙 집중화된 시스템에서 통합관제 및 관리하여 보안시스템 관리의 효율성 증대
시너지 효과	– 소수의 특정 관리인원을 할당하여 관리를 담당하게 할 수 있어 비용의 중복이나 재투자 근절, 장비운용측면에서 시너지 효과 도모

도입 효과	주요 내용
사후관리가 아닌 사전대책	– 각종 로그정보에 대한 분석 및 통합관리를 통해 사전 예방책 마련 가능 – 통계 처리 기능을 이용하여 주기적인 시스템 상태 분석 가능
신속성	– 상황에 대한 실시간 대응 가능

[길라잡이]

• ESM 관련 표준화 동향

표준화	설명
ISTF(국내)	– Internet Security Technology Forum. – 인터넷 보안기술 관련 최신 기술정보 수집, 분석, 보급 및 활용 촉진, 인터넷 보안기술 관련 국내 표준 개발 – 로그형식 표준안, 표준화된 데이터 형식 – 방화벽, IDS, VPN 로그형식 표준화 – UML 다이어그램으로 로그 데이터 모델 정의 – XML 또는 세미콜론으로 로그 구현
SAINT(국내)	–PKI, PMI, ESM 통합 보안 인프라 구축 목적
IDMEF(국제)	–IDS에서 침입탐지 결과 통보를 위한 로그 표준 – UML 다이어그램을 이용한 데이터 모델 정의 – XML을 이용한 데이터 모델 표현 –IDXP(Intrusion Detection Exchange Protocol)을 이용한 XML 경보 데이터 전송
OPSEC(국제)	– 확장 가능한 개방형 관리 프레임워크 – 네트워크 보안의 모든 측면 통합 관리 – 공개된 API를 통한 신규 응용 접속 지원 – 체크 포인트사 제안

[설명]

ESM은 각종 보안제품의 통합관리와 개별침입에 대한 대응을 위해 각 소요제품 간 인터페이스와 교환메시지 포맷을 표준화하여, 모니터링과 원격 중앙관리 및 대응이 가능한 지능형 종합 보안관리시스템이다. ESM은 장비 다원화에 따른 비효율성 증대로 체계적인 중앙집중적 보안관리의 필요에 따라 등장하였으며, 에이전트를 통하여 시스템 운영에서 발생하는 트래픽 모니터링, 이벤트 감지, 이상징후 통보, 1차적 접근제어 침입차단 등 데이터 수집과 판단을 수행하고, 서버에서는 데이터 로깅, 접근 제어, 패킷필터링, 능동적 반응 및 분석이 수행되고 관련 데이터를 저장관리 하며 에이전트를 하고 콘솔에 알린다. 그리고 콘솔을 통하여 통합적 모니터링과 시스템 관리, 규칙설정 등 모니터링 및 리포팅이 가능하다.

ESM의 구현은 Hybrid Integrated Model, Interoperation Model, Broker Model 세 가지로, 개별 보안 시스템을 하나의 서버나 하드웨어에 탑재하는 방법인 Hybrid Integrated Model은 주로 방화벽과 IDS, VPN이 통합된 형태로 구현되고, Interoperation Model은 미리 정의된 프로토콜을 통해서 개별 보안 시스템 간의 상호연동 및 통합이 이루어지는 모델로 ESM 프로토콜이 필요한 구현방법이다.

Broker Model은 Broker를 통하여 개별보안 시스템 간 상호연동 및 통합이 이루어지고, 각 보안시스템은 자신이 탑재되는 Agent와의 연동에만 집중할 수 있도록 지원하는 ESM 구현 방법이다.

ESM의 핵심기술은 Event Normalization, Analysis, Risk Classification Methology, Anomaly Detection & Response, Integrated Policy Management이다. Event Normalization은 각 장비에서 송신한 Event의 정규화를 통하여 Event를 수집하는 기술

이고, Analysis, Risk Classification Methology는 각 보안 제품별 탐지패턴을 분석하여 위험 및 취약점에 대해 분류하는 방법론으로, 시스템에 따른 위험도의 설정기준을 정립한다. Anomaly Detection & Response은 오용탐지 및 비정상 탐지 방법을 통하여 대응하는 기술이고, Integrated Policy Management은 모든 보안제품에 대한 자동 정책 관리를 수행한다.

ESM 도입시에는 중앙집중화된 시스템에서 통합관제 및 관리를 하므로 보안시스템 관리의 효율성이 증대되고, 관리에 대한 비용이나 재투자 감소와 장비운용 측면에서의 시너지효과를 기대할 수 있으며, 각종 로그정보에 대한 분석과 통합관리를 통해 사전예방책 마련 및 통계처리기능을 이용한 주기적인 시스템 상태 분석으로 상황에 대한 신속한 대응이 가능하다.

[키워드]
- 모니터링, 원격중앙관리, 침입 대응을 지원하는 지능형 종합보안관리시스템
- 구성: Agent(Data 수집, 판단), Server(분석), Console(모니터링, 보고)
- 구현모델: Hybrid Integrated Model, Interoperation Model, Broker Model
- 핵심기술: Event Normalization, Analysis, Risk Classification Methology, Anomaly Detection & Response, Integrated Policy Management
- 도입효과: 종합적인 관리, 시너지효과, 사전대책 수립, 신속한 대응

[기출문제]
27) 74, 75회 조직응용, 69회 정보관리: ESM

문제〉ESM
답〉
1. 지능형 종합 보안 관리 시스템 ESM
가. ESM(Enterprise Security Management) 정의
  - 기업 보안 정책을 반영하여 다수 보안 시스템을 통합 관제, 운영, 관리함으로써 기업 보안 목적을 효율적
    으로 실현시킬 수 있는 통합 보안 관제 시스템
나. ESM의 필요성

보안 제품의 전문화	– 네트워크 보안: 방화벽, VPN, IDS, Scanner 등
관리의 어려움	– 다양한 보안 제품, 다양한 회사
기존 보안 제품의한계성	– 방화벽의 한계성: Open Port 대응 어려움, 내부자 해킹
운영의 중요성	– 보안은 도입보다는 관리와 효과적인 운영이 더 중요함

2. ESM의 구성도 및 구성 요소
가. ESM의 구성도

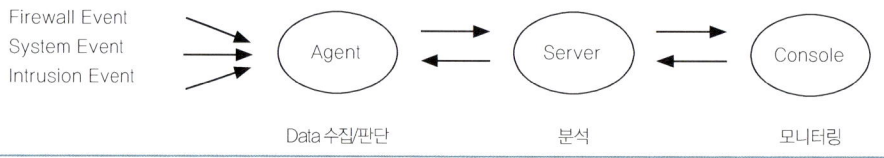

```
Firewall Event
System Event          →    ( Agent )   ⇄   ( Server )   ⇄   ( Console )
Intrusion Event       →

                        Data 수집/판단           분석              모니터링
```

나. ESM의 구성요소

구 분	내 용
ESM Agent	– 각종 보안 시스템과 서비, 네트워크 장비에서 발생하는 로그 및이벤트를 ESM Server로 전달
ESM Server	– Agent가 송신한 로그 및 Event 분석/저장 – 운영 관리 기능 제공할 수 있도록 관련 데이터 처리, 중계 역할
ESM Console	– 보안관리자들이 관제 및 운영 관리 업무를 수행할 수 있도록 사용자 인터페이스 제공

3. ESM의 주요 기능 및 고려 사항

가. ESM 주요 기능

측 면	세부 내용
정보 수집	- 통합 로그, 개발 시스템 로그 보기 - 실시간 모니터링, 이벤트 필터링
정보 가공	- 보안 시스템 위험도 판별, 역추적 기능 - 보안 현황 검색 및 출력, 리포트 및 통계 기능
자동 대응	- 방화벽, IDS 연동을 통한 차단 - 경보 및 추적 기능, 자동 대응 기능
정책 관리	- 경보 및 추적 기능, 자동 대응 기능
운영 관리	- 사용자 등급별 관리, 에이전트 등록 및 관리 - 구성관리, 성능관리, 장애관리, 이력 관리, 자산 관리 등

나. ESM 도입시 고려사항
 1) 정책 기반의 Workflow 및 관리
 2) 보안 제품과 Network 장비 간의 연동성 확인
 3) 지원되는 플랫폼, 보안 제품 확인
 4) 부작용을 최소화하고 다양한 레포팅 기능 여부 점검

4. ESM의 기대 효과 및 표준화
가. ESM 도입시 기대효과

구 분	설 명
Speed 측면	- 체계적, 효율적 정보자산 운영 관리 - 상시 감시, 사고 예방 및 조치 대응 능력 강화
Quality 측면	- 정보 보호 정책 수립 및 통제의 일관성 확보 - 일괄적 정보보호 정책 수립, 적용으로 질적 관리 능력 향상
Cost 측면	- 보안 관리 비용 절감 - 보안 업무, 보안 관리 인력 증가 억제

나. ESM 표준화
- 이벤트/로그 표준, 장비 컨트롤, 장비 간 프로토콜 표준 필요
- 인터페이스 표준화: OPSEC, LAP, SAINT

"끝"

4 PMS

1) PMS(Patch Management System)의 개요

(1) PMS의 개념

- SW에서 발견되는 오류와 보안 취약점을 보완하기 위해 SW 벤더들이 제공하는 수정용 SW(패치)를 불특정 다수의 수많은 다른 환경을 가진 대상 컴퓨터에 반영시키는 일종의 자동화 시스템

(2) PMS 주요 기능

- 고도의 지식기반 검증시스템 기술(운영체제를 패치하기 위해 특정 환경의 컴퓨터 상황을 감지 후 유효적절한 수정용 SW를 차례로 결정짓고, 반영)
- 일반 SW의 수정용 SW를 반영시킬 수 있도록 사용자 컴퓨터에 패치설치 능력을 부여하고, 신속·안정적으로 배포하는 기능
- 오작동 패치를 제거하는 롤백 기술

(3) PMS 사용 현황

- SW자체의 자동패치 기능보다 강한 관리능력과 효율적인 운용, 패치 설치 현황 등을 파악하고 이에 대한 정보활용, 신뢰성과 안전성 보장하는 광범위한 운영체제 패치 관리에 필요
- 설치 및 업데이트, 자산현황관리 등 네트워크 컴퓨팅에서 일어나는 SW의 총체적 관리에서부터 단위 네트워크에서 유지돼야 하는 보안정책의 효율적인 확장응용 관리에 이르기까지 넓은 범위에 사용됨

2) PMS의 구성 요소

구성 요소	상세 설명
Patch DB	– 패치정보와 특성을 구조적으로 체계화된 스키마 형태로 세부정보 저장
Patch Distribution Server	– 패치 관리 대상 클라이언트와 패치 배포를 위해 정의된 제어 흐름 및 자료 흐름의 통신 규약으로, 의사소통의 주체이며, Patch DB로부터 정보를 참조
Patch Manager	– Patch DB와 Patch Distribution Server를 관장 – 관리자의 콘솔 역할을 위한 인터페이스가 포함
Patch Agents	– Patch Management Part : 패치관리서버와 의사소통 – User Interface Part : End User에게 패치관련 정보 및 서버로부터의 공지 표현, 패치관련 경고 등 표시
Patch Detection & System Scanning	– 패치적용 현황과 취약점 형태 분석 – SW 설치 목록 수집으로 최적의 패치방안 판단 및 결정
Patch Test Center	– Patch DB의 신뢰성 있는 정보유지 목적 – 반자동화된 구조적시스템
Security Policy Enforcement System	– 패치배포와 설치에 관한 보안정책의 적극적 수행을 위한 사용자 피드백 관리 시스템

::도우미 임기술사

[설명]

패치관리시스템은 소프트웨어의 오류와 보완 취약점을 보완하기 위해, 소프트웨어 벤더들이 제공하는수정용 패지프로그램을 다수의 컴퓨터에 반영시키는 사동화시스템으로, 특정 환경의 컴퓨터 상황을 감지한 후 수정용 소프트웨어를 순차적으로 결정하여 반영하는 고도의 지식기반 검증기능과 사용자 컴퓨터에 패치설치 능력을 부여하여 신속하고 인정적으로 배포하는 기능, 오작동 패치를 제거하는 롤백 기능을 가지고 있다.

PMS는 소프트웨어의 자동패치 기능보다, 강한 관리능력과 효율적인 운용 및 패치 설치현황 등에 대한 파악과 정보활용, 신뢰성과 안정성을 보장하는 광범위한 운영체제 관리에 필요하고, 설치 및 업데이트, 자산관리현황 등 네트워크 컴퓨팅에서 발생하는 소프트웨어의 통합관리 및 보안정책의 효율적 응용관리 등 넓은 범위에 사용된다.

PMS의 구성요소는 패치정보와 특성을 구조적으로 체계화된 스키마 형태로 세부정보를 저장하는 Patch DB, 패치관리 대상 클라이언트와 패치배포를 위해 정의된 제어흐름 및 자료흐름의 통신규약인 Patch Distribution Server, Patch DB와 Patch Distribution Server를 관장하고 관리자의 콘솔역할을 위한 인터페이스가 포함된 Patch Manager, Patch Management Part와 User Interface Part로 구성된 Patch Agents, 패치적용현황과 취약점 형태분석 및 소프트웨어 설치 목록 수집으로 최적의 패치방안 판단 및 결정을 수행하는 Patch Detection & System Scanning, Patch DB의 신뢰성 있는 정보유지를 목적으로한 반자동화된 구조적시스템인 Patch Test Center, 패치배포와 설치에 관한 보안정책 수행을 위한 사용자 피드백관리시스템인 Security Policy Enforcement System이다.

[키워드]
– 주요기능: 고도의 지식기반 검증시스템 기술, 패치설치 능력 부여 및 배포기능, 오작동 패치제거 롤백 기능
– 구성요소: Patch DB, Patch Distribution Server, Patch Manager, Patch Agent, Patch Detection & System Scanning, Patch Test Center, Security Policy Enforcement System

[기출문제]
28) 74회 정보관리: PMS

[길라잡이]

• PMS의 서비스 개념도 및 주요기능

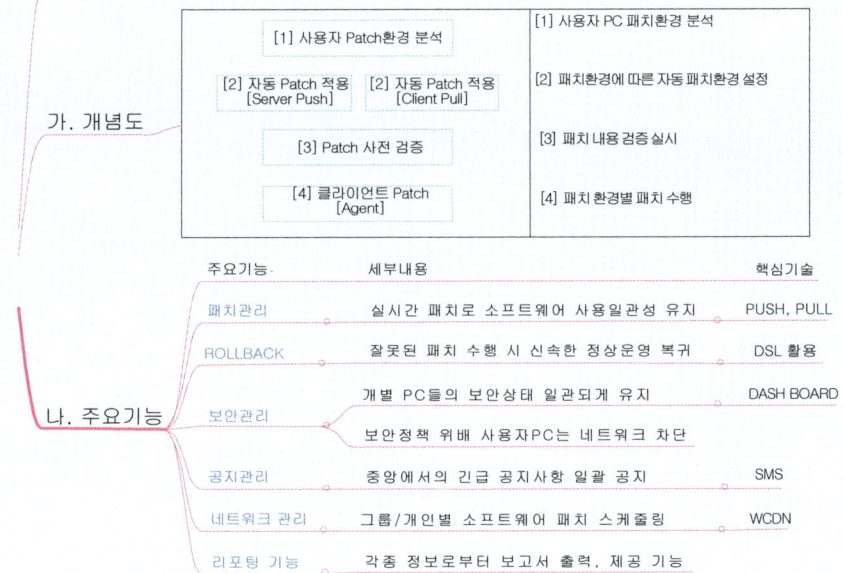

가. 개념도

[1] 사용자 Patch환경 분석	[1] 사용자 PC 패치환경 분석
[2] 자동 Patch 적용 [Server Push] [2] 자동 Patch 적용 [Client Pull]	[2] 패치환경에 따른 자동 패치환경 설정
[3] Patch 사전 검증	[3] 패치 내용 검증 실시
[4] 클라이언트 Patch [Agent]	[4] 패치 환경별 패치 수행

나. 주요기능

주요기능	세부내용	핵심기술
패치관리	실시간 패치로 소프트웨어 사용일관성 유지	PUSH, PULL
ROLLBACK	잘못된 패치 수행 시 신속한 정상운영 복귀	DSL 활용
보안관리	개별 PC들의 보안상태 일관되게 유지	DASH BOARD
	보안정책 위배 사용자PC는 네트워크 차단	
공지관리	중앙에서의 긴급 공지사항 일괄 공지	SMS
네트워크 관리	그룹/개인별 소프트웨어 패치 스케줄링	WCDN
리포팅 기능	각종 정보로부터 보고서 출력, 제공 기능	

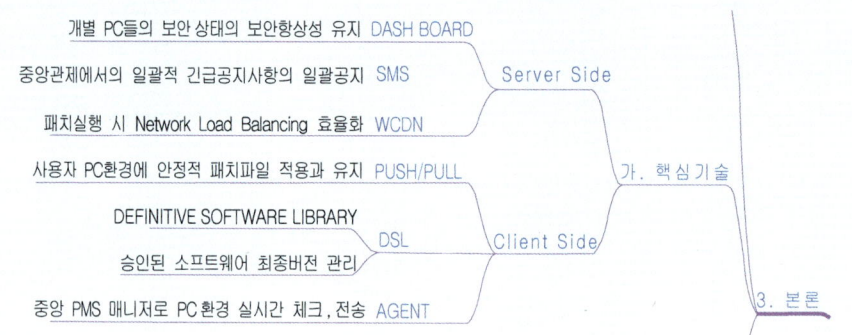

STEP 8

디지털 콘텐츠 보안

1 DRM

1) 디지털 콘텐츠의 안전하고 투명한 유통을 위한 DRM의 개요

(1) DRM(Digital Rights Management)의 개념

- 디지털 콘텐츠의 불법복제에 따른 문제를 해결하고 적법한 사용자만이 콘텐츠를 사용하도록 사용에 대한 과금을 통해 저작권자의 권리 및 이익을 보호하는 기술
- 디지털 콘텐츠 유통에 안전성, 유통성, 재사용을 지원하며 저작권자, 유통업자, 소비자에 이르는 콘텐츠 라이프 사이클에 관계된 모든 에이전트를 만족시키는 신뢰구조 제공기술

(2) DRM의 기능

- 정당한 사용권리자에게 안전한 전송 및 사용범위 내에 사용 제한 기능
- 콘텐츠 저작권자 증명 및 불법복제 유통경로 추적
- 지적 자산의 지속적 보호, 사용자 편리성, 여러 종류 콘텐츠 지원의 유연성 및 연동성 보장

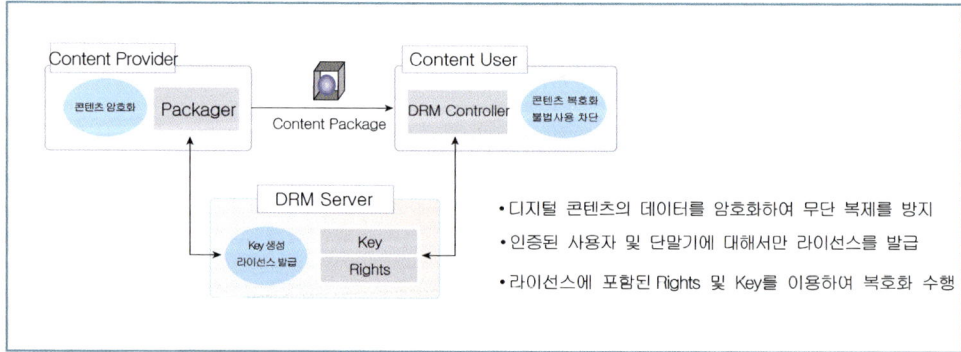

2) DRM 구성도 및 프로세스

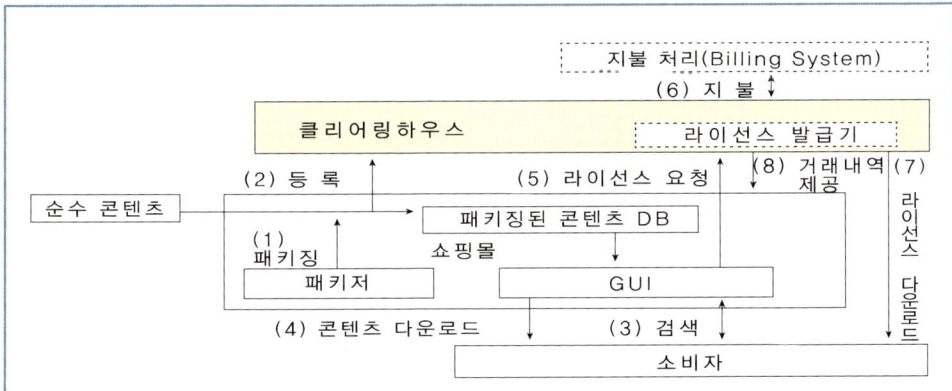

- 패키저: 순수콘텐츠에 권리관리정보(RMI Rights Management Information)을 삽입하고 암호화 하는 도구
- 클리어링하우스: 권리와 비용(Financial)에 대한 정산 처리하는 모듈
  (권리에 대한 정산처리제공, 거리인증 제공, 라이선스 발급기능, 거래내역의 투명성 보장)

프로세스	내부 내용	상세 설명
패키징	디지털 콘텐츠 암호화 과정	대칭키 암호화 시스템 사용 (저작권정보, 메타 데이터)
유통	소비자에게 분배하는 과정	비즈니스 모델에 따라 웹서버, 스트리밍 서버, DVD 등의 매체 이용
라이선스 발급 및 획득	정당한 사용자에게 라이선스를 발급하는 과정	사용자 인증, 라이선스에 콘텐츠 사용 규칙과 암호화 키 내장
콘텐츠 사용	디지털 콘텐츠 사용 과정	주어진 권한 내에서만 콘텐츠 사용가능 (에이전트 관리)

3) DRM의 핵심 기술요소 및 시스템 요구사항

(1) DRM 핵심기술요소

기술 요소	세부 기술	상세 내용
사용 규칙 제어기술	– 콘텐츠 식별체계 – 메타 데이터 – 권리표현 기술	– 콘텐츠 체계적 관리, 통제, 접근, 이용의 효율성 보장(DOI) – 콘텐츠에 대한 요약정보 표현, 표준: INDECS – 콘텐츠에 대한 권리 규칙 설정, XrML(XML기반 권리 표현 언어)
저작권 보호기술	– 암호화 – 위변조 방지 – 워터마킹	– 용량 소형화–대칭키, DRM 보안성 보장: 비대칭키 암호화 기술 이용 – Tampering 검출 시스템, Tamper-proofing 기술 – 콘텐츠 저작권 보호 기술, 유출자 추적에 활용하는 Fingerprinting

(2) DRM의 시스템 요구사항

– 지속적인 보호: 권한의 설정 및 통제
– 사용 편리성: 허용된 권리하에서는 자유롭게 콘텐츠를 사용하도록 보장(사용자 이용 편의성)
– 유연성: 여러 종류의 디지털 콘텐츠 형식을 지원하며, 다양한 비즈니스 모델과 다양한 응용 시스템과의 연동이 용이하여야 함

4) DRM의 해결과제 및 표준화 동향

(1) DRM의 해결과제

– 상용화된 DRM제품이 다양하고 DRM표준이 제정되고 있으나, 지배적 위치의 표준이 없어 호환성 문제를 해결하지 못하고 있음

- 디지털 콘텐츠, 서비스관련, 콘텐츠 제공자, 기기 제조사 들의 불편 초래
- 하나의 DRM 표준을 제정 및 선정하거나 DRM간 데이터 교환 연동 인터페이스 규정 제정 필요

(2) DRM 연동을 위한 EXIM(Export and Import)

- 상이한 DRM 시스템 간 디지털 콘텐츠의 상호연동성 보장을 위한 개방형 기술규격
- 디지털 콘텐츠의 Seamless Service를 제공할수 있는 Bridging Component

(3) DRM표준화 동향

- MPEG21, W3C DRM, SDMI(Secure Digital Music Initiative), OeBF(Open e-Book standard Forum), IETF-IDRM, CPTWG(Copy Protection Technical Working Group), DOI(Digital Object Indentifier), INDECS(Interoperability of Data in e-Commerce System)

::도우미 임기술사

[설명]

　디지털 콘텐츠의 안전한고 투명한 유통을 지원하는 DRM은 디지털 콘텐츠 유통에 안정성, 유통성, 재사용성을 지원하며, 저작권장, 유통업자, 소비자에 이르는 콘텐츠 라이프 사이클에 관계된 모든 에이전트를 만족시키는 신뢰구조 제공기술이다. 주요기능으로는 정당한 사용자에게 안전한 콘텐츠전송과 사용범위 내에 사용제한기능, 콘텐츠 저작권자 증명 및 불법유통경로 추적, 지적자산보호, 사용자 편리성, 유연성 및 연동성이 보장되어 여

러 종류의 콘텐츠 지원이 가능한 기능 등이 있다.

이를 위해, 디지털 콘텐츠 데이터를 암호화하여 무단복제를 방지하거나, 인증된 사용자 및 단말기에 대해서만 라이선스를 발급하고, 라이선스에 포함된 Rights 및 Key를 이용하여 복호화를 수행한다.

DRM 프로세스는 대칭키 암호화 시스템을 사용하여 디지털 콘텐츠를 암호화하는 패키징을 수행한 후, 비즈니스 모델에 따라 웹서버, 스트리밍 서버 등을 이용하여 소비자에게 분배하는 유통과정을 거치고 사용자 인증 및 라이선스에 대한 콘텐츠 사용규칙과 암호화 키를 내장하여 정당한 사용자에게 라이선스를 발급하고, 주어진 권한 내에서만 콘텐츠를 사용 가능하도록 지원한다.

DRM의 핵심기술요소인 사용규칙 제어기술은 콘텐츠의 체계적인 관리, 통제, 이용의 효율성을 보장하는 콘텐츠 식별체계, 콘텐츠에 대한 요약정보 표현을 위한 메타데이터, 콘텐츠에 대한 권리표현 기술 등이 세부기술이고, 저작권보호기술은 암호화, 위변조방지, 워터마킹 등의 세부기술을 가진다.

DRM을 적용할 수 있는 시스템은 권한의 설정 및 통제가 가능한 지속적 보호, 허용된 권리하에서 자유롭게 콘텐츠를 사용하도록 보장하는 사용 편리성, 여러 종류의 디지털 콘텐츠형식을 지원하며 다양한 비즈니스모델과 응용시스템과 연동이 가능해야 하는 유연성 등이 필요하다.

[키워드]
- 주요기능: 정당한 사용권리자에게 콘텐츠의 안전한 전송, 사용범위 내 사용제한 기능 콘텐츠 저작권자 증명, 불법복제 유통경로 추적, 지적자산보호
- 프로세스: 패키징(콘텐츠 암호화), 유통(소비자에게 분배), 라이선스 발급 및 획득, 콘텐츠 사용

- 핵심기술: 사용규칙 제어기술(콘텐츠 식별체계, 메타 데이터, 권리표현기술), 저작권 보호기술(암호화, 위변조방지, 워터마킹)
- 시스템 요구사항: 권한의 설정 및 통제로 지속적인 보호 필요, 사용자 이용 편의성, 여러 종류의 디지털 콘텐츠 형식 지원, 다양한 비즈니스 모델 및 응용시스템과의 연동 용이

[기출문제]

29) 68, 84회 조직응용: DRM

[예상문제]

- 1 교시형

1) Mobile DRM

2) XrML

3) Watermarking과 Fingerprint

- 2교시형

1) 디지털 콘텐츠를 보호하기 위한 Watermarking과 Fingerprint를 비교 설명하고 특징, 기능에 대하여 서술하시오.

2) 디지털 콘텐츠를 빠르고 안전하게 사용자에게 전송하기 위한 기술에는 여러 가지가 있다. 그 중에서 다음에 대해 기술적 특징과 기능에 대해 설명하시오.
   - CDN, SW 스트리밍, 멀티캐스트

[출처] 세리 84회 조직응용 기출문제 해설집

문제〉 DRM

답〉

1. 디지털 저작권 관리의 정의 및 등장배경

가. 디지털 콘텐츠의 특성
 – 복제본의 품질이 우수, 배포 용이, 최초 유통경로 파악의 어려움

나. 디지털 저작권 관리(DRM)의 정의
 – 디지털 콘텐츠의 생산, 분배, 거래/이용 규칙, 과금 등 디지털 콘텐츠의 전 생명주기를 관리
 – 암호화, 복호화, ACL, (1) Watermarking 등을 이용하여 디지털 콘텐츠를 보호하는 기술

다. 디지털 저작권 관리 기술의 등장배경

구 분	등장 배경	상세 내용
E-Biz 활성화 측면	인터넷 사용증가	인터넷을 통한 이미지, MP3, 동영상 등의 손쉬운 전송, 배포
	콘텐츠 생산증가	다양한 멀티미디어기기를 통해서 콘텐츠 생산의 활성화
	수익 창출의 어려움	음반/CD/DVD 등의 디지털 콘텐츠 관련 산업의 판매실적 저하
디지털 콘텐츠 측면	편리한 복제	손쉽게 복제가 가능하고, 원본과 복사본의 품질이 일치함
	원저작자 파악	디지털 콘텐츠의 원저작자, 원본의 식별이 어려움
	추적이 어려움	저작권 위배 시 유통 경로, 유통 조직을 식별하기 어려움

 – 안전하고 투명한 디지털 콘텐츠 유통을 위한 Framework를 제공하기 위하여 DRM 등장

2. DRM 시스템의 주요기능별 관련 기술의 특징

기 능	관련 기술	관련 기술의 상세 특징
디지털 콘텐츠 보호	암호화	(2) DES, 3DES, AES, SEED 알고리즘 이용, (3) 공개키/비공개키 분배
	ACL	콘텐츠 사용권한 설정(조회/전달/복사/인쇄/변형 권한)
	Watermarking	(4) 비인지성과 견고성이 특징으로 저작자의 정보를 삽입, 소유권 추적
	Fingerprint	Dual Watermarking, 저작자와 구매자의 정보를 동시 삽입

기능	관련 기술	관련 기술의 상세 특징
디지털 콘텐츠 관리	INDECS	전자상거래시 콘텐츠에 대한 메타데이터 제공
	DOI	Prefix와 Suffix를 이용히어 콘텐츠에 부여하는 고유의 식별체계
	MPEG21	콘텐츠의 유통, 배포를 관리하기 위한 디지털 콘텐츠 Framework
디지털 콘텐츠 배포	PKI	인증/등록기관에서 인증서 보유, 요청 시 신원 확인 후 인증서 발급
	SW Streaming	(5) RTP, RCTP, SIP, H.323 등을 이용하여 사용자에게 콘텐츠 전송
	CDN	사용자의 최단 ISP의 Cache 서버를 이용하여 안정적 콘텐츠 공급

3. DRM 시스템 구성요소 및 구성 요소별 세부기능
가. 콘텐츠 제공자(Contents Provider)
 – 저작자의 콘텐츠를 암호화와 메타데이터를 이용하여 Packager가 Secure Container 생성

구성 요소	구성 요소별 세부 기능
Metadata	– 콘텐츠 생명 주기 동안 관리되어야 할 구조 및 정보의 저장
Package	– 콘텐츠를 메타데이터와 함께 Secure Container 포맷으로 패키징 – 콘텐츠의 관리정보 입력을 위한 사용자 인터페이스 제공
Secure	– 실제 배포되는 콘텐츠로 인가되지 않은 사용자의 사용 방지
Container	– 배포 중 발생하는 위조, 변조의 위협으로부터 콘텐츠 보호

나. 콘텐츠 사용자(Contents User)
 – 콘텐츠를 온 · 오프라인 이용 다운로드 후 사용, 라이선스 획득, 클리어링 하우스로부터 인증, 대금 결제

구성 요소	구성 요소별 세부 기능
DRM Controller	– 사용권한, 이용조건에 따라 콘텐츠를 사용할 수 있도록 기능 통제 – 콘텐츠 복호화, 외부 시스템과의 메시지 통신
License	– 콘텐츠의 권리 인증서로서 사용자의 콘텐츠 이용 권한을 확인
Rendering Application	– 사용자가 콘텐츠를 이용할 수 있도록 해주는 응용 프로그램

다. 클리어링 하우스(Clearing House)
  – 콘텐츠 사용자에게 정책에 따른 사용권한 결정
  – 부여된 사용권한에 따라 라이선스 발급 및 사용내역 관리

4. DRM 시스템의 요구사항 및 기대효과
가. DRM 시스템의 요구사항
  1) 지속적 보호: DRM 시스템의 가장 기본적이며 중요한 기능으로 악의적 사용자 공격 차단
  2) 사용 편리성: DRM 시스템이 콘텐츠 보호를 목적으로 사용자에게 불편을 초래해서는 안 됨
  3) 유연성: 다양한 디지털 콘텐츠 형식을 지원, 다양한 디바이스에서 콘텐츠 보호가 가능해야 함
  4) 표준 준수: XML, (6) XrML, (7) SDMI 등의 표준에 따라 작동해야 하며 메타 데이터 간 상호연동
     이 필요함
나. DRM 시스템 활성화로 인한 기대효과
  1) 경제적 효과: 콘텐츠 생산자 및 저작권자를 불법복제로부터 보호하여 콘텐츠 관련 산업 발전
  2) 안전한 유통: 고품질의 디지털 콘텐츠가 온라인 상에서 제한 없이 배포, 투명한 유통질서 확립
  3) 소비의 증가: 디지털 콘텐츠의 신뢰성 증가하여 자유로운 콘텐츠 사용

"끝"

[용어설명]

(1) Watermarking : 디지털 정보에 사람이 인지할 수 없는 마크를 삽입하여 디지털 콘텐츠에 대한 소유권을 추적할 수 있는 정보은닉기술로 Steganography 기법 중 하나이며 오디오, 비디오, 이미지 등의 디지털 데이터에 삽입되는 또 다른 디지털 데이터를 말함

(2) DES, 3DES, AES, SEED 알고리즘 : 모두 대칭키 블록 암호화 알고리즘으로 첫 번째 DES는 64bit의 블록 크기와 키 크기를 가지며 레거시와의 호환성은 좋으나 키 길이가 작아 해독 용이한 단점이 있음, 두 번째 3DES는 DES와 호환되며 64bit의 블록 크기와 192bit의 키 크기를 가지며 Round 수를 48로 늘려 보안성을 강화 대칭키 블록 암호화 알고리즘, 세 번째로 AES는 2000년에 NIST에서 생성한 DES을 대체할 차세대 대칭키 암호화 알고리즘으로 현 미국 표준 암호화 알고리즘, 마지막으로 SEED는 KISA와 ETRI에서 개발하고 TTA와 ISO/IEC에서 국제표준으로 제정된 128bit 키 블록단위로 메시지를 처리하는 대칭키 블록 암·복호화 알고리즘

(3) 공개키/비 공개키 : 공개키 암호화는 암호화 키와 복호화 키가 다른 암호화 방식, 키 교환은 키합의 또는 키전송시에 사용됨. 비공개키 암호화는 암호화 키와 복호화 키가 동일한 암호화 방식으로 비밀키(Secret Key), 세션키(Session Key), 대칭키(Symmetric Key), 관용키(Conventional Key) 등이 있음

(4) 비인지성과 견고성 : Watermarking의 기술적 특성으로 비인지성은 사용자가 워터마크의 정보를 인지하는 것이 불가하도록, 원본 데이터 품질에 영향을 미치지 않으면서 Watermarking 정보를 삽입하는 것이고, 견고성은 Watermarking을 파괴하려는 다양한 종류의 변형에 대해서도 Watermarking이 깨지지 않는 성질을 말함. 이 외에도 Watermarking의 특징에는 위조 방지, 키 제한 등이 있음

(5) RTP, RCTP, SIP, H.323 : VoIP에 사용되는 스트리밍 관련 프로토콜로 RTP와 RTCP는 스트리밍 전송 시에 사용되며, SIP와 H.323은 세션을 제어하는 데 사용하는 프로토콜

(6) XrML(eXtensible rights Markup Language) : 저작권 메타 데이터의 정의 및 관리 표현을 위한 마크업 언어이며 디지털 콘텐츠 보호 기술의 상호 호환성과 확장성을 위한 공통적 표준 언어

(7) SDMI(Secure Digital Music Intitiative) : 미국 음반 협회에서 주도하는 디지털 음악의 저작권 보호 표준

2 워터마킹

1) 워터마킹(Watermarking)의 개요

(1) 워터마킹의 개념

– 이미지, 오디오, 비디오 같은 멀티미디어 콘텐츠와 텍스트 및 특정 문서파일 등에
원래의 소유주를 표시하는 저작권 보호(워터마크)를 넣어 배포하고 불법복제 후의
콘텐츠에 대해 워터마크를 다시 추출함으로써 원소유주를 증명할 수 있는 법적근거

(2) 암호화와 워터마킹의 차이점

– 암호화: 데이터의 내용을 암호화, 일단 인증되면 복제 및 유포가능
– 워터마킹: 데이터의 존재성을 은폐, 인증 후에도 Watermark 계속 유지

(3) 워터마킹의 요구조건 및 특징

– 비인지성(Imperceptibility): 삽입한 워터마크에 대해 구매자 인지 불가
– 강인성(Robustness): 의도적 비의도적 처리에도 제거 불가
– Fidelity: 원본의 질을 유지하여 watermark인지 알 수 없어야 함
– Fragility: Watermark 후에도 원본데이터의 손실 및 변경 불가(위조 불가)
– False Positive Rate: Watermark 포함 데이터, 미포함 데이터 구별이 가능해야 함

2) 워터마킹 필요기술

(1) 워터마킹 과정에 따른 필요기술

- 삽입기술
  - 원본데이터에 Watermark 데이터 삽입, 같은 용량의 Watermarked 데이터 제작
  - 삽입영역에 따라 공간영역삽입방식과 주파수영역 삽입방식으로 구분
- 추출기술
  - Watermarked 데이터 추출과정에서 원본데이터와 Watermark 추출
  - 원본의 필요성에 따라 블라인드 추출방식과 논블라인드 추출방식으로 구분
- 검출기술
  - Watermark된 데이터에서 Watermark 삽입여부 발견

(2) 워터마킹 정보 삽입하는 도메인에 따른 기술

- Spatial Domain Method: 신호 그 자체의 도메인에서 작업
- Transform Domain Method: 신호를 변환하여 변환도메인에서 작업

(3) 이미지 워터마크의 예

3) 워터마킹 종류와 고려사항

(1) 워터마킹의 종류

- Robust Watermarking
- Authentication을 제외한 Copy Control, Copyright Protection, Play Control 과 같은 대부분의 응용분야에 요구되는 Watermarking 기술
- 삽입된 정보가 여러가지 Attack에도 유지필요
- Fragile Watermarking
- Authentication 목적으로 주로 사용, 원본 변형시 Watermark 검출할 수 없게 하는 방법

(2) 워터마킹시 고려사항

- Modification and Multiple Watermarks: 변경 용이, 원래 워터마크에 다른 워터마크 삽입
- Data Payload: Watermark에 포함된 정보의 양
- Computational Cost: Watermarking 삽입과 검출과정의 연산비용
- Standards: 범용적으로 사용 가능 하도록 지원

[길라잡이]

- Watermarking의 종류

구 분		내 용
기술에 따른 유형	기술에 따른 유형	판매자의 저작권 정보의 삽입 – 장점: 공격에 강인함 – 단점: 불법예방 효과 미비
	스테가노그래피	디지털콘텐츠에 메시지를 숨겨서 전달 – 장점: 메시지의 은닉 전송 – 단점: 공격에 약하고 트래킹 불가
	핑거프린트	구매자의 추적정보를 은닉 – 장점: 공모공격에 강하고 구매자 추적 용이 – 단점: 공모공격 기법의 어려움
강인성 여부에 따른 분류	강성워터마킹	– 원 저작물의 데이터를 파괴 않고는 워터마크 삭제 불가
	연성워터마킹	– 약간의 변형에도 워터마크가 사라짐
시각화 여부에 따른 분류	보이는 워터마킹	– 저작권 정보를 한눈에 식별 가능
	안 보이는 워터마킹	– 특별한 과정 없이는 저작권 소유자를 판별 어려움
저작물 종류별		– 이미지, 비디오, 오디오, 텍스트 워터마킹

::도우미 임기술사

[설명]

워터마킹은 멀티미디어 콘텐츠와 텍스트 및 특정 문서파일 등 원래의 소유주를 표시하는 저작권보호를 넣어 배포하고, 불법복제 콘텐츠를 대상으로 다시 추출함으로써 원소유주를 증명할 수 있는 법적근거이다. 암호화는 데이터의 내용을 암호화하고 일단 인증되면 복제 및 유포가 가능하지만, 워터마킹은 데이터의 존재성을 은폐하고 인증 후에도 워터마크는 계속 유지되는 특징이 있다.

삽입한 워터마크에 대해 구매자는 인지가 불가능한 비인지성, 의도적이거나 비의도적인 처리에도 제거가 불가능한 강인성, 원본의 질을 유지하여 워터마크인지 인식할 수 없어야 하는 Fidelity, 워터마크 후에도 원본데이터의 손실 및 변경이 불가능한 Fragility, 워터마크가 포함된 데이터와 미포함된 데이터를 구별하는 False Positive Rate가 워터마킹의 조건이다.

워터마킹 프로세스를 위한 기술로 원본데이터에 워터마크 데이터를 삽입하고 같은 용량의 워터마크 데이터를 제작하여 삽입영역에 따라 공간영역삽입방식과 주파수영역 삽입방식으로 구분하는 삽입기술이 있고, 워터마크된 데이터 추출과정에서 원본데이터와 워터마크를 추출하고 원본의 필요성에 따라 블라인드 방식과 논블라인드 추출방식으로 구분되는 추출기술, 워터마크된 데이터에서 워터마크 삽입여부를 발견하는 검출 기술이 있다.

워터마킹 정보를 삽입하는 도메인에 따른 기술로는 신호 그 자체의 도메인에서 작업하는 Spatial Domain Method와 신호를 변환하여 변환도메인에서 작업하는 Transform Domain Method 기술이 있다.

워터마킹 종류는 Robust Watermarking과 Fragile Watermarking이 있는데, Robust Watermarking은 인증을 제외한 복사제어, 저작권보호, 재생제어 등의 대부분의 응용분야에 필요한 워터마킹 기술로 삽입된 정보가 여러가지 공격에서 유지되어야 한다. Fragile Watermarking은 인증목적으로 주로 사용되고 원본 변형시에는 워터마크를 검출할 수 없게 하는 방법으로 콘텐츠를 보호한다.

워터마킹시에는 범용적으로 사용가능하도록 지원하고, 워터마킹 삽입과 검출과정의 연산 비용 및 워터마크에 포함된 정보의 양, 변경용이성, 원래 워터마크에 다른 워터마크 삽입에 대한 고려가 필요하다.

[키워드]
- 콘텐츠에 저작권보호 표시를 삽입하여 저작권자를 증명할 수 있도록 지원하는 법적 근거
- 요구조건: Imperceptibility, Robustness, Fidelity, Fragility, False Positive Rate
- 워터마킹 과정에 따른 필요기술: 삽입기술, 추출기술, 검출기술
- 워터마킹 정보를 삽입하는 도메인 기술: Spatial Domain Method, Transform Domain Method
- 워터마킹 종류: Robust Watermarking, Fragile Watermarking
- 워터마킹시 고려사항: Modification & Multiple Watermarks, Data Payload, Computational Cost, Standards

[기출문제]
30) 84회 정보관리: 워터마킹/핑거프린팅, 68, 74회 정보관리: Watermarking 66, 71회 조직응용: Watermarking

[예상문제]

- 1 교시형

1) CCL

2) Fingerprint와 Steganography

답안제시

3. 디지털 위러마킹의 활용방안 및 전망

　가. 저작권 보호 가요, 불법복제 추적(finger printing), 군사적
　　　통신 등에서 사용할수 있음

4. 초기 수준의 보안원레를 보이나 위·변조 방지 및 위사적
　　불법복제 추적 등 응용범위 확대 "끝"

3 핑거프린팅

1) 핑거프린팅(Fingerprinting)의 개요

(1) 핑거프린팅의 개념

- 상거래시 소유자의 정보뿐만 아니라 구매자의 정보도 포함하는 핑거프린팅 정보를 콘텐츠에 삽입하여 불법배포가 어느 구매자로부터 시작되었는지 추적할 수 있도록 해주는 저작권 보호기술
- 핑거프린팅을 제거하려는 공모공격(Collusion attack)에 강인하도록 개발 필요

(2) 핑거프린팅의 특징

- 워터마킹: 소유권의 명확화 기능은 있으나 불법행위자 추출은 불가
- 핑거프린팅: 콘텐츠 내에 소유자 정보와 구매자 정보를 함께 포함하는 핑거프린팅 정보 삽입하여 후에 불법으로 배포된 핑거프린팅 콘텐츠로 부터 배포자 역추적 지원하는 기술
- Traitor Tracing 부정자 추적 기술
- 불법복제에 대한 검출과 증명과정통한 수동적인 불법복제 억제기술

(3) 핑거프린팅 기술

- 암호학적 기법
  : 대칭성과 익명성 지원, 향후 불법 콘텐츠에서 구매자 추적방안에 초점을 둔 암호프로토콜, 대칭형과 비대칭형으로 구분
- 듀얼워터마킹/핑거프린팅 기법

: 공모보안코드 개발 기법(C-secure Code, D-detecting Code, 3-Secure 핑거프린팅 Code)

2) 핑거프린팅의 공모공격과 추적 요구사항

(1) 핑거프린팅의 공모공격

- 공모공격의 위협
  - 여러 명의 악의적인 구매자들이 콘텐츠간 상이성 이용하여 핑거프린팅 정보 삭제
  - 공모자 이외의 다른 구매자의 핑거프린팅 정보 포함한 새로운 콘텐츠 생성가능
- 공모공격의 유형
  - 공격자가 여러 개의 콘텐츠를 서로 비교하여 핑거프린팅 정보를 제거하거나 유추하여 다른 핑거프린팅 정보를 삽입가능
  - 유형: 평균화 공격, 최대최소공격, 상관계수 음수화 공격, 상관계수 제로화 공격, 모자이크 공격

(2) 핑거프린팅의 추적요구사항

- 콘텐츠 품질 보장성: 콘텐츠 품질 영향 없이 가능한 많은 부가정보 삽입
- 견고성: 공격자의 정보손상에 대한 견고함 평가 척도
- 비대칭성: 콘텐츠 구매시점에서 핑거프린팅 콘텐츠를 구매자만 알고 판매자를 알지 못하도록 하는 조건, 구매자만이 콘텐츠 소유지원
- 익명성: 구매자의 프라이버시 존중하면서 핑거프린팅된 콘텐츠 판매
- 공모허용: 공모에 대비하여 많은 핑거프린팅된 콘텐츠가 공격자에게 제공되어 공모

공격이 가해지더라도 최소 1명 이상 공모자의 정보를 추출 가능해야 함

::도우미 임기술사

[설명]

핑거프린팅은 콘텐츠 상거래시 소유자정보와 구매자정보를 포함한 핑거프린팅 정보를 콘텐츠에 삽입하여 불법배포의 추적을 지원하는 저작권 보호기술로, 핑거프린팅을 제거하려는 공모공격에 강인하도록 개발해야 한다. 주요기능은 소유권을 표시하는 워터마킹 기능, 불법배포자를 역추적가능한 핑거프린팅 기능, 부정자 추적기능, 불법복제에 대한 검출과 증명과정을 통한 수동적 불법복제 억제기능 등이 있다.

핑거프린팅은 대칭성과 익명성을 지원하고 향후 불법콘텐츠에서 구매자 추적방안에 초점을 둔 암호화 프로토콜인 암호화 기법과 공모코드 개발기법인 듀얼워터마킹/핑거프린팅 기법 기술이 있다.

핑거프린팅의 공모공격은 여러 개의 콘텐츠를 비교하여 핑거프린팅 정보를 제거하거나 유추하여 다른 핑거프린팅 정보를 삽입하는 방식으로, 평균화 공격, 최대최소 공격, 상관계수 공격, 모자이크 공격 등이 있다.

핑거프린팅의 추적을 위해서는 콘텐츠 품질의 영향없이 가능한 많은 부가정보를 삽입하여 콘텐츠의 품질을 보장하고, 공격자의 정보손상에 대한 견고성, 구매자만 콘텐츠 소유를 지원하는 비대칭성, 구매자의 프라이버시 존중하면서 핑거프린팅이된 콘텐츠를 판매하는 익명성, 최소 1명이상의 공모자 정보를 추출해야 하는 공모허용 등이 요구된다.

[키워드]

- 불법배포 구매자 추적이 가능한 저작권 보호기술
- 기능: 워터마킹, 핑거프린팅, 부정자 추적기능, 불법복제 검출기능, 불법복제 억제

기능

- 기술: 대칭성과 익명성을 지원하는 암호화 기법, 공모보안코드 개발기법 듀얼워터 마킹/핑거프린팅
- 공모공격: 콘텐츠 비교로 핑거프린팅 정보 제거, 유추를 통한 다른 핑거프린딩 정보 삽입
- 추적요구사항: 콘텐츠 품질보장성, 견고성, 비대칭성, 익명성, 공모허용

[기출문제]

31) 84회 정보관리: 워터마킹, 핑거프린팅 84회 정보관리: Tamper Proofing

답안제시

[출처] 세리 84회 정보관리 기출 문제 해설집

문제〉 워터마킹과 핑거프린트

답〉

1. 아날로그 콘텐츠의 특징과 콘텐츠 보호의 중요성

가. 아날로그 콘텐츠의 특징

시공간적 구속성	인위적인 대량 복사,유통 및 분배에는 제한적
Monomedia	텍스트, 소리, 이미지 동영상 등의 표현미디어가 개별적으로 전달
품질	반복재생 및 복사 시 현저한 품질 저하 발생

나. 아날로그 콘텐츠 보호의 목적

- 기밀보호: 대량유통이 되지 않더라도, 콘텐츠 자체의 누설로 인해 피해가 발생하는 도면, 주요문서 보호 필요
- 아날로그 콘텐츠의 디지털화: 콘텐츠의 접근성과 활용성 및 유통성 증가로 인한 근원 콘텐츠인아날로그 콘텐츠 보호 필요
- (1) **전자문서**(디지털 콘텐츠)의 오프라인 출력물(아날로그 콘텐츠)의 위·변조 방지

2. 아날로그 콘텐츠 보호를 위한 워터마킹과 핑거프린팅

가. 워터마킹과 핑거 프린팅의 정의

  1) 워터마킹: 콘텐츠 내에 육안으로 식별이 불가능한 (2) **워터마크를 삽입**하여, 차후에 콘텐츠 소유권에 대한 분쟁 등이 발생시 삽입된 워터마크 추출을 통해 콘텐츠의 소유자를 식별하는 콘텐츠 보호기술

  2) 핑거프린팅: 콘텐츠에 불법 배포를 방지 하기 위해 워터마크로 삽입하는 정보를 저작권자가 아닌 구매자 정보를 삽입하는 개인화 워터마킹 기술

나. 아날로그 콘텐츠 보호 관점 워터마킹과 핑거프린팅 비교

구 분	워터마킹	핑거프린팅
특징	– 아날로그 콘텐츠의 원소유자, 혹은 문서의 진위를 확인	– 사용자마다 콘텐츠에 삽입되는 정보가 각기 다름
삽입 정보	– 해당 콘텐츠의 소유자(원 저작권자) 정보	– 해당 콘텐츠의 구매자(혹은 인증된 오프라인 출력자)정보
활용 사례	– 오프라인 출력된 전자문서의 진위 확인, 복사 및 위 변조 방지 – 최종 복사시 '사본'임을 육안으로 판독 표시	– 오프라인으로 출력된 전자문서의 인증 – 암호화되어 삽입된 핑거프린트를 추출하여 문서의 진위여부 확인

3. 콘텐츠 보호의 핵심 요건

  1) 암호화: 콘텐츠의 불법적인 유통을 차단하기 위한 아날로그 콘텐츠를 디지털화 할 때 디지털 암호화 적용

  2) 인증: 정당한 사용자만 디지털화 된 콘텐츠를 사용할 수 있게 함

  3) 사용자 DB: 정당한 사용자에 대한 정보 및 라이선스 관리

"끝"

[용어설명]

(1) 전자문서: 컴퓨터 따위로 만든 일정한 파일 형태(비정형 데이터)

(2) 워터마크를 삽입: 원본 데이터의 변형없이 Watermark를 삽입/추출 가능(원본데이터의 용량 및 데이터의 변형을 사용자가 인지하지 못하게 삽입과 추출, Watermark의 검출은 Watermark 이미지를 추출하지 않고 단지 Watermark가 삽입되어 있는지 여부만을 발견

4 CAS

1) 방송콘텐츠 보안의 개요

(1) 방송콘텐츠 보안의 필요성

- PVR(Personal Video Recording) 서비스 등에 대한 새로운 콘텐츠 보안 문제발생
- 유료방송 서비스를 위한 CAS만으로는 대응불가
- 인터넷환경에서 발전된 DRM 기술로 보완 필요
- IPTV의 서비스 및 콘텐츠 보안을 위한 CA & DRM 기술 기반의 솔루션이 필요

(2) 방송콘텐츠 보안을 위한 CAS DRM의 등장 이유

- 콘텐츠의 이동 보장과 동시에 권한제어 필요성 대두
- End-to-End Protection 솔루션 필요

2) CAS(Conditional Access System)의 개요

(1) CAS의 개념

– 방송사업자의 비즈니스와 수익을 보호하는 목적으로 유료 방송 서비스에 대한 고객의 접근 여부를 제어하는 시스템

(2) CAS의 주요 특징

주요 특징	상세 내용
Conditional Access System (수신제한시스템)	– 유료 방송 서비스에 대한 고객의 접근 여부를 제어하는 시스템 – 접근조건으로 시청료 납부, 수신지역, 수신등급 등을 검사 – 방송 사업자의 비즈니스와 수익을 보호하는 것이 기본 목적
Entitlement (수신자격)	– 방송을 시청할 수 있도록 사용자에게 부여되는 자격 또는 권한 – CAS는 Entitlement가 제대로 반영되도록 하는 시스템 – Entitlement의 부여대상은 프로그램이나 채널별로 가능
Common Scrambling Algorithm (CSA)	– 스크램블링 방식을 정의하는 표준 알고리즘 – 상세한 내용은 CAS 업체에만 제공됨
다중시스템 구조를 위한 표준모델의 정의	– 한 서비스에 이종의 CAS가 동시에 적용 가능한 구조를 정의 – CSA를 이용하여 스크램블링 수행, Head end CAS의 다중화 – Multicrypt – STB의 CAS 관련 기능을 분리형 PCMCIA 모듈에서 담당 – STB CA 모듈의 다중화

3) CAS의 구조

(1) CAS의 구조

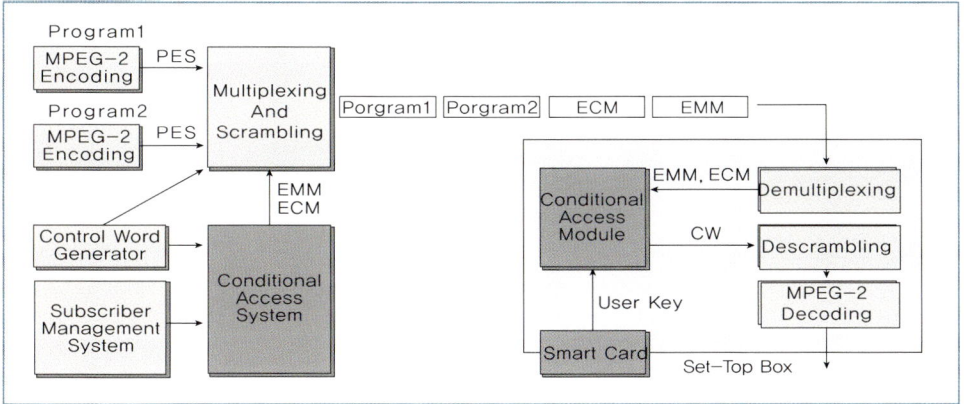

(2) CAS의 구성요소

- ECM(Entitlement Control Message): 시스템 자격제어 메시지
  : 콘텐츠 안에 상품정보, 시청연령, 복제가능 여부, SPOT 기능, Blackout 기능 등
- EMM(Entitlement Management Message): 시청자격 관리 메시지
  : 개별 가입자 또는 특정 그룹의 가입자에게 전송되는 제어정보, 수신장비에 특정 명
    령 진딜용으로 사용
- CW(Control Word)

4) IPTV 관점에서의 방송콘텐츠 보안

(1) IPTV 관점에서의 CAS

- 다양한 상용 디지털 방송 서비스에 적용, 디지털 위성방송/디지털 케이블 방송
- 단방향 방송망에 적합한 시스템 구조: ECM 및 EMM에 의한 트래픽 오버헤드 문제 발생
- CAS는 전송되는 콘텐츠 통로에 대한 접근 제어 개념
  • IP환경에서의 콘텐츠 유출 가능성에 대한 기본 대응 논리 부족
- Pure VOD나 PVR 등에 대한 표준기술 부재
  • 접근제어 이외의 다양한 권한 제어가 어려움
  • 콘텐츠 불법 복제방지를 위한 메커니즘 구현 필요
- 스마트카드나 Decoder의 보안모듈 이용에 따른 복잡성 및 서비스 비용 상승

(2) CAS보완을 위한 DRM 이용 방안

- Live Stream DRM 시스템을 이용하여 CAS 기능 구현이 가능
- Subscription, PPV, VOD, Usage Metering, Prepay, Post Pay 등 다양한 결제 방식 가능
- DRM 기본 구조상 저장콘텐츠에 대한 암호화 및 권한 관리 용이
- ECM과 EMM에 의한 트래픽 낭비 줄일 수 있음: 요청/응답 방식에 대한 Key 발급 체계
- 양방향 통신환경에서만 DRM 구조 구현 가능

5) CAS를 이용한 IPTV 보안 방안

(1) IPTV에 적합한 콘텐츠 프로텍션 시스템 구현 필요

- CAS만으로는 IPTV의 요구대응이 어려움
- DRM을 대규모 방송 서비스에 적용하기 위한 구조의 확장 필요
- CAS와 DRM을 연관시킨 신규시스템 개발 필요

(2) IPTV 보안 시스템 구현모델

- 소프트웨어 기반 DRM 모델: 기존 CAS 기능 구현을 DRM 시스템으로 완전 대체
- CAS적응형 DRM모델-기존 CAS와 연동하여 저장콘텐츠 보호기능만 DRM으로 구현
- CAS와 DRM의 통합모델: ECM/EMM 구조를 이용하여 기능 구현

:: 도우미 임기술사

[설명]

방송콘텐츠의 보안은 PVR서비스 등에 대한 콘텐츠 보안 문제, 유료방송 서비스를 위한 CAS만으로는 대응불가, 콘텐츠의 이동보장과 권한제어 필요성 대두, End-to-End Protection 솔루션 등이 필요하여, 인터넷 환경에서 발전된 DRM기술로 보완, IPTV서비스 및 콘텐츠 보안을 위한 CA&DRM 기술 기반 솔루션 등이 필요하게 되었다.

CAS는 방송사업자의 비즈니스와 수익을 보호하기 위하여 유료방송 서비스에 대한 고객의 접근여부를 제어하는 시스템으로, 수신제한시스템, 수신자격, Common Scrambling Algorithm, 다중시스템 구조를 위한 표준모델 정의 등이 필요하다.

CAS의 주요구성요소는 콘텐츠 내에 상품정보, 시청연령, 복제가능 여부, SPOT 기능,

Blackout 기능 등이 포함된 시스템 자격제어 메시지인 ECM, 개별가입자나 특정그룹의 가입자에게 전송되는 제어정보로 수신장비에 특정 명령을 전달하는 데 사용되는 시청자격 관리 메시지인 EMM, 제어문인 CW이다.

　　CAS는 다양한 상용 디지털 방송 서비스용으로, 단방향 방송에 적합하여 IPTV에 적용 시 ECM 및 EMM에 의한 트래픽 오버헤드 문제발생 가능성이 있으며, 전송 콘텐츠 통로에 대한 접근제어 개념으로 IP환경에서의 콘텐츠 유출 가능성에 대한 기본 대응은 부족하며, Pure VOD나 PVR 등에 대한 표준이 없고 접근제어 이외의 다양한 권한제어가 어려워 콘텐츠 불법복제 방지를 위한 메커니즘 구현이 필요하다. 이를 보완하기 위해여 DRM을 이용하면, Live Stream DRM 시스템 이용으로 CAS 구현이 용이하고, Subscription, PPV, VOD, Usage Metering, Post Pay 등 다양한 결재방식이 가능하며, DRM 기본 구조상 저장 콘텐츠에 대한 암호화 및 권한관리가 용이하다. 또한, ECM과 EMM에 의한 트래픽 낭비를 줄일 수 있어 양방향 통신환경에서만 DRM구조로 구현 가능하도록 지원한다.

[키워드]
- CAS 주요 특징: Conditional Access System, Entitlement, Common Scrambling Algorithm, 다중시스템 구조를 위한 표준모델 정의
- 구성요소: Entitlement Control Message, Entitlement Management Message, Control Word
- IPTV에 적합한 방송보안 기술 필요: CAS만으로는 IPTV의 보안요구 대응 어려움, DRM을 대규모 방송용으로 구조 확장 필요, CAS와 DRM을 연관시킨 신규 시스템 개발 필요
- IPTV 보안 시스템 구현모델: 소프트웨어 기반 DRM 모델, CAS 적응형 DRM 모델, CAS와 DRM 통합모델

답안제시

문제) CAS

답>

I.   디지털 방송 기술의 핵심 CAS의 개요

  가. CAS(Control Access System)의 정의

   - 방송 컨텐츠에 유료화 걸어 수신자 측으로 보내면 받는 측이 대가
   (사용료)를 지불하면 사용할 수 있는 권한을 부여하는 시스템

  나. 고객의 컨텐츠 보호 측면의 필요성

   - 불법적 복제 사용 및 위조 등의, 컨텐츠에 대한 사용권한 필요

   -- 방송 서비스 입장에서의 과금 체계 필요 (서비스 수익원)

II.   CAS의 구조 및 DRM과의 비교 (CP와의 비교 어렵지...)

  가.   CAS의 구조

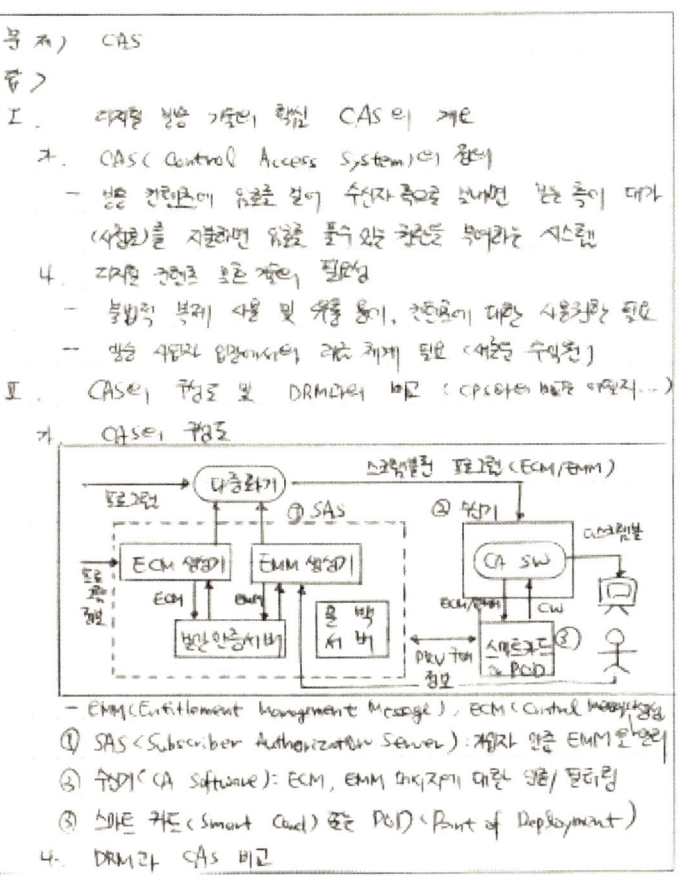

   - EMM(Entitlement Management Message), ECM (Control Message)

   ① SAS (Subscriber Authorization Server): 가입자 인증 EMM 관리

   ② 수신기 (CA Software): ECM, EMM 메시지에 대한 인증/ 필터링

   ③ 스마트 카드 (Smart Card) 또는 POD (Point of Deployment)

  나. DRM과 CAS 비교

구분	Digital Right Management	CAS
적용 대상	디지털 컨텐츠	방송 컨텐츠
사업자	Contents Provider	MSO, 방송 사업자
분로 기술	대칭키, 비대칭키	Scramble 방식
매체	PC, Mobile 단말기	IPTV, DMB

Ⅲ. CAS의 현황 및 전망

　가. 기계 디지털 방송 시장 터전이 점점 커질 중심 두레, 최근 디
　　　 지털 방송 사업자 스크램크리트로 암호되어 3찬 시장 건초 (PTRC '디코더')

　나. DMC, DMB, IP TV 등의 활성화로 개별 도그로 유료사점(PPV),
　　　 주문형 비디오(VOD), T-Commerce 등이 연계되어 다각화가 우려서
　　　 는 학수적으로 판단
　　　　　　　　　　　　　　　　　　　　　　　　　　　　　　　　　"끝"

5 공인전자문서 보관소

1) 안전한 문서 관리를 위한 공인전자문서 보관소의 개요

(1) 공인전자문서 보관소의 개념

– 전자문서의 이용을 활성화 하기 위해 전자문서를 안전하게 보관하고 이용자 요청
  시 불변경 및 송수신 여부 등을 증명해줄 수 있는 신뢰할 수 있는 제3의 기관(TTP:
  Trusted Third Party)

(2) 공인전자문서 보관소의 필요성

– 전자문서의 생명주기 차원에서 안전성 보장, 범용적 활용 가능하도록 지원
– 비용절감, 기업 경쟁력 제고: 전자문서의 생산, 관리, 보존 및 이용, 활용을 통해 전
  산업의 e-비즈니스화 지원
– 공인전자 문서 보관소 제도 통한 신 산업 영역 창출
– 법률적 효과: 법률상 보관으로 간주, 불변경 추정, 진정한 증명으로 추정

2) 공인전자문서 보관소 주요 업무구성과 공인인증기관과의 비교

(1) 공인전자문서 보관소의 주요 업무 구성

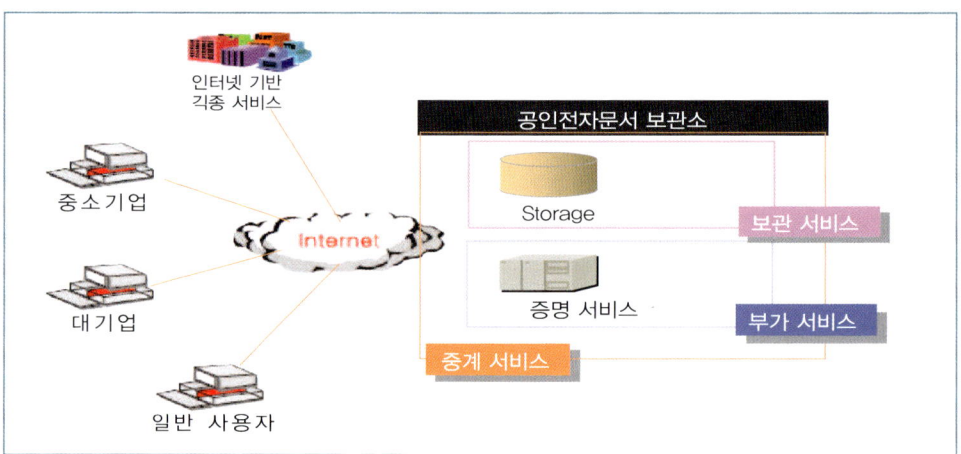

(2) 신원확인을 위한 인증서 발급기관 공인인증 기관과
공인전자문서 보관소와 비교

비교 항목	공인인증 기관	공인전자문서 보관소
근거 법령	전자서명법	– 전자거래기본법
법적 효력	공인인증서 기반의 전자서명 효력인정	– 보관소 업무(보관, 증명)에 대한 효력 – 전자문서의 문서특성 보강
주요 역할	대면확인을 통한 신원확인 및 인증서 발급	– 보존: 등록, 조회, 이력, 출력, 이관, 폐기 – 증명: 증명서 발급, 증명서 관리, 원본증명 – 네트워크 기능: 송수신, 보안등 시스템 관리
성 격	전자거래 기술 인프라적 요소	– 전자거래 촉진 비즈니스(응용)요소
관련 표준화	PKI 관련 표준	– 전자문서 표준(XML, EDI등), 전자거래표준, 산업계비즈니스 표준

3) 공인전자문서 보관소의 단계별 발전방향 및 활성화 방안

(1) 공공 및 민간 자체 EDMS 시스템 구축 및 활용(1단계), 전자거래 기본법 시행에 따른 전자문서 활용 대중화(2단계), 모든 Paper를 전자문서가 대체로 안전한 Paperless로 업무 프로세스 간소화(3단계)

(2) 공인전자문서 보관 제도 정착 위해 기술규격과 관련법 제도를 정비하고 보관소 비즈니스 모델과 업무 프로세스 혁신 권고안, 보관소 통합 재해복구(DR)센터 구축 방안 등을 추진

::도우미 임기술사

[설명]

공인전자문서 보관소는 전자문서를 안전하고 보관하고 이용자가 요청했을 때 무결성 및 송수신 여부를 증명해줄 수 있는 신뢰할 수 있는 제3의 기관으로, 필요성은 전자문서의 생명주기 차원에서의 안정성 보장과 범용적 활용 지원, 비용절감 및 기업 경쟁력 제고, 법률적 효과 등이다.

주요업무는 문서보관서비스와 증명서비스 등의 부가 서비스로, 신원확인을 위한 인증서 발급기관인 공인인증기관과 차이점은 전자거래기본법을 기반으로 보관소 업무에 대한 효력과 전자문서의 문서 특성이 보강되었다.

주요 역할은 등록, 조회, 이력, 출력, 이관, 폐기 등의 문서보존 및 관리, 증명서발급 및 관리, 원본증명, 네트워크 기능, 시스템 관리 등이다. 전자문서표준, 전자거래표준, 산업계 비즈니스 표준 등으로 전자거래 촉진 비즈니스 요소이기도 하다.

공인전자문서의 발전방향은 공공 및 민간단체의 EDMS시스템 구축과 활용, 전자거래 기본법 시행에 따른 전자문서활용의 대중화, Paperless로 업무 프로세스 간소화 등의 단계로 발전될 전망으로, 기술규격 및 법제도 정비와 보관소 비즈니스 모델 및 업무 프로세스 혁신 권고, 보관소 재해복구센터 구축 방안 등이 추진되고 있다.

[키워드]
- 필요성: 전자문서 생명주기 차원에서 안전성보장, 범용적 활용, 비용절감 및 기업 경쟁력 제고
- 주요 업무: 보관서비스, 증명서비스
- 주요 역할: 보존(등록, 조회, 이력, 출력, 이관, 폐기), 증명(증명성 발급, 증명성 관리, 원본증명), 네트워크 기능(송수신, 보안 등 시스템 관리)
- 표준: 전자문서표준(XML, EDI), 전자거래표준, 산업계 비즈니스 표준

답안제시

[작성] 75회 조직응용기술사
1. 기업 컴플라이언스의 대응을 위한 공인전자문서보관소
가. 공인전자문서보관소의 정의
- 전자거래의 활성화를 지원할 수 있도록 전자문서의 생성-〉유통-〉보존-〉폐기 및 증명과 관련된 기능을 신뢰성 있고 안전하게 제공하는 제3의 공인된 사업자
- 전자문서의 이용을 활성화하기 위하여 전자문서를 안전하게 보관하고, 전자문서의 내용 및 송수신 여부 등을 증명해 주는 신뢰할 수 있는 제3의 기관(Trusted Third Party)

나. 추진 배경

기업 측면	기업에서 이용되는 종이문서 유통 및 보관 비용이 연간 1조원을 상회
	종이문서의 경우 추적 및 관리가 어렵고, 기업에서 활용하는 데 많은 불편 존재
	전자문서의 훼손, 변경에 대한 불안감으로 종이문서에서 전자문서로 대체 미진
법적 측면	기존 전자거래기본법(28개 법률 56개 조항)의 전자문서의 법적 효력 불명확
	(2005년 10월 전자거래기본법 개정) – 전자문서 보관과 증명에 대한 법적인 추정력을 부여하는 방안으로 공인전자문서 보관소 제도 신설 – 전자문서의 효력 부여 및 전자문서로 할 수 있는 구체적인 행위 제시

다. 필요성
1) 전자문서의 생명주기의 차원에서 안전성 보장
   - 문서는 '생성→유통→보존→폐기'의 생명주기가 있어 모든 부분에 안전성이 보장되어야 문서절차의 전자문서화가 가능
   - 전자문서의 경우 생성·유통은 전자서명으로 안전성을 보장하나, 보존의 경우 위·변조, 멸실을 방지하고 안전한 보존시스템이 미비
2) 전자문서 이용으로 기업의 생산성 향상
   - 전자문서로 문서의 생산·관리·보존을 할 경우 연간 약 5조원의 비용절감이 가능하므로 이를 통해 생산성 향상이 필요
   * 기업의 문서비용은 GDP의 4.5%에 해당하는 연간 약 27조원
3) 전자문서를 통한 문서보관의 촉진
   - 문서를 전자문서로 안전하게 보관하는 시스템이 없는 상황에서 기업들은 법적 위험부담을 회피하기 위해 높은 비용을 지불하더라도 종이문서 형태의 보관을 할 수밖에 없음
   - 따라서, 정부가 전자문서를 안전하게 보관할 수 있는 자격요건을 정하고 이를 만족하는 사업자를 공인전자문서보관소로 지정하여 전자문서를 통한 문서 보관을 조장할 필요가 있음.

2. 업무흐름, 구성도, 구성요소 및 주요 기술
가. 업무 흐름

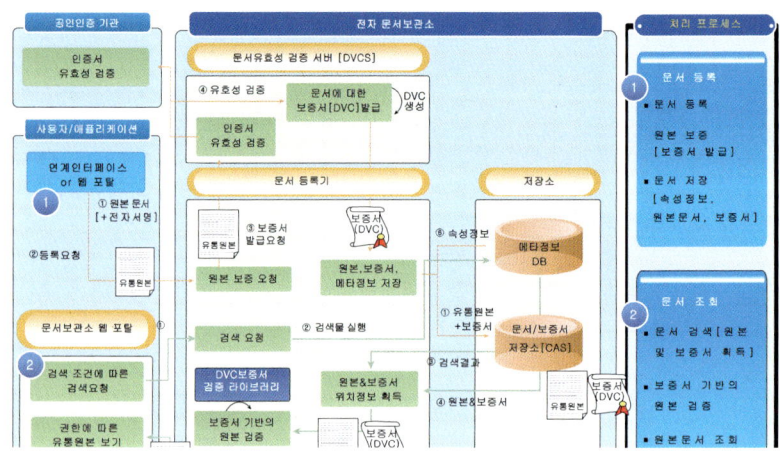

나. 구성도

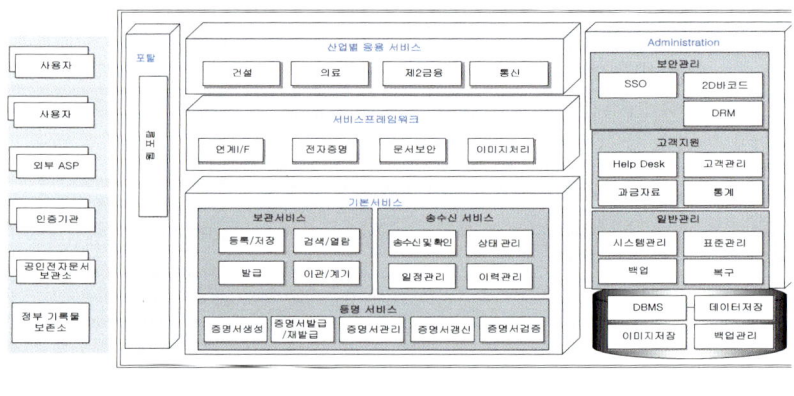

다. 구성 요소 및 주요 기술

구성 요소	주요 기능	요소 기술
전자문서관리	문서편집, 변환, 스캔 및 이미지 등	EDMS
전자문서증명	시점확인, 원본증명, 공증	DVCS, Secure Seal, DNS, Time Stamp
전자문서배달	데이터 송수신	EDI, XML/EDI, ebXML, SOAP
전자문서보안	암호화, 불법복제방지, 접근제어	PKI, 전자서명, XKMS, WS-Security, SSO, DRM, 워터마킹
데이터 보관	메타 데이타관리(Repository), 기록물 관리, 전자문서 검색	Repository & Registry, UDDI, Ontology, Topic Map, Semantic Web, 자연어/멀티미디어 검색

* DVCS(Data validation & Certification Server)
* DNS(Digital Notary Service)

3. 기대 효과 및 활용 분야
가. 기대 효과
 - 신뢰성 있는 제3자 기관을 통한 전자문서에 대해 법적 추정력 부여
 - 기업들의 문서발급, 보관, 관리 등에 소요되는 비용 절감

나. 활용 분야

산업	분야	보관대상 문서	비 고
금융	카드	입회신청서, 가맹점신청서, 매출전표	BC카드 약 1,600평 창고 보유
	은행	카드신청서, 은행거래신청서, 대출심사서류	
	보험	보험청약시/청구시, 진단서, 애시/환납서류	삼성화재 총 2천편에 연간 1억 장 연간 110억 지출 등 손해보험업계 450억
	증권	증권거래신청서, 선물거래계약 서류	

산업	분야	보관대상 문서	비 고
공공·통신	공공	국가기록물, 공문서, 전자조달, 전자입찰, 전자교부, 인허가업무, 전자납세	
	통신	가입신청서, 통화기록	
제조·기타	제조	세금계산서, 거래명세서, 전표증빙, 계약서, 설계도, 지적자산, 결산보고서	
	의료	진료기록부, 의료보험청구자료	2~5년간 진료기록보관
	유통	주문서, 거래내역서, 배송증명	
	무역	B/L, 관세환급 서류	

4. 이슈 사항
가. 공인전자문서보관소의 난립 문제
 – 제3자의 범위(그룹사의 자회사도 가능)
 – 2006년 11월에 사업자 선정 예정
나. 스캔문서의 법적 효력 문제
 – 이미 구축해 놓은 스캔문서의 인정여부 및 원본성 입증 방법(은행권 등)
다. 공인전자문서보관소 간의 연동 문제
 – 기술 아키텍처 구축 시 국제표준기술 적용으로 유연한 연동
라. 사용자 편의성 문제
 – 다양한 보관소별 사용자 접속 프로그램 및 사용법 등으로 인한 불편
 – 표준 사용자 인터페이스 지침 필요 및 정부측면의 공인전자문서보관소 포털 구축
마. 기타
 – 종이문서 의존성
 – 보안 위협으로부터 데이터 보호 등

"끝"

STEP 9

위험관리

1 위험관리

1) 위험관리의 개요

- 조직의 자산을 식별하고 위험을 평가하여 조직의 재해, 장애 등 손실을 최소화 하기
 위한 절차 혹은 연속적인 행위(위험 분석, 평가, 대책)

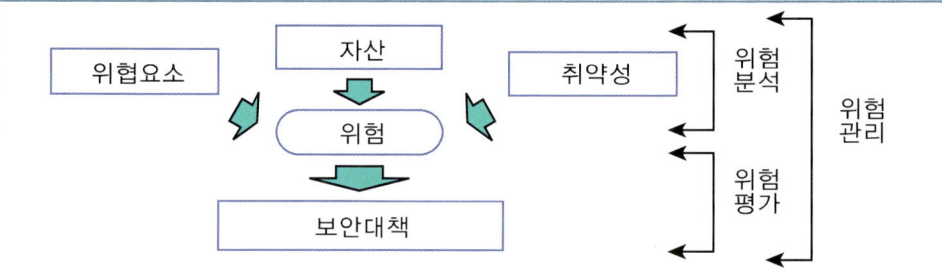

- 위험 관리의 핵심적인 활동 = 위험분석 + 위험평가
- 위험분석: 보호 대상, 위협 요소, 취약성 등에 대한 자료 수집 및 분석
- 위험평가: 분석 결과를 기초로 보안 현황을 평가하고 적절한 방법을
 선택하여 효과적으로 위험 수준을 낮추기 위한 과정

[길라잡이]

- 정보시스템위험관리는 먼저 위험대상이 되는 자산을 식별한다. 이러한 자산의 식별은 핵심 비즈니스와 비
 핵심 비즈니스를 분류하여 수행하게 된다. 자산 식별 이후에 정성적인 분석을 통하여 자산에 대한 우선순
 위를 식별한다. 정성적인 분석기법의 대표적인 것은 인터뷰와 같은 것이다.
- 우선순위가 식별되면 각 우선순위별로 발생가능성과 영향도를 분석하고 이러한 것을 정량화시킨 것이 정
 량적 분석이다.
- 이러한 정량적 분석이 완료되면 대응계획을 수립하고 대응계획에 필요한 인프라(예: 재해복구시스템)를
 구축한다.
- 이러한 작업까지 완료되면 모의테스트를 통하여 지속적인 관리를 수행한다.

2) 위험관리를 위한 재해와 장애

(1) 재해와 장애의 개념

– 재해(Disaster)

: 정보기술 외부로부터 기인하여 예방 및 통제가 불가능한 사건으로 인해 정보기술 서비스가 중단되거나, 정보시스템의 장애로부터의 예상 복구소요시간이 허용 가능한 범위를 초과하여, 정상적인 업무 수행에 지장을 초래하는 피해

– 장애(Incident)

: 정보기술서비스관리의 통제 가능성 관점에서 협의의 장애 개념으로서, 통제 불가능한 재해(자연재해, 인적재해)를 제외한 관점에서 직접적으로 영향을 미치는 인적 장애, 시스템 장애, 기반구조 장애(운영장애, 설비장애 등 포함)등과 같은 통제 가능한 요인들에 의한 정보시스템 기능 저하, 오류, 고장

(2) 재해와 장애의 비교

구 분	재 해	장 애
원인의 발생위치	정보기술기반 외부	정보기술기반 내부
예방 및 통제	불가능	가능
정보기술기반의 손상규모	한 Site 전체	Site 내에서 부분적
대응조직의 수준	전사적 수준	정보시스템관리부서 수준
시스템 복원 예상소요시간	중·장기(수일 이상)	단기(수시간)

(3) 정보시스템 재해 및 장애의 분류와 대응방안

통제	재해 및 장애			재해 및 장애의 요인	장애 대응방안
통제 불가능 요인	자연재해			화재(전산실, 사무실), 지진 및 지반침하, 장마 및 폭우 등의 수재, 태풍 등	재해복구센터 구축을 통한 기기 및 프로그램의 이중화, 데이터 백업 및 소산 철저
	인적재해			노조파업, 시민폭동, 폭탄테러 등	백업 또는 대체요원 확보
통제 가능 요인	인적 장애		운영 장애	시스템운영실수, 단말기 및 디스켓의 파괴 및 절취, 해커의 침입, 컴퓨터 바이러스의 피해, 자료누출 등	
	기술적 장애	시스템 장애		운영체제 결함, 응용프로그램의 결함, 통신프로토콜의 결함, 통신소프트웨어의 결함, 하드웨어의 손상 등	전산기기 이중화 및 프로그램 변경통제 강화, 재해복구 센터 구축을 통한 기기 및 프로그램의 이중화, 통신망 이중화, 전력공급 중단에 대비한 무정전설비(UPS) 및 발전 설비 구축
		기반구조 장애		정전사고, 단수, 설비 장애(항온항습, 공기정화시설, 통신시설, 발전기, 공조기 등), 건물의 손상 등	

:: 도우미 임기술사

[설명]

위험관리는 조직의 자산을 식별하고 위협요소 및 취약성 등 위험을 분석하고 보안대책 수립 등 위험을 평가하여 재해, 장애 등의 손실을 최소화 하기 위한 행위이다. 위험관리의 핵심활동은 위험분석과 위험평가로, 위업분석은 보호대상 및 위협요소와 취약성 등에 대한 자료수집 및 분석활동이고, 위험평가는 분석결과를 기초로 보안현황을 평가하고 적절한 방법을 선택하여 위험수준을 낮추기 위한 과정이다.

위험관리에서 최소화 해야 하는 장애와 재해는 개념이 다르다. 재해는 정보기술 외부로부터 기인하고 예방 및 통제가 불가능한 사건으로 정보기술 서비스의 중단, 장애로부터 예상 복구소요시간이 허용 가능한 범위를 초과하여 정상적인 업무수행에 지장을 초래하는 피해이고, 장애는 통제 불가능한 재해를 제외한 인적장애, 시스템장애, 운영 및 설비를 포함한 기반구조 장애 등과 같은 통제 가능한 요인들에 의한 정보시스템 기능저하 및 오류, 고장 등이다.

통제불가능한 자연재해 등에 대한 대응 방안으로는 재해복구센터 구축을 통한 기기 및 프로그램의 이중화, 데이터 백업 및 소산을 철저히 하는 것이고, 통제 가능한 시스템 및 기반구조장애 등의 기술적 장애는 전산기기 이중화 및 프로그램 변경통제 강화, 재해복구 센터 구축을 통한 기반시설의 이중화, 무정전설비 및 발전설비 등을 구축하여 대비해야 한다. 인적재해나 인적장애의 경우에는 백업 및 대체요원 확보가 대응방안이다.

[키워드]
- 위험관리 핵심활동: 위험분석, 위험평가
- 위험분석: 자산식별, 위협요소, 취약성 등에 대한 자료수집 및 분석활동
- 위험평가: 위험분석결과를 기초로 보안현황을 평가하고 적절한 방법을 선택하여 위험수준을 낮추기 위한 과정
- 재해(Disaster): 예방 및 통제가 불가능한 사건으로 정보기술 서비스의 중단으로 정상적 업무 수행에 지장을 초래하는 피해, 재해복구센터 구축으로 대응
- 장애(Incident): 통제가능한 요인에 의한 정보시스템 기능저하 및 오류, 전산기기 이중화 및 프로그램 변경, 재해복구 센터 구축, 무정전설비 구축 등으로 대응

[길라잡이]

• IT 재해 종류

구분	자연재해	일반 재해						사고/과실
		인적재해	설비장애	시스템장애	네트워크장애	S/W장애		
유형	지진 홍수 태풍 폭발 건물붕괴 등	화재 폭동 폭발 파업 테러 무단점거 단전 등	발전기 UPS 공조기 항온/항습기 등의 고장	CPU DISK File orash. 각종 주변기기 등의 고장	회선불량 통신제어기 통신프로토콜, Traffic 과부하 등	DBMS 시스템S/W 응용프로그램 의 Logic error 등	거래폭주 Virus침입 해커침입 정보절취 운영요원의 실수 절차 오류 등
피해가능성	건물침수/ 시스템마비 통신/전기 시석장애 지반붕괴/ 건물파괴	전소/시설 자료파괴 건물파손 영업점 폐쇄 /고의파괴 수냉식기기 자동불능 시스템 파손	장시간 가동중단 시스템중단 과열로 가동중단	온라인 가동중단 데이터파손	가동중단 거래중단/ 지연	거래중단	통신마비/ 거래불능 데이터파손 데이터변조 /도용 트랜잭션 조작/오류 시스템 오동작

2 BCP

1) BCP(Business Continuity Planning)의 개요

(1) BCP의 개념

- BCP(업무 연속성 계획)이란 정보기술, 인력, 설비, 자금 등 기업의 존속에 필요한 제반 자원을 대상으로 장애 및 재해를 포괄하여 조직의 생존을 보장하기 위한 예방 및 복구 활동 등을 포괄하는 광범위한 계획

(2) BCP의 주요특징

구 분	특 징	사 례
위험분석 (Risk Analysis)	위험개념 정립, 위험대비 필요성 및 위험분석	전산장애, 재해분석, 사례분석
피해분석 (Impact Analysis)	전산 업무장애, 재해로 발생 가능한 피해 파악	간접적, 직접적 총괄적 피해
업무중요도 산정	장기적 재해시 우선복구 할 업무의 중요도 산정, 산정기준	중요도계량화, 업무별 등급화

2) BCP 구축절차

절 차	설 명
프로젝트 계획 수립	- 예산 일정 고려하여 범위규정, 관리업무 포함한 계획 수립
업무 분석 및 영향 평가	- 사건 재해 환경 고려한 잠재적 손실 최소화 및 방지 위한 업무 분석 및 평가 - Business Impact Analysis(업무 영향 분석) - 주요 업무 프로세스를 식별하고, 우선순위화 하며, 재해시 업무 프로세스 중단에 따른 비용을 계산 하며, 최종적으로 업무 프로세스별 복구 목표시간 산출
복구전략 개발	- 복구대책 업무, 복구 운영, 전략 선택(전략수립, 문서화) - 상세 계획 수립(상세 DRP 수립 포함)

절 차	설 명
승인 및 훈련	– BCP 계획 승인, 대응책 구현, 이행관리, 기술 향상
테스트, 유지 보수	– 업무 프로세스가 변경되면 BCP도 변경 되어야 함 – 비상사태 대비 평가, 모의훈련, 모니터링 및 비상체계 준비

3) BIA(Business Impact Analysis)

목 적	주요 내용
업무 프로세스 우선순위 결정	– 주요 업무 프로세스의 식별 – 재해 유형 식별 및 재해 발생 가능성과 업무 중단의 지속시간 평가 – 업무 프로세스별 중요도 평가 – 정성적 정량적 영향도 분석
중단가능시간 산정	– 업무 프로세스별 지연 감내 시간 산정 – 업무복구 목표시간 RTO, 업무복구 목표시점 RPO 산정
자원 요건 산정	– 연속성 보장 위해 어떤 자원이 필요한지 산정

4) 정성적, 정량적 위험 분석

구 분	정량적 위험분석	정성적 위험분석
개 념	– 위험발생 확률·손실 크기를 통해 기대 위험가치를 분석(척도: 연간기대손실(ALE))	– 손실크기를 화폐가치로 표현하기 어려움 – 위험크기는 기술변수로 표현(척도: 점수)
기법유형	– 수학공식 접근법, 확률 분포 추정법, 확률지배, 몬테카를로 시뮬레이션, 과거자료 분석법	– 델파이법, 시나리오법, 순위결정법, 퍼지행렬법, 질문서법
장 점	– 비용·가치 분석, 예산 계획, 자료 분석이 용이 – 수리적 계산으로 논리적이고 객관적 정보를 얻을 수 있음	– 금액화하기 어려운 정보의 평가가 가능 – 분석시간이 짧고 이해가 쉬움
단 점	– 분석 시간, 노력, 비용이 큼 – 정확한 정량화 수치를 얻기 어려움	– 평가결과가 주관적임 – 비용효과분석이 용이하지 않음

::도우미 임기술사

[설명]

업무연속성계획은 기업의 존속에 필요한 제반자원을 대상으로 장애 및 재해에 대비하여 조직의 생존을 보장하기 위한 예방 및 복구활동을 포함한 광범위한 계획이다. BCP는 위험개념 정립을 위한 위험분석(Risk Analysis), 재해로 발생가능한 피해종류를 파악하는 피해분석(Impact Analysis), 장기적 재해시 우선복구 업무대상산정 및 산정기준 수립 등의 업무중요도 산정이 필요하다.

BCP 수행절차는 예산일정을 고려한 범위규정과 관리업무를 포함한 프로젝트 계획수립단계, 재해환경을 고려한 잠재적 손실 최소화와 방지를 위한 업무영향도 분석과 주요 업무 프로세스의 식별 및 우선 순위화 및 업무별 복구 목표시간 산출 등의 업무분석 및 영향평가단계, 복구대책 업무 및 운영, 복구 전략수립 등의 복구전략개발, 업무연속성계획 승인 및 대응책 구현, 이행관리, 기술향상 등의 승인 및 훈련단계, 업무프로세스 변경시 업무연속성계획 변경, 비상사태 대비 평가, 모의훈련, 모니터링 및 비상체계 준비 등의 테스트와 유지보수 단계를 거친다.

업무영향도 평가는 주요업무 프로세스를 식별하여 재해유형 식별 및 재해발생 가능성과 업무중단의 지속적 평가, 업무 프로세스별 중요도 평가, 정성적 및 정량적 영향도를 분석하는 업무 프로세스 우선 순위 결정 단계와 업무 프로세스별 지연감내시간을 산정하여 업무복구목표시간(RTO) 및 업무복구목표시점(RPO)를 산정을 통하여 중단가능시간 산정단계, 연속성 보장을 위한 필요자원 산정하는 자원요건 산정단계를 거치면서 분석을 수행한다.

업무영향도 평가의 가장 핵심적 분석인 정성적 정량적 위험분석방법을 비교해 보면, 정량적 위험분석은 위험발생 확률과 손실 크기의 곱을 통해 기대 위험가치를 분석하는 것으로, 수학공식 접근법 및 확률분포 추정법 등을 이용하여 분석하는데, 비용·가치분석, 예산계획, 자료분석이 용이하고, 수리적 계산으로 논리적이고 객관적인 정보획득이 가능한 장점이 있고, 분석 및 시간, 노력, 비용이 크고 정확한 정량화 수치를 얻기 어려운 단점이 있다. 정성적 위험분석은 손실 크기를 화폐가치로 표현하기는 어려우나 위험크기는 기술변수로 표현가능한 분석방법으로, 델파이법이나 시나리오법 등을 이용하고, 금액화 하기 어려운 정보평가가 가능하며 분석시간이 짧고 이해가 용이한 장점이 있으나, 평가 결과가 주관적이고 비용효과 분석이 어려운 단점이 있다.

[키워드]
- 업무연속성계획(BCP): 기업 존속에 필요한 제반자원을 대상으로 장애 및 재해에 대비한 예방 및 복구활동 등의 계획
- BCP 주요활동: 위험분석(Risk Analysis), 피해분석(Impact Analysis), 업무중요도 산정
- BCP구축절차: BCP수립 프로젝트 계획 수립, 업무분석 및 영향평가(BIA), 복구전략 개발, 승인 및 훈련, 테스트 및 유지보수
- 업무영향도평가(BIA): 업무프로세스 우선순위 결정, 중단가능시간 산정(RTO, RPO), 자원요건 산정
- 정성적 위험분석: 손실크기를 화폐가치로 표현하기 어렵고 위험크기를 기술변수로 표현하는 방법 기법유형(델파이기법, 시나리오법, 우선순위결정법), 분석기간 짧고 이해 용이, 평가결과 주관적
- 정량적 위험분석: 위험발생률과 손실 크기의 곱을 통해 기대 위험가치 분석, 기법유형(수학공식집근법, 확률분포 추성법, 과거분석법), 비용가치 분석 및 자료분석용이, 논리적·객관적 정보획득 분석시간 및 노력과 비용 큼

[기출문제]

32) 77회 정보관리: DRS/BCP, 80회 정보관리: BCP

　　74회 조직응용: BCP, 86회 조직응용: BCP, DRS 비교

[예상문제]

- 1 교시형

1) BIA

- 2교시형

1) BCP의 정성적 위험분석기법과 정량적 위험분석기법에 대해서 설명하시오.

2) BCP 수립 시에 고려사항에 대해서 설명하고 BCP 기대효과를 임원, 관리자, 실무자 입장에서 설명하시오.

• BCP 고려사항

시스템 위험등급	● 서비스의 중단 후 사업을 재개하는 데 필요한 시간에 대한 민감성과 중요성에 따라 시스템 우선순위를 결정하여야 함 ● 핵심(Critical), 중요(Vital), 민감(Sensitive), 비핵심(Noncritical)으로 분류
한계복구시간대	● 치명적이고 회복할 수 없는 손실발생 전에 사업이 재개될 수 있는 한계시간 결정 ● 일반적으로 증권 >은행·카드 >제조 >보험 순으로 한계복구시간대가 짧음
한계복구	● 복구 우선순위가 높은 순으로 응용시스템, 데이터 파일 등을 복구하는 절차 기술 ● 정보시스템 처리 부서 및 최종사용자 부서 리스트 반영
사용자와 데이터 처리의 상관관계	● BOP는 단지 정보처리 시설만이 아닌 전체사업 기능의 재개와 연관됨 ● 따라서 최종 사용자 참여가 반드시 필요하므로, 최종 사용자의 참여 및 수행 역할을 기술하여야 함
처리우선순위	● 일정계획에 따라 처리해야 할 업무가 많을 경우를 대비한 우선순위를 결정 및 반영
통신 네트워크	● 통신회선 여유분, 대체경로, 다양한 경로, 장거리 회선 네트워크의 다양화 등을 반영하여야 함
재해복구 보험	● 정보시스템 처리에 대한 보험은 발생 가능한 다중 위험으로부터 보상을 받을 수 있도록 함

답안제시

[1 교시형]
문제〉BCP
답〉
1. 지속적 경영보장을 위한 BCP의 개요
가. BCP(Business Continuity Planning)의 정의
 – 기업의 다양한 내/외부의 공격과 위험요소 및 재해로부터 지속적인 경영을 보장하는 활동계획
나. BCP의 출현배경
 – 신속한 재해복구 및 사업재개를 가능하지 못한 기업은 위기상황에서 생존할 수 없음
 – 생존경쟁에서 고객의 신뢰성을 제공할 수 있는 근거

2. BCP 구축절차와 DRP와의 비교
가. BCP 구축절차

절 차	설 명
프로젝트 착수	– 범위 규정 – BCP 위원회 설립(조정, 통합업무)
BIA	– Business Impact Analysis(업무영향분석), 가장 핵심단계 – 전산자원들의 비즈니스 영향도 평가
BCP 수립	– 개략적 BCP 전략수립, 문서화 – 상세계획수립(상세 DRP 수립포함)
승인, 구현	– BCP 계획승인, 대응책 구현
테스트, 유지보수	– 업무 프로세스가 변경되면 BCP도 변경되어야 함 – 최소 연 1회 테스트

나. BCP와 DRP의 비교

항목	BCP	DRP
목적	사업연속성 유지	재난 복구
계획서 특징	계획중심	절차 중심
담당자	전사인원	IT 보안담당자
BIA 분석대상	업무 프로세스	업무 기능
포함내용	복구, 위기관리	단순한 백업 및 복구
구현방법	백업	백업

3. BCP의 기대효과
- 24시간 비즈니스 상시 운영체제 보장으로 고객서비스 지속성보장, 고객신뢰를 바탕으로 기업 마케팅효과 증대
- 재해발생 시 신속한 데이터복구 및 업무복귀로 기업의 경쟁력 제고, 재해복구 비용의 최소화

"끝"

[2 교시형]
문제> BCP
답>
1. 비즈니스의 중단 없는 운영방안 BCP의 개요
가. BCP(Business Continuity Plan)의 정의
- 기업의 다양한 내/외부의 변화와 위험요소 및 재해로부터 지속적인 비즈니스를 보장하는 계획

나. BCP의 필요성

원인	필요성
외부규제적 측면	- 바젤II 협약 도입에 따른 금융감독원의 권고사항 - 샤베인옥슬리법 등의 국제적 기준의 내부통제 강화
고객신뢰성 측면	- 업무 처리의 일관성, 업무 기능의 연속성 - 조직의 Critical한 비즈니스 프로세스의 수행을 보장

2. BCP의 구성도와 구축 프로세스
가. BCP의 구성도

구 분	재해복구	업무복구	업무재개	비상계획
대상	전산시스템 장비, 건물 등 재해복구	핵심업무 프로세스 복구	업무전반에 대한 대체 프로세스 계획	업무대응 비상계획
산출물	재해복구계획	업무복구계획	대체 프로세스 계획	업무비상 대응계획

나. BCP 구축 프로세스

절 차	설 명
프로젝트 착수	– BCP 관리 대상 범위 규정 – BCP위원회 설립(조정, 통합 업무)
BIA	– Business Impact Analysis(업무영향분석) – 주요업무프로세스를 식별하고, 우선순위 규정 – 재해시 업무 프로세스중단에 따른 비용을 산정 – 업무 프로세스별 시간 산정 및 목표시간 확정
BCP 수립	– 개략적 BCP 전략수립, 문서화 – 상세계획 수립(세부적인 DRP 수립 포함)
승인, 구현 테스트, 유지보수	– BCP 계획 승인, 대응책 구현 – 업무 프로세스 변경 시 BCP도 변경 사항 반영 – 주기적, 비주기적 테스트 일정

3. BCP 핵심요소 BIA와 BCP 구축 시 고려사항
가. BIA(Business Impact Analysis, 업무영향분석)

1) BIA의 분석

업무 프로세스 우선순위 결정	– 주요업무프로세스의 식별 및 프로세스별 중요도 평가 – 재해 유형 식별 및 재해발생 가능성과 업무 중단의 지속시간 평가
중단가능시간 산정	– 업무 프로세스별 지연 감내 시간 산정(BPO, BIO)
자원요건 산정	– 연속성 보장위해 어떤 자원이 필요한지 산정

2) BIA의 절차

절 차	설 명
주요업무 프로세스 식별	– 조직의 전체 업무 프로세스 식별 및 주요업무 프로세스 도출 – 업무 프로세스 사이의 연관성 고려
재해 유형별발생 가능성	– 발생 가능한 재해를 파악, 1년 중 발생 가능한 일수[빈도수 산정]
업무 프로세스 중단손실 평가	– 재해 시 업무 프로세스 중단에 따른 손실평가 – 유형 피해 정량적 수치, 무형 피해 정성적 수치 도출
업무 우선순위	– 업무별 복구 업무 우선순위와 업무 범위 결정
복구목표시간	– RTO(복구목표시간)과 RPO(복구목표시점) 산정
주요자원 선별	– RTO, RPO에 따른 자원선정, 업무와 자원연관성 파악
문서, 결과보고	– BIA 결과 문서화, 경영진 보고

나. BCP 구축시 고려사항

항 목	내 용
프로그램 수행범위	– 대상조직 범위, 해당업무범위
BPR 관련서비스 업체	– 재난발생시 보험, 데이터센터 서비스 제공시의 정보보안 관리 및 비용
테스트에 의한 피드백	– 반드시 테스트를 통하여 비효율적인 부분 보완필요
Supply Chain 관리	– CEO, CFO, 영업관련 임원의 Buy-In
전담부서	– 전사 차원의 Coordination 및 Communication 수행, Task Force 고려

4. BCP의 기대효과 및 성공방안
가. BCP 구축시 기대효과
 – 비즈니스의 상시운영체제 보장으로 고객 서비스 만족도 향상
 – 고객 만족도 향상으로 인한 기업 마케팅 효과증대
 – 재해발생 시 신속한 업무 복구로 인한 기업 경쟁력 강화

나. BCP의 성공방안
 - CEO의 적극적인 관심과 CIO(IT운영책임자)의 주도가 아닌 COO(최고 운영책임자)의 주도하의 전사적인 BCP 프로세스 구축
 - 명확한 BCP 프로세스 구축범위와 목표치에 대한 규정과 BCP에 대한 전사적 사전교육을 통한 프로젝트 구축의 토대 마련

"끝"

3 DRS

1) 재해복구 시스템 DRS의 개요

(1) DRS(Disaster Recovery System)의 개념

- 재해복구계획의 원활한 수행을 지원하기 위하여 평상시에 확보하여 두는 인적, 물적 자원 및 이들에 대한 지속적인 관리체계가 통합된 것
- 재해복구계획(DRP, Disaster Recovery Planning): 정보기술서비스기반에 대하여 재해가 발생하는 경우를 대비하여 빠른 복구를 통해 업무에 대한 영향을 최소화 하기 위한 제반 계획

[길라잡이]

- 재해복구시스템 필요성

원인	필요성
외부규제적 측면	– 바젤Ⅱ 협약 도입에 따른 금융감독원의 권고사항 – 샤베인옥슬리법 등의 국제적 기준의 내부통제 강화
고객신뢰성 측면	– 업무 처리의 일관성, 업무 기능의 연속성 – 조직의 Critical한 비즈니스 프로세스의 수행을 보장

(2) DRS 구축 유형과 구축 및 운영별 특징

- DRS 구축 유형

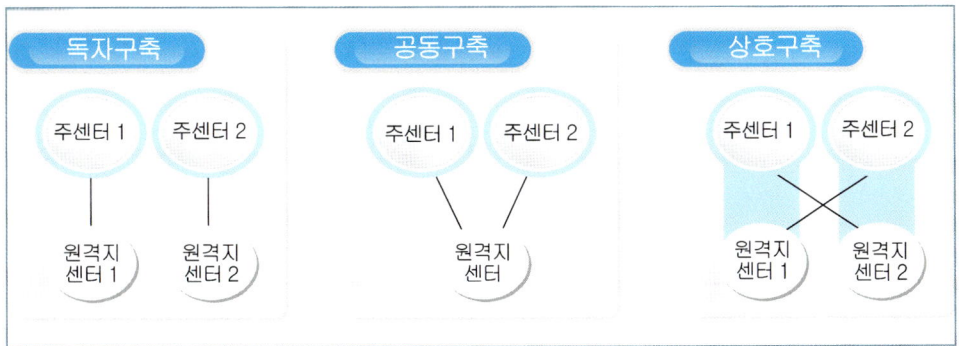

- DRS 구축 및 운영 유형별 특징

구 분	구축 유형	주요 특징
구축 형태별	독자 구축	- 기관전용의 재해복구시스템을 독자적으로 구축 - 구축비용 및 운영비용 높음, 보안성 및 복구신뢰성 높음
	공동 구축	- 두 개 이상의 기관이 재해복구 시스템을 공동으로 구축 - 구축비용 및 운영비용과 보안성 및 복구신뢰성은 독자구축에 비해 낮고, 상호구축에 비해 높음
	상호 구축	- 복수기관 또는 단일기관의 복수의 사이트 상호간 재해복구 시스템의 역할 수행 - 구축비용 및 운영비용 낮음, 보안성 및 복구신뢰성 낮음
운영 주체별	자체 운영	- 기관자체의 인력으로 재해복구시스템 운영 - 운영비용, 보안성 및 복구신뢰성 높음
운영 주체별	공동 운영	- 두 개 이상의 기관이 재해복구 시스템의 운영인력을 상호공유 - 운영비용이 자체운영에 비해 낮음, 보안성 및 복구신뢰성이 기관 간 협조에 의존적
	위탁 운영	- 재해복구시스템의 운영을 민간 위탁운영자 등 외부의 다른 기관에 위탁 - 운영비용 낮음, 보안성 및 복구신뢰성 위탁운영자 신뢰도에 의존적

2) 시스템 복구수준 유형별 비교

유 형	설 명	복구 소요시간 (RTO)	장 점	단 점
Mirror Site	– 주센터와 동일한 수준의 정보 기술자원을 원격지에 구축, Active-Active 상태로 실시 간 동시 서비스 제공	즉시	– 데이터 최신성 – 높은 안정성 – 신속한 업무재개	– 높은 초기투자비용 – 높은 유지보수비용 – 데이터의 업데이트 가 많은 경우에는 과부하를 초래하여 부적합
Hot Site (Data Mirroring Site)	– 주센터와 동일한 수준의 정보 기술자원을 원격지에 구축하여 Standby 상태로 유지 (Active-Standby) – 주센터 재해시 원격지시스템 을 Active 상태로 전환하여 서 비스 제공 – 데이터는 동기적 또는 비동기 적방식의 실시간 미러링을 통 하여 최신상태로 유지 – 일반적으로는 실시간 미러링을 사용하는 핫사이트를 미러사이 트라 일컫기도 함	수시간 (4시간) 이내	– 데이터 최신성 – 높은 안정성 – 신속한 업무재개 – 데이터의 업데이트가 많은 경우에 적합	– 높은 초기투자비용 – 높은 유지보수비용
Warm Site	– 중요성이 높은 정보기술자원 만 부분적으로 재해복구센터 에 보유 – 데이터는 주기적(약 수시간~1 일)으로 백업	수일 ~ 수주	– 구축 및 유지비용이 핫사이트에 비해 저렴	– 데이터 다소의 손실 발생 – 초기복구수준이 부분적임 – 복구소요시간이 비교적 긺

유 형	설 명	복구 소요시간 (RTO)	장 점	단 점
Cold Site	테이터만 원격지에 보관하고, 이의 서비스를 위한 정보자원은 확보하지 않거나 장소 등 최소한으로만 확보 - 재해시 데이터를 근간으로 필요한 정보자원을 조달하여 정보시스템의 복구 개시 - 주센터의 데이터는 주기적(수일~수주)으로 원격지에 백업	수주 ~ 수개월	- 구축 및 유지비용이 가장 저렴	- 데이터의 손실 발생 - 복구에 매우 긴 시간이 소요됨 - 복구 신뢰성이 낮음

3) 재해 복구 시스템 구현방법

(1) 데이터 복제 방식

구 분	디스크 장치 이용	운영체제 이용	DBMS 이용
복제방식	- H/W적 복제방식 - 물리 저장장치 수준	- S/W적 복제방식 - 데이터복제 전용솔루션 이용	- S/W복제방식 - DBMS수준
복제대상	- 디스크 변경분	- 데이터 블록	- SQL문 혹은 변경 로그
구성조건	- 동일한 디스크 사용	- 동일한 논리볼륨 - 수준복제 솔루션 사용	- 동일한 DBMS 사용
복제 시 소요지원	- 디스크 자체 지원	- 해당서버자체 혹은 별도의 관리서버 지원	- DBMS 서버 지원

(2) 데이터 전송방식

구 분	비동기 방식	동기 방식
데이터 처리경로		
설 명	특정작업종료(1,2)-〉원격디스크 복사(3)	특정작업종료(1) -〉 원격복사(2) -〉 내부저장(3) -〉 주 서버 변경 확인(4)
특 성	- 주 서버 업무 수행에 최소한의 부하 - 많은 부하의 배치 작업, 원격 서버로의 통신량 부족시 일부 데이터 손실	- 재해시 데이터 보존률이 가장 뛰어남 - 응답 시간이 필요하므로 온라인 작업은 무리

4) DRS 네트워크 종류

(1) 데이터 복제 네트워크

- 주 센터와 재해복구센터 사이 거리, Syn/Asyn 등의 복제방식에 의해 결정
  - 가까운 거리: ESCON, Fiber Channel을 직접 연결(장애복구 시스템용)
  - 원거리: ATM 및 Fiber 기반의 DWDM 네트워크 장비 이용(다양한 대역폭 할당
    가능)

(2) 재해복구 서비스 네트워크

- 재해발생 시 주센터에서 수행하던 서비스를 일정거리 이상의 재해복구센터에서 동
  일 혹은 일정 수준으로 수행가능 하도록 온라인 서비스용 네트워크

– 재해시 서비스 센터와 서비스 재개를 위한 네트워크 연결이 빠른 시간 내 획득 필요
– 재해복구용 네트워크에 네트워크 경로 사전설정으로 일정 여유용량 확보 등 대책 필요

구분	종류	역 할	고려사항	비 고
내부망	전용망	시스템 접속, 서비스 제공	재해복구용 백업라인 용량 산청, 평시 활용방안 검토	
	DNS	웹 대고객 서비스 지원	재해복구 웹 시스템 전환 후 일반고객이 최단기간 내 재해복구 웹 시스템으로 접근 가능	
	기타	ADSL, VPN 접속 등	비용을 고려하여 백업 전용망을 ADSL 등으로 대체 가능	
외부망	X25	기관 간 데이터 송수신	주요 X.25 라인 및 장비 이중화 필요	신용거래, 금융거래 등
	EDI	금융기관과 데이터 송수신	평시 복수의 VAN사와 EDI 서비스 권장	금융거래, 전자문서 등

5) 재해복구절차 단계와 활동

단 t계	활 동	구성원 임무
재해선언	재해현황 파악	– 대책본부 구성 – 비상통지 – 상황실 유영 – 현 재해현황 파악 – 예상복구 시간 파악(주센터) – 최고책임자 보고자료 작성
	재해복구시스템 전환결정	예상복구 시간, 복귀 시간을 고려하여 전환결정 – 재해복구시스템 전환 절차 통제

단계	활동	구성원 임무
재해복구활동	재해복구센터로의 서비스 전환	– 서비스 재가동 확인 – 재해복구센터에서의 장기 운영 대비
	주센터 복구	– H/W, S/W 공급지원업체에 복구 촉구 – 복구불능시 조달계획 수립(선 조치 후 조달 품의) – 재해복구 전환 통제 및 최종 서비스 확인보고 – 대내외 보고, 발표자료 준비 – 주센터 복구시기 산정 및 복구센터 운영방안 마련
주센터 복귀	주센터로의 복귀결정	– 복귀 방안 준비 및 시기결정 – 주센터 안정화 검증 – 복귀에 따른 서비스 전환 확인 – 전환 후 서비스 내역 및 문제점 파악 – 재해복구시스템 복귀절차 통제

::도우미 임기술사

[설명]

재해복구시스템 DRS는 재해복구계획의 원활한 수행을 지원하기 위해, 평상이 확보해 두는 인적, 물적 자원과 지속적 통합관체계이다. 재해복구계획(DRP)은 정보기술서비스 기반에 대한 재해발생을 대비해 신속한 복구로 업무에 대한 영향을 최소화하기 위한 제반 계획이다.

DRS 구축은 전용 재해복구시스템을 독자적으로 구축하는 독자구축 방식, 두 개 이상의 기관이 재해복구 스템을 공동으로 구축하는 공동구축방식, 복수기관이나 단일기관의 복수사이트가 상호 간 재해복구 시스템 역할을 수행하는 상호구축방식 등의 구축유형이 있다.

독자구축방식의 경우는 구축 및 운영비용이 높으나 보안성 및 복구신뢰성이 높은 장점이 있고, 상호구축방식의 경우는 구축 및 운영비용은 낮으나, 보안성 및 복구신뢰성이 낮은 단점이 있다.

DRS 운영은 기관차제의 인력으로 재해복구시스템을 운영하고 운영비용 및 복구신뢰성이 높은 자체 운영 방식, 두 개 이상의 기관이 재해복구 시스템 운영인력을 상호공유하는 공동운영방식, 재해복구시스템의 운영을 민간 위탁운영자 등 외부기관에 위탁하여 운영비용을 절감하고 보안성 및 복구신뢰성을 위탁운영자의 신뢰도에 의존하는 위탁운영 방식이 있다.

DRS은 시스템 복구수준 유형으로 분류하면 Mirror Site, Hot Site, Warm Site, Cold Site가 있다.

Mirror Site는 주센터와 동일한 수준의 정보기술 자원을 원격지에 구축하여 Active-Active 상태로 실시간 동시서비스를 제공하는 형태로, 복구는 즉시 가능하고 데이터의 최신성, 높은 안전성, 신속한 업무재계의 장점이 있으나, 높은 초기투자 및 유지비용과 데이터 업데이트가 많은 경우 과부하를 초래하는 단점이 있다.

Hot Site는 주센터와 통일한 수준의 정보기술 자원을 원격지에 구축하여 Active-Stand by 상태로 유지되며, 재해시 원격지시스템을 Active 상태로 전환하여 서비스를 제공하는 방법으로, 데이터는 실시간 미러링을 통하여 최신상태로 유지하는 Data Mirroring Site이다. 복구소요시간은 수시간 이내로, 데이터의 최신성과 높은 안정성, 신속한 업무재개, 데이터 업데이트가 많은 경우 적합한 방식이나, 초기투자비용 및 유지보수 비용이 다소 높다.

Warm Site는 중요성이 높은 정보기술자원만 부분적으로 재해복구센터에 보유하고 데이터는 수시간에서 하루 정도의 주기로 백업하여, 재해시 복구소요시간은 수일에서 수주가 소요되는 방법으로, 구축 및 유지비용이 Hot Site에 비해 저렴하나, 데이터 손실이 다소 발생하고, 초기복구 수준이 부분적이며, 복구소요시간이 비교적 긴 단점이 있다.

Cold Site는 데이터만 원격지에 보관하고 원격자원은 확보하지 않거나 장소만 최소한으로 확보한 상태로, 재해시 데이터를 근간으로 필요한 정보자원을 조달하여 정보시스템 복구를 개시하며, 데이터는 수일 또는 수주의 주기로 원격지에 백업한다. 복구소요시간은 수주에서 수개월이 소요되어 데이터 손실발생 및 복구신뢰성이 낮은 단점이 있다.

원격지에 데이터를 복제하는 방식으로는, 디스크장치를 이용하는 방법, 운영체제를 이용하는 방법, DBMS를 이용하는 방법이 있는데, 디스크장치를 이용한 데이터 복제는 하드웨어적 복제방식으로, 디스크 자체 자원을 이용하여 디스크변경내용을 복제하고 동일한 디스크사용환경이 필요하다.

운영체제를 이용한 데이터 복제는 소프트웨어적 복제방식으로, 데이터복제전용 솔루션을 이용하여 동일한 논리볼륨 및 동일한 수준복제 솔루션환경에서 데이터블록을 대상으로 해당서버나 별도의 관리서버의 지원을 받아 복제를 수행한다.

DBMS를 이용한 데이터 복제는 DBMS 수준의 소프트웨어 복제방식으로 DBMS서버의 지원으로 동일한 DBMS를 사용하여 SQL문이나 변경로그를 대상으로 복제를 수행한다.

데이터전송방식은 동기적방식과 비동기적방식으로 구분되는데, 동기적 데이터전송방식은 특정작업 종료 후 원격디스크에 복사하는 방식으로, 주서버 업무수행에 부하를 최소화하고 원격서버로의 통신용량부족시 일부 데이터가 손실될 가능성이 있다. 비동기적 데이터전송방식은 전송을 위한 특정작업종료 후 원격복사와 내부저장, 주서버 변경확인의 과정으로, 재해시 데이터 보존률이 높지만, 응답시간이 필요하므로 온라인작업은 어렵다.

DRS 네트워크는 데이터복제 네트워크와 재해복구서비스 네트워크를 사용한다. 데이터복제 네트워크는 주센터와 재해복구 센터 간 거리나 동기/비동기 복제방식에 의해 네트워크망의 종류가 결정되는데, 가까운 거리인 경우 Fiber Chanel을 직접연결하고 원거리인 경우는 다양한 대역폭 할당이 가능한 ATM 및 Fiber 기반의 DWDM 네트워크 장비를 주로 이용한다.

재해복구 서비스를 위한 네트워크는 재해발생시 주센터에서 수행하던 서비스를 일정 거리 이상의 재해복구센터에서 동일 또는 일정 수준으로 수행 가능하도록 온라인 서비스용 네트워크를 이용하는데, 재해시 서비스 센터와 서비스 재개를 위해 네트워크 연결이 빠른 시간 내 획득되어야 하고, 재해복구용 네트워크에 경로사진설정으로 일성 여유용량 확보 등의 대책이 필요하다. 내부망으로는 시스템접속 및 서비스를 제공하는 전용망, 웹 대고객 서비스지원이 가능한 DNS, ADSL, VPN 접속 등이 있고, 외부망으로는 기관 간 신용거래 및 금융거래를 위한 데이터 송수신에 X.25, 금융거래 및 전자문서 송수신을 위한 금융기관과 데이터 송수신용으로 EDI가 사용된다.

재해복구는 재해발생시 재해현황파악 및 재해복구시스템 전환결정을 수행하는 재해선언, 재해복구센터로 서비스를 전환하고 주센터를 복구하는 재해복구활동, 주센터로 복귀를 준비하여 주센터로 복귀하는 단계를 거친다.

[키워드]
- 재해복구계획(DRP): 정보기술서비스 기반에 재해가 발생하는 경우 신속한 복구로 업무영향을 최소화하기 위한 계획
- DRS구축유형: 독자구축, 공동구축, 상호구축
- DRS운영유형: 자체운영, 공동운영, 위탁운영
- 시스템 복구수준별 DRS 유형: Mirror Site, Hot Site, Warm Site, Cold Site
- Mirror Site: 주센터와 동일한 수준의 정보기술자원을 원격지에 구축, 실시간 동시 서비스
- Hot Site: 주센터와 동일한 수준의 정보기술자원을 원격지에 구축, Stand by 상태 유지 Data Mirroring Site
- Warm Site: 중요성이 높은 정보기술자원만 부분적으로 재해복구 센터에 보유, 주

기적 데이터 백업

- Cold Site: 데이터만 주기적으로 백업하여 원격지에 보관하고 재해시 필요한 정보
  자원을 조달
- 데이터 복제방식: 디스크 장치이용, 운영체제 이용, DBMS 이용
- 데이터 전송방식: 비동기방식(업무부하 최소화), 동기방식(데이터보존률 높음)
- DRS 네트워크: 데이터 복제 네트워크, 재해복구 서비스 네트워크
- 재해복구절차 단계: 재해선언, 재해복구활동, 주센터 복귀

[기출문제]
33) 77회 정보관리: DRS/BCP, 84회 조직응용: DRS

[예상문제]
- 2교시형
1) 재해복구시스템 구축 유형에 대해서 설명하고 재해복구시스템 구축 시에 본사와 데
   이터 동기화 방법에 대해서 설명하시오.
2) BCP와 DRS의 관계에 대해서 설명하시오.

4 ISMS

1) ISMS(Information Security Management System)의 개요

(1) ISMS의 개념

– 정보보호의 목적인 정보자산의 비밀성, 무결성, 가용성을 실현하기 위한 절차와 과
  정을 체계적으로 수립 · 문서화 하고 지속적으로 관리 · 운영하는 시스템 즉 조직에
  적합한 정보보호를 위해 정책 및 조직 수립, 위험관리, 대책구현, 사후관리 등의 정
  보보호관리 과정을 통해 구현된 여러 정보보호대책들이 유기적으로 통합된 체계

(2) ISMS의 목적

– 정보자산의 안전, 신뢰성 향상
– 정보보호관리에 대한 인식제고
– 조직의 정보보호역량 강화를 통한 주요 정보통신 기반시설의 보호 및 신뢰도 향상
– 정보보호서비스 사업의 활성화

(3) ISMS의 기대효과

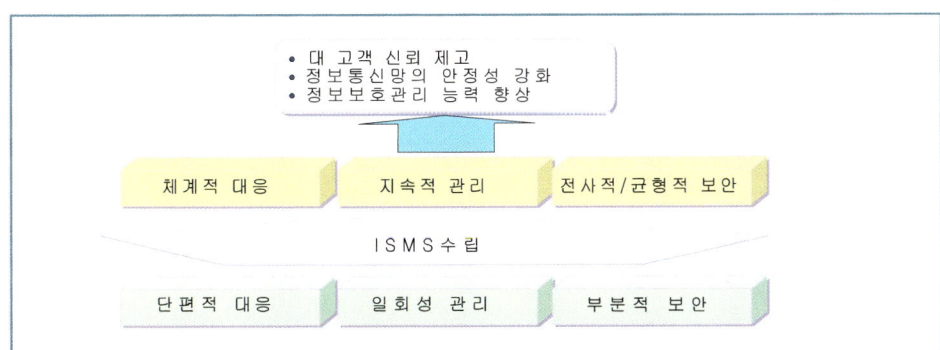

2) ISMS 인증제도

(1) ISMS 인증제도 특징

- 국내 실정에 적합한 정보보호관리 모델 제시
- 공신력 있는 정보보호 전문기관(KISA)에 의한 심사 및 인증
- 국내 최고의 분야별 전문가들에 의한 인증 심사
- 국내 정보보호관련 법제도 반영
- 기술심사 강화를 위한 모의진단 수행(요청시)
- 안전진단 대상자가 ISMS 인증 취득 시 면제(당해년도)

(2) ISMS 인증 종류

인 증	설 명
인증심사	최초로 인증을 받는 경우의 심사
갱신심사	인증 유효기간(3년) 만료 이전에 유효기간의 연장을 목적으로 실시하는 심사
재심사	인증을 받은 ISMS 범위 내에 중대한 변화가 발생하는 경우 실시하는 심사 (인증유효기간과 인증번호는 기존 인증서를 승계함)
사후관리심사	인증 받은 기관이 ISMS를 지속적으로 유지하고 있는지를 점검하는 심사

(3) ISMS 인증심사 기준

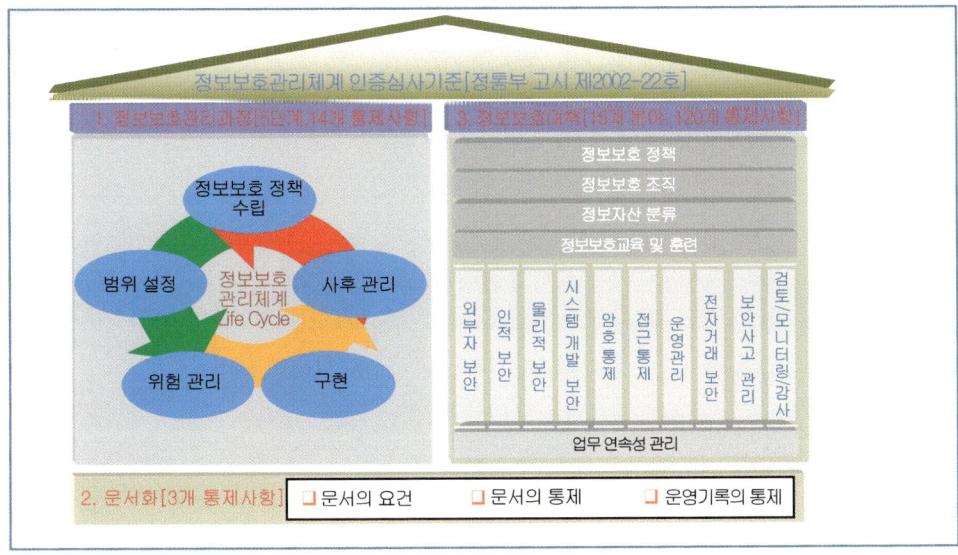

3) ISMS 인증 절차

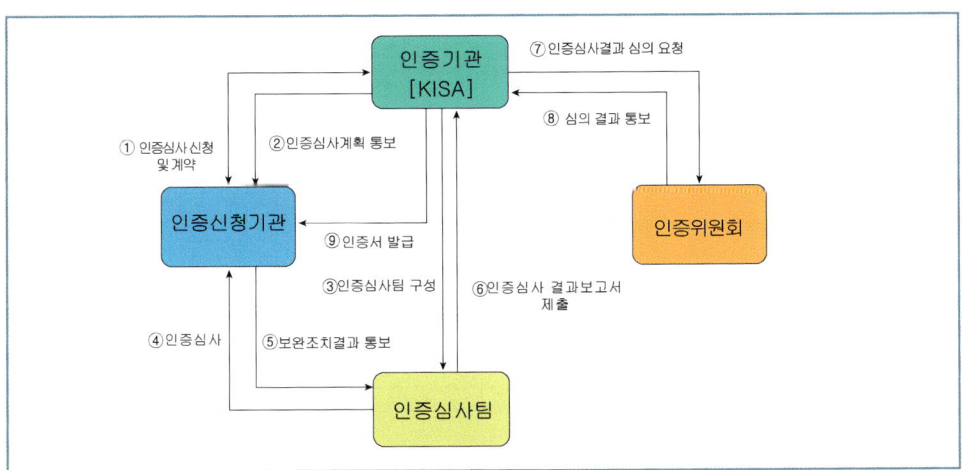

[길라잡이]

• ISMS 인증절차

정보보호 관리과정 요구사항		
관리과정 단계	요구사항	산출문서
1단계 (정보보호 정책 수립)	정보보호정책 수립 단계에서는 조직 전반에 걸친 상위 수준의 정보보호 정책을 수립하고 정보보호를 수행하기 위한 조직 내 각 부문의 책임을 설정	정보보호 정책서
2단계 (정보보호 관리체계 범위 설정)	정보보호 관리체계의 범위를 설정하고 범위 내의 정보자산을 식별하여 범위를 명확히 함	정보보호관리체계, 인증범위서
3단계 (위험 관리)	조직문화와 정보자산에 적절한 위험관리 전략과 계획을 수립, 이에 따라 위험을 분석하고 평가하여 대응이 필요한 위험과 우선순위를 결정, 위험을 수용 가능한 수준으로 감소시키기 위해 필요한 정보보호대책을 선택하고 이들을 구현할 계획을 수립	휘험분석/평가 보고서, 정보보호대책명세서, 정보보호계획서
4단계 (구현)	위험관리 단계에서 수립된 정보보호 계획에 따라 정보보호 대책을 효과적으로 구현하고 필요한 교육과 훈련을 진행	주요 정보통신 설비의 자산 목록 및 시스템 구성도
5단계 (사후 관리)	정보보호 관리체계를 운영하는 과정에서 상시적인 모니터링을 수행하고 또한 장기적인 내부 감사를 통해 정책 준수 상황을 확인, 이러한 결과에 기초하여 정보보호 관리체계를 재검토하고 관리체계를 개선	정보보호 관리체계, 내부 감사보고서, 사후관리 증적자료

5 ISO 27000

1) 정보보호관리시스템 국제표준 패밀리

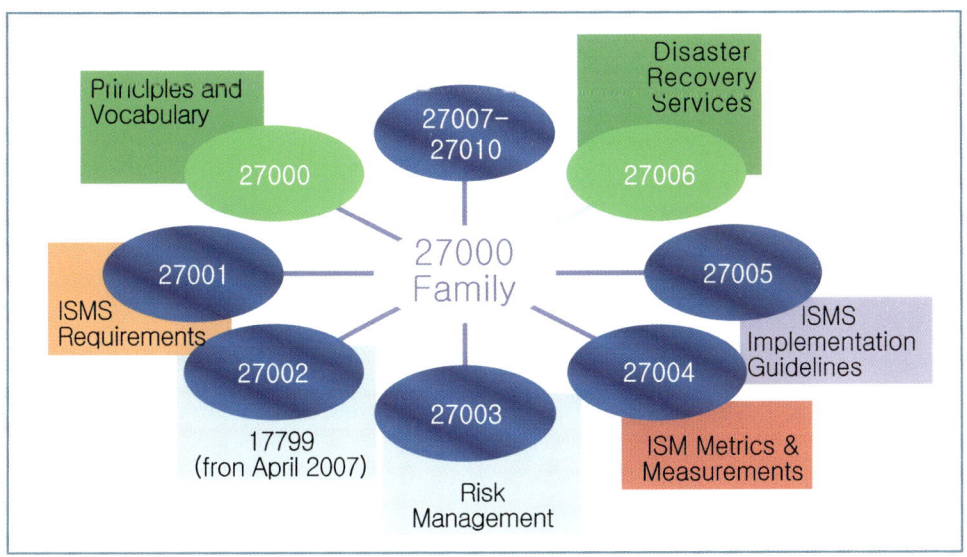

::도우미 임기술사

[설명]

　정보보호관리시스템 ISMS는 정보자산의 비밀성, 무결성, 가용성을 보장하기 위한 절차와 과정을 체계적으로 수립하여 문서화하고, 지속적으로 관리 및 운영하는 시스템으로, 조직에 적합한 정보보호를 위해 정책 및 조직수립, 위험관리, 대책구현, 사후관리 등의 정보보호관리과정과 정보보호대책이 통합된 체계이다.

　ISMS는 정보자산의 안전성 및 신뢰성 향상, 정보보호관리에 대한 인식제고, 주요정보통신 기반시설의 보호 및 신뢰성 향상, 정보보호서비스 사업의 활성화를 위해 필요하다. ISMS를 수립하여 체계적 대응과 지속적관리, 전사적 및 균형적 보안이 수행되면, 대 고객

신뢰성 제고, 정보통신망의 안정성강화, 정보보호관리 능력향상 등의 기대효과가 있다.

ISMS 인증제도는 공신력 있는 정보보호 전문기관이 국내실정에 적합한 정보보호관리 모델을 제시하고 국내 정보보호관련 법제도를 반영한 심사와 인증을 수행하는 방법으로, 인증심사, 갱신심사, 재심사, 사후관리심사 등의 인증종류로 분류할 수 있다.

정보보호관리체계 인증심사 기준은 5단계의 14개 통제사항을 통한 정보보호 관리과정을 점검하고, 3개의 통제사항에 대한 문서화 여부 점검과, 5개 분야 및 120개 통제사항을 기준으로 정보보호 대책을 점검한다. 정보보호관리과정은 정보보호관리체계 수명주기에 따른 정보보호 정책수립, 범위설정, 위험관리, 구현, 사후관리로 구성되어 있고, 문서화는 문서의 요건, 문서의 통제, 운영기록의 통제로 구성된다. 정보보호대책 부분은 정보보호 정책, 정보보호 조직, 정보자산 분류, 정보보호 교육 및 훈련, 업무연속성관리가 필요하고, 외부자 보안, 인적보안, 물리적보안, 시스템 개발보안, 암호통제, 접근통제, 운영관리, 전자거래 보안, 보안사고 관리, 검토·모니터링·감사로 구성된다.

ISMS 인증절차는 인증신청기관, 인증기관(KISA), 인증심사팀, 인증위원회가 주체가 되어 수행되는데 인증신청기관이 인증기관에 인증심사 신청 및 계약을 수행하면, 인증기관이 인증심사계획을 통보하고 인증심사팀을 구성하여 인증신청기관을 대상으로 인증심사를 수행한다. 인증신청기관은 인증심사 결과에 대한 보완조치결과를 통보하고 인증심사팀은 이를 기반으로 인증심사 결과보고서를 인증기관에 제출하게 된다. 인증기관은 인증심사결과에 대한 심의를 인증위원회에 요청하면, 인증위원회는 심의 후 그 결과를 인증기관에게 통보하고 이를 기반으로 인증기관이 인증신청기관에게 인증서를 발급하게 된다.

ISO 27000시리즈는 ISMS의 국제표준체계로, 영국 BSI에서 정보보호 관리를 위한 실무규약인 BS7799이 기반이 된 것으로, BS7799는 정보보호관리를 위한 통제수단들을 수록한 실무규약 문서인 Part 1과 ISMS 수립을 위한 요구사항을 명시하고 위험관리 기반의 지속적 개선을 위한 정보보호 프로세스를 기술하는 Part 2로 구성된다. Part 1은 2000년

ISO 17799로, Part 2는 ISO 27001로 등록되면서 ISMS에 대한 효과성 등의 내용이 추가 및 변경되면서, ISMS에 관한 주요 문서의 국제표준화 과정완료에 따라 ISMS 국제표준체계가 구축되기 시작했다. ISO 17799는 ISO 27002로 변경되었고, 주요 ISO 27000 시리즈는 ISO 27003는 위험관리, ISO 27004는 정보보호관리 매트릭스 및 측정, ISO 27005는 정보보호 관리시스템의 실행가이드, ISO 27006은 재해복구시스템, ISO 27000은 규칙 및 용어집 등으로 구성된다.

[키워드]

- 목적: 정보자산 안정성 및 신뢰성 향상, 정보보호관리에 대한 인식제고, 정보보호 서비스 활성화
- 특징: 정보보호관리모델제시, 정보보호전문기관에 의한 심사 및 인증, 정보보호관련 법제도 반영
- 종류: 인증심사, 갱신심사 재심사, 사후관리심사
- 심사기준: 정보보호 관리과정(정보보호 정책수립, 범위설정, 위험관리, 구현, 사후관리), 문서화(문서의 요건, 문서의 통제, 운영기록의 통제), 정보보호대책(정보보호정책, 정보보호조직, 정보자산분류, 정보보호 교육 및 훈련, 업무 연속성관리)
- 인증프로세스: 인증심사 신청 및 계약, 인증심사계획통보, 인증심사팀구성, 인증심사, 보안조치 결과 통보, 인증심사 결과보고서 제출, 인증심사결과 심의요청, 심의결과통보, 인증서발급
- ISMS 국제표준체계: ISO 27000시리즈(ISO 27000, ISO 27001, ISO 27002, ISO 27003, ISO 27004, ISO 27005, ISO 27006)

[예상문제]

• 1 교시형

1) ISO 27001

답안제시

[설명]

문제〉 ISO 27001

답〉

1. BS7799의 Part 2(정보보호관리체계 요구사항)의 국제표준인 ISO/IEC 27001 개요

가. ISO/IEC 27001(Information Security Management System Requirements)의 정의

- BS7799의 Part 2인 정보보호관리체계 요구사항의 국제 표준으로 정보보호관리체계에 대한 국제인증시 이행해야 하는 요구사항을 정의한 국제표준

나. 정보보호관리체계의 표준화과정

- BS7799 -〉 BS7799 Part 1이 ISO 17799 -〉 ISO 27002로 전환 예정
- BS7799 Part 2 -〉 ISO 27001

2. ISO/IEC 27001의 통제항목과 인증절차

가. ISO/IEC 27001

- 보안정책: 정보보호에 대한 경영진의 방향성 및 지원 제공
- 정보보안조직: 조직 내 정보보호 관리 활용
- 물리적 환경적보안: 사업자의 비인가된 접근 및 방해요인 예방
- 사업연속성 관리: 비즈니스 활동에 방해요인 에 대응하며, 중대한 실패 또는 재안으로부터중요한 비자니스 프로세스 보호 이외 접근통제, 보안사고관리, 준거성 등 11개 보안 통제항목으로구성됨
- BS7799 규격에서 통제항목이 10도메인/127개 통제항목에서 국제표준으로 전환되면서 11개 도메인/133개 통제항목으로 변경

나. 인증절차

- 인증준비단계 (현황분석-〉 위험평가 -〉 정보보호체계구현 -〉 이행) 인증심사단계

3. ISO/IEC 27001 인증현황 및 정보보호관리인증제도 동향

가. ISO/IEC 27001 인증은 국내 금융권, 제조, 통신분야에서 인증받고 있으며, 서울시청에서도 인증획득 하였음

나. 정보보호관리인증제도는 BS7799를 토대로 ISO 17799(관리체계), ISO 27001(요구)로 국제표준으로 전환되었으며, 2007년 ISO 17799가 ISO 27002로 전환되어 ISO 27000 Family로 전환될 예정임

"끝"

6 RMS

1) 종합위험관리시스템(RMS: Risk Management System)의 개요

(1) 사전에 보안사고 예방하는 능동형 RMS 개념

- 기업 내 IT 자원의 취약점 및 위험요소들을 분석, 평가하여 사전에 보안사고를 예방하는 능동형 솔루션
- IT 자산의 가치, 취약점의 위험도, 위협의 심각성 등의 상관 관계를 정확하게 산출, 최적의 보안위험 관리를 지원, 위험 방어 위한 정책 설정

[길라잡이]

- 종합위험관리시스템(RMS: Risk Management System)은 기존의 통합보안관리솔루션(ESM) 위협분석 시스템에서 한 단계 진보된 정보보호솔루션이다.
- 관리대상 시스템의 잠재적인 위험도를 관리하며 위협 분석 기능뿐만 아니라 정보시스템의 취약성을 인식한다. 이로 인해 예상되는 손실을 분석하고 주요자산 평가 기능 등을 총체적으로 제공한다.
- RMS는 서로 다른 기종의 보안시스템과 주요 정보시스템에서 발생하는 여러 종류의 위협과 취약성 정보를 해당 자산의 중요도와 연계해 종합적으로 분석한다. 이를 통해 전사적인 위험관리가 가능하다. 또 기업 자산의 우선 순위와 각 자산에 대한 보안위험 점검부터 구체적인 대응방안까지 한 번에 제시한다.
- RMS는 산발적으로 관리되는 다양한 보안 정보를 통합해 자산·조직별 단일 지표로 제시하는 등 보안 관리 효율성을 높인다. RMS는 보안 전담조직의 현실적 대응 한계와 관리 미숙을 보완, 보안 사고 위험을 줄일 수 있는 효과적인 솔루션으로 떠오르고 있다.

(2) RMS 도입 이유

- 기업 정보자산 공격 지능화에 따른 전사차원의 보안 시스템이 사전보안 시스템으로 강화·보완
- 위험 수준 분석으로 자동 대응 조치 수행, 보안관리 프로세스 자동화 솔루션 등장,

보안 투자 및 운영관리 효율성 높임, 컴플라이언스 등의 이슈 해결 위한 솔루션으로 주목

[길라잡이]

• RMS에서 위험의 종류는 시장, 신용, 사업, 운영위험으로 분류된다.

1) 시장위험: 환율, 주가변동 등으로 발생되는 손실위험
2) 신용위험: 국가 및 기업 신용도 평가로 인하여 발생하는 위험
3) 사업위험: 신규 사업을 추진함으로써 발생되는 위험
4) 운영위험: IT 서비스의 연속성 저해로 발생되는 위험

2) 종합위험관리 시스템 프로세스

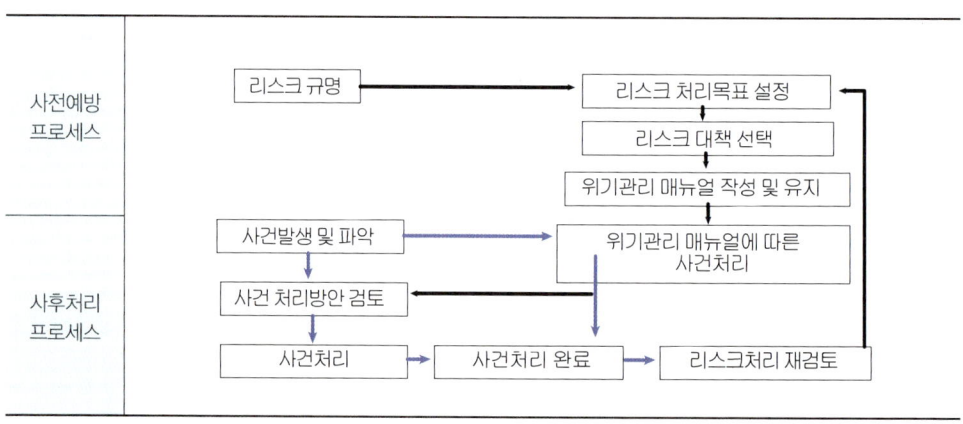

- ESM과 RMS의 연계로 단순 보안관리를 전사적 리스크 관리로 업그레이드하여 전체 자산별 조직별 보안 관리 수준을 단일 지표로 제시

3) 종합위험관리 시스템 구성 기능

구성 기능	주요 내용
Developing Policy	– 위험관리통합체계 구축 위한 기입의 전략 및 의지(전책 개발)
Understanding Risk & Process	– 기업, 단체에서 발생 가능하거나 현재 보유, 발생했던 리스크 검색 – 발생 가능한 리스크나 핵심 프로세스 발견이 중요
Assessing Risk & Process	– 추출한 리스크 또는 핵심 프로세스를 정량적, 정성적으로 평가 – 평가방법: Risk Matrix, Business Impact Analysis
Developing Ttreatment & Recovery Play	– 평가한 리스크와 핵심 프로세스에 대한 예방방법과 대응방법 개발 – Cost–benefit 분석 통한 합리적 대책 수립
Monitoring & Communication	– 규명 및 확인된 리스크 관리 위한 방법 수립 – 주기, 모니터링 방법, 기준, 책임 분담 등 고려
Documentation	– 진행 내용 문서화, 매뉴얼 및 절차서 작성, 승인완료(진단, 교육고려)

::도우미 임기술사

[설명]

종합위험관리시스템 RMS는 기업 내 IT자원의 취약점 및 위험요소들을 분석 및 평가하여 사전에 보안사고를 예방하는 능동형 솔루션으로, IT자산의 가치 및 취약점의 위험도, 위협의 심각성 등의 상관관계를 정확하게 산출하여 최적의 보안을 위한 위험관리를 지원하고 위험방어를 위한 징책수립이 가능하다.

RMS는 기업 정보자산에 대한 공격의 지능화에 따라 전사적 보안시스템을 사전보안 시스템으로 강화하고, 위험수준 분석으로 자동대응조치 수행 및 보안관리 프로세스의 자동화 솔루션 등을 이용하여 보안 투자 및 운영관리의 효율성을 높이고 컴플라이언스 등의 이슈해결을 위한 솔루션으로 주목받고 있다.

RMS를 위한 프로세스는 사전예방 단계에서는 위험을 식별, 위험처리 목표설정, 위험대책 선정, 위기 관리 매뉴얼 작성 및 유지를 수행하고, 사후처리 단계에서는 사건발생 시 사건파악, 사건처리방안 검토 및 위기관리 매뉴얼에 따른 사건처리 후 위험처리에 대한 재검토를 실시하는 프로세스가 수행된다. ESM(Enterprise Security Management)와 RMS의 연계로 단순 보안관리를 전사적 위험관리로 업그레이드 하여 전체 자산 및 조직별 보안관리 수준을 단일지표로 제시가 가능하다.

RMS의 주요 구성 기능은 Developing Policy, Understanding Risk & Process, Assessing Risk & Process, Developing Treatment & Recovery Play, Monitoring & Communication, Documentation 등이다.

Developing policy는 위험관리통합체계구축을 위한 기업의 전략 및 정책을 개발하며, Understanding Risk & Process는 기업 및 단체에서 발생가능하거나 발생했던 위험을 검색하여 발생가능한 위험 및 핵심프로세스를 발견하고, Assessing Risk & Process는 추출한 리스크나 핵심프로세스를 Risk Matrix나 업무영향분석 등을 통하여 정량적, 정성적으로 평가한다. Developing Treatment & Recovery Play는 평가한 위험과 핵심프로세스에 대한 예방 및 대응방법을 개발하고 Cost-benefit 분석을 통한 합리적인 대책을 수립하고, Monitoring & Communication은 주기적 모니터링 방법 및 기준, 책임 분담 등을 고려하여 확인된 위험관리를 위한 방법을 수립하며, 진행내용을 문서화하고 매뉴얼 및 절차서작성과 승인 등을 통한 진단과 교육 등의 Documentation 과정을 거친다.

[키워드]
- RMS: 기업 내 IT자원의 위험요소 분석 및 평가, 사전에 보안사고 예방하는 능동형 보안 솔루션
- RMS 사전예방프로세스: 리스크규명, 리스크 처리목표 설정, 리스크 대책 선택, 위기관리 매뉴얼 작성 및 유지

- RMS 사후처리프로세스: 사건발생 및 파악, 사건처리방안 검토, 위기관리 매뉴얼에 따른 사건처리, 사건처리완료, 리스크처리 재검토
- RMS의 시스템 구성기능: Developing Policy, Understanding Risk & Process, Assessing Risk & Process, Developing Treatment & Recovery Play, Monitoring & Communication, Documentation

[기출문제]

34) 83회 조직응용: RMS & ESM

1) ERM(Enterprise Risk Management)의 개요

(1) ERM의 개념

- 경영 리스크를 전사적 시각에서 하나의 리스크 포트폴리오로 인식 및 평가하고, 명확한 책임 주체 하에 리스크를 통합적으로 관리하는 체계

(2) ERM의 목적

- 전사적 관점에서 체계적이고 통합적인 관리로 리스크에 대한 능력 제고, 예방활동 강화
- 관리대상 리스크: 사업(전략)목표에 영향 미치는 회사 Value Chain의 재무/비재무 리스크

(3) ERM 체제 구현 기대효과

- 통합리스크 정보의 제공, 리스크 발생 원인에 대한 세부적인 분석 능력 및 대응능력 강화 등을 통한 경영의사결정 능력 제고에 기여

Stakeholders	기대 효과
주주	회사 수익의 변동성 관리를 통해 안정적 수익확보, 자본조달 비용 절감하여 주주 가치 증대에 기여
경영진	전사적으로 통일된 리스크관리 전략실행으로 의사결정체계의 일관성을 제고, 각종 규제 사항에 대한 적극적 대응 가능

Stakeholders	기대 효과
고객 및 협력업체	서비스 품질의 변동성을 축소, 계약 및 관계관리의 안정성 강화
종업원	업무상 직면하는 각종 리스크에 대한 이해도 향상, 신속하고 효과적인 리스크 대응 가능

[길라잡이]

• ERM의 필요성

필요성

전통적 위험관리 방식에 한계 인식
- 개벽적이고 부분적인 Risk 관리는 전사적 인식 및 관리를 통한 효과적 대응에 미흡
- Risk의 예방적 관리활동 부족

기업 생존전략 도구로서 Risk 관리의 중요성 대두
- 저 성장 기초하에서 리스크관리는 기업의 연속성을 보장하기 위한 최소한의 경영관리 기법이라는 인식이 확산

Risk 관리와 전략간의 Alignment 부재
- 개별 Risk관리가 기업의 전략과 연계되어 관리 되지 못함으로써 기업가치 최적화 목적에 미흡

내부통제 및 위험관리에 대한 규제강화
- 각국 정부 및 관련기관의 기업 위험관리 기준 강화
- 미국,캐나다,영국 등 사업보고서에 Risk 관리 활동내용을 공시하도록 요구

ERM개념/정의*

Enterprise risk management is a process, effected by an entity's board of directors, management and other personnel,applied in strategy setting and across the enterprise, designed to identify potential events that may affect the entity,and manage task to be within its risk appetite, to provide reasonable assurance regarding the achievement of entry objectives.*)

- 프로세스
- 기업 전체적 시각
- 기업의 목적 달성
- 기업 전략 수립에 적용
- 잠재적인 위험 파익과 일정 위험 허용 수준
- 합리적인 대응방안 강구
- 명확한 책임주체에 의한 실천

*Enterprise Risk Management-Integrated Framework,Sep.2004,CODO

[길라잡이]

• ERM Framework

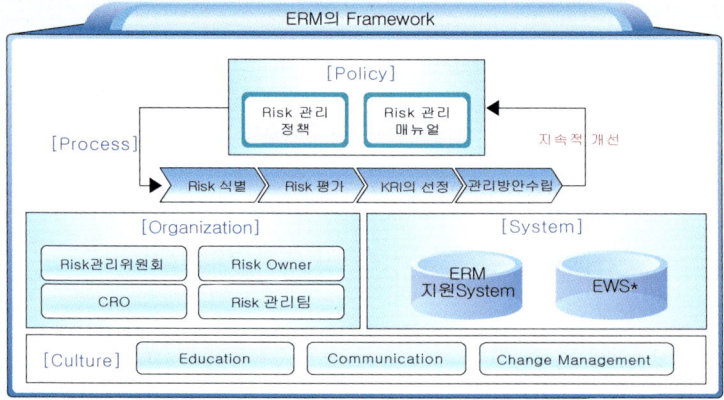

*Early Warning System(조기경보 System)

2) ERM 체제 구현 프로세스

프로세스	상세 내용
리스크 식별	– 사업목표 달성에 저해되는 리스크 도출, 분류 및 목록화
리스크 평가	– 목록화된 리스크 대상으로 고유리스크 평가, 주요 관리대상 리스크 선정 – 잔여 리스크 평가 및 리스크 통제활동의 실행여부 결정
리스크 측정	– 집중관리 리스크에 대한 관리상황을 파악 가능한 지표의 선정 및 모니터링 – 계량리스크와 비계량리스크 측정
ERM 인프라 구축	– 리스크 인식, 평가 및 측정에 의해 산출된 정보가 회시의사결정에 적용 가능하도록 지원하는 리스크 대응체계, ERM시스템 및 조직구축

– 리스크 대응 체계: 리스크 발생시 대응방안에 대한 계획수립, 리스크 대응활동 및 모니터링 포함. 테스트 등을 통한 지속적 관리와 개선 필요

[길라잡이]

• ERM 구축 프로세스

3) ERM 체제 구현 및 실행시 고려사항

(1) 단기적 성과보다 회사 특성반영한 ERM체제 수립 및 지속적 활용을 통한 ERM 수준제고와 문화 확산

(2) 세부적인 프로세스 분석 및 프로세스 상의 오류보다 전사적인 경영의사결정 레벨의 리스크와 전략 목표 달성을 저해하는 요소에 초점

(3) 복잡한 IT구축보다 경영진의 강력한 실행의지 및 조직원의 적극적 참여 유도 필요

(4) 전사적 관점에서 우선순위 높은 리스크 부터 대응체계 수립 후 단계적으로 확산

::도우미 임기술사

[설명]

ERM은 경영 리스크를 전사적 시각에서 하나의 리스크 포트폴로오로 인식하고 평가하여, 명확한 책임주체하에 리스크를 통합적으로 관리하는 체계이다. ERM의 관리대상 리스크는 사업 목표에 영향을 미치는 회사 Value Chain의 재무 또는 비재무적 리스크이다.

ERM 체계를 구현하면, 통합리스크 정보의 제공, 리스크 발생원인에 대한 세부적인 분석능력 및 대응 능력 강화 등을 통해 경영의사결정 능력 제고가 가능하다. 각 이해관계자별로 살펴보면, 주주입장에서는 회사 수익의 변동성 관리를 통해 안정적 수익확보 및 자본조달 비용을 절감하여 주주 가치 증대에 기여가 가능하고, 경영진 입장에서는 전사적으로 통일된 리스크관리 전략실행으로 의사결정체의 일관성 제고와 각종 규제상황에 대한 적극적인 대응이 가능하다. 고객 및 협력체계 입장에서는 서비스 품질에 대한 변동성 축소와 계약 및 관계관리 안정성을 강화할 수 있고, 직원입장에서는 업무상 직면하는 각종 리스크에 대한 이해도 향상과 신속하고 효과적인 리스크 대응이 가능하다.

ERM을 구현하기 위해서는 사업목표 달성에 저해되는 리스크를 도출하여 분류 및 목록화 하는 리스크 식별단계, 목록화된 리스크를 대상으로 고유리스크를 평가하고 주요관리대상 리스크를 선정, 잔여 리스크 평가 및 리스크 통제활동의 실행여부를 결정하는 리스크 평가단계, 집중관리 리스크에 대한 관리상황을 파악 가능하도록 지표선정 및 모니터링하

고, 계량 리스크와 비계량 리스크를 측정하는 리스크 측정단계, 리스크 인식과 평가, 측정에 의해 산출된 정보가 회사의 의사결정에 적용 가능하도록 지원하는 리스크 대응체계 및 ERM 시스템과 조직을 구축하는 ERM 인프라 구축 단계로 구분해 수행한다.

리스크 대응체계는 리스크 발생시 대응방안에 대한 계획수립과 리스크 대응활동 및 모니터링이 포함되어 있으며 테스트 등을 통해 지속적인 관리와 개선이 필요하다.

ERM 체계를 구현할 때에는 단기적 성과보다는 회사의 특성을 반영한 ERM체계를 수립한 후 지속적인 활용을 통한 ERM수준제고와 문화확산이 중요하고, 세부적인 프로세스 분석보다는 전사적인 경영의사 결정 레벨의 리스크와 전략목표 달성을 저해하는 요소에 초점을 맞추어야 한다. 또한, 복잡한 IT구축 보다 경영진의 강력한 실행의지 및 조직원의 적극적 참여유도가 필요하고, 전사적 관점에서 우선순위가 높은 리스크부터 대응체계를 수립한 후 단계적으로 확산해야 한다.

[키워드]
− 목적: 전사적 관점에서 리스크를 체계적이고 통합적으로 관리, 예방활동 강화
− 기대 효과: 통합 리스크정보 제공, 리스크 발생원인에 대한 분석 및 대응능력 강화로 경영의사결정 능력 제고에 기여
− 구현 프로세스: 리스크 식별, 리스크 평가, 리스크 측정, ERM 인프라 구축

[기출문제]
35) 74회 정보관리: ERM

[예상문제]
• 2교시형
1) 최근 정보시스템에 대한 중요성의 증대에 따라 전사관점에서 정보시스템의 안정성

을 확보하기 위한 ERM 솔루션이 중요하게 부각된다. 이러한 ERM 솔루션의 필요성
과 구축방법을 설명하고 기대효과를 제시하시오.

STEP 10

보안응용

1 컴퓨터 포렌식

1) IT기반 최신 수사기법 컴퓨터 포렌식(Computer Forensic)의 개요

(1) 컴퓨터 포렌식의 개념

- 법정에서 수용되는 방법으로 저장 매체에 남아있는 디지털 증거를 확보, 식별 및 보존, 분석, 제시하는 프로세스로 범죄 단서를 찾는 수사 기법

(2) 컴퓨터 포렌식에서 확보하는 디지털 증거

- 디지털 증거의 특징
  - 자체적 가시성 결여로 증거 제출의 어려움: 디지털정보와 출력 자료 동일성 증명 필요
  - 삭제, 변경 용이로 증거 인멸 조작 가능: 신뢰성 확보 방안 마련 필요
  - 통신 비밀, 프라이버시 침해 취약환경
- 디지털 증거의 종류
  - File Signature, Hash 분석, Swap/Unallocated 공간조사, Raid5 분석
  - GREP(계좌번호, 전화번호, 이메일주소, 카드번호, 주민번호 등)
  - 전자메일 복구 및 ID및 콘텐츠 분석, 웹메일 분석
  - 삭제 파티션 이미지 복구, Advanced Data 분석, 레지스트리 분석

2) 컴퓨터 포렌식의 원칙과 기술 유형

(1) 컴퓨터 포렌식의 원칙

- 증거자료 획득: 원시 데이터에 대한 변경이나 훼손 없이 증거자료 획득
- 자료 증명: 획득한 증거가 원시 데이터의 일부 분임을 입증
- 자료 분석: 원시 데이터의 변경 없이 분석

(2) 컴퓨터 포렌식 기술 유형

기술 유형	상세 내용
Disk Forensic	비휘발성 저장장치로부터 증거물 획득 및 분석
Network Forensic	네트워크 트래픽에서 증거물 획득 및 분석(모니터링 도구)
e-Mail Forensic	E-mail 내용, 수신, 발신자 정보획득 및 분석
Web Forensic	Web 방문자, 방문시간, 방문 경유지 등 분석
Source Code Forensic	프로그램 원시코드의 작성자 확인
Mobile Device Forensic	PDA, 전자수첩, 휴대폰 등에 대한 증거물 획득 및 분석

3) 컴퓨터 포렌식 절차와 적용 방법

(1) 컴퓨터 포렌식 절차

절 차	내 용	수행시 고려사항
준비 (Preparation)	도구나 기술 정의, 준비	접근대상 고려한 준비
접근전략 (Approach Strategy)	포렌직 절차 방법 정의, 관련기술 숙지	피해시스템 손상 최소화, 관련 증거수집 최대화
보존 (Preservation)	증거물 고립, 안전하게 보존	증거물 보관상황 문서화
수집 (Collection)	디스크의 물리적 이미지 백업, 관련 증거 기록	표준화된 법정인정용 절차준수
조사 (Examination)	잠재적으로 숨겨진 증거 밝힘	조사과정 상세히 문서화
분석 (Analysis)	증거토대로 데이터 조작과 사건흐름 재구성	분석과정 상세히 문서화
보고 (Presentation & Reporting)	설명과 사건에 대한 핵심 제시, 법정에 관련자료 제출	

(2) 컴퓨터 포렌식 적용 방법

- 대응분석(제보접수 - 탐문수사 - 증거수집 - IP추적 - 진원지 판명 - 진원지 수사)
  - 피해자 제보 통한 수사팀 구성, 피해 시스템의 분석 통한 침입자 정보 획득
  - 추출된 정보를 근거로 침입자 모니터링, 침입이자 조사자료 및 사이버 법규기반 자료확보 및 수사
- 위험분석(데이터복구 - 자료검색 - 자료정리 - 데이터 보안조치)

- 저장매체의 데이터 복구 선행, 암호화된 복구 데이터는 역공학에 의해 해석
- 분석 용이하도록 파일 포맷 분류 및 정형화된 형태로 정렬
- 범죄 발생시간 중심으로 단서 데이터 분석 및 증거산출
- 필요증거 최종 산출시 백업시스템 제외한 시스템 분석에 사용한 사료 삭세

4) 컴퓨터 포렌식 해결과제 및 현황

(1) 컴퓨터 포렌식 해결과제

- 기술적 측면
  - 디지털 기기들간 분석시간 단축, 신뢰도 높은 분석 결과 획득 위한 분석도구 필요
  - 지속적 연구와 전문인력 양성, 체계적 관리 통해 정보침해에 유연하게 대처 가능한 환경구축
- 정책적 측면
  - 국내 디지털 증거, 포렌직에 대한 세밀한 법적 검토 필요
  - 디지털 증거분석의 명확화를 위한 규정과 절차에 대한 실무적 가이드 라인 필요

(2) 컴퓨터 포렌식 현황

- 해킹이나 피싱, 개인정보 유출 등의 IT와 직간접적으로 연관된 범죄 증가로 중요성 부각 일반 범죄에도 관련되어 중요역할 증대 추세임
- 정보보호의 목적은 프라이버시 보호에서 대규모 금전손해 방해하는 것 등으로 확장되고 있고, 디지털 증거 분석의 활용 범위는 범죄수사뿐 아니라 경영기밀 유출과 지적 재산권 보호에 적극 활용될 것임

[설명]

컴퓨터 포렌식(Computer Forensic)은 법정에서 수용되는 방법으로 저장매체에 남아 있는 디지털 증거를 확보, 식별, 보존, 분석, 제시하는 프로세스로 범죄단서를 찾는 수사 기법이다.

컴퓨터 포렌식에서 확보하는 디지털 증거는 자체적 가시성이 부족하여 증거제출에 어려움이 있어 출력자료와의 동일성 증명 등이 필요하며, 삭제 및 변경이 용이하고 증거인멸 조작 가능성이 있어 신뢰성 확보방안이 필요하다. 또한 통신 비밀이나 프라이버시 침해에 취약하므로 이를 고려해야 한다. 디지털 증거의 분석 방법은 File Signature 및 Hash 분석, Swap/Unallocated 공간조사, Raid 분석, GREP(계좌번호, 전화번호, 주민번호 등 개인정보 분석), 전자메일 복구 및 ID와 콘텐츠 분석, 웹메일 분석, 삭제 파티션 이미지 복구, 레지스트리 분석 등이 있다.

컴퓨터 포렌식을 위해서는 원시 데이터에 대한 변경 및 훼손 없이 증거자료를 확득해야 하고, 획득한 증거가 원시 데이터의 일부분임을 증명해야 하며, 원시데이터의 변경 없이 분석가능 해야 한다.

종류로는 비휘발성 저장장치로부터 증거물 획득 및 분석이 가능한 Disk Forensic, 네트워크 트래픽에서 증거물 획득 및 분석이 수행되는 Network Forensic, E-Mail 내용 및 수신자와 발신자의 정보 획득과 분석을 수행하는 E-Mail Forensic, Web 방문자, 방문시간, 방문 경유지 등을 분석하는 Web Forensic, 프로그램 원시코드의 작성자 확인을 수행하는 Source Code Forensic, PDA 및 전자수첩, 휴대폰 등에 대한 증거물 획득 및 분석을 수행하는 Mobile Devices Forensic 등이 있다.

Computer Forensic 절차는 접근 대상을 고려하여 도구나 기술정의 및 준비를 수행하는 준비단계, 피해시스템 손상은 최소화하고 관련 증거수집을 최대화하여 포렌식 절차방법 정의와 관련 기술을 숙지하는 접근전략 단계, 증거물 보관상황을 문서화하여 증거물을 고립시키고 안전하게 보존하는 보존단계, 표준화된 법정인정용 절차를 준수하여 디스크의 물리적 이미지를 백업히고 관련 증거를 기록하는 수집단계, 조사과정을 상세히 문서화하여 잠재적으로 숨겨진 증거를 밝히는 조사단계, 분석과정을 상세히 문서화하여 증거를 토대로 데이터 조작 및 사건흐름을 재구성하는 분석단계, 설명과 사건에 대한 핵심을 제시하고 법정에 관련자료를 제출하는 보고단계로 수행된다.

컴퓨터 포렌식은 대응분석과 위험분석에 적용되는데, 대응분석에 적용시에는 피해자 제보를 통한 수사팀을 구성하고 피해시스템을 분석하여 침입자 정보를 획득하고, 추출된 정보를 근거로 침입자 모니터링, 조사자료와 사이버 법규기반의 자료확보 및 수사를 수행하는데, 주요 프로세스는 제보접수, 탐문수사, 증거수집, IP추적, 진원지 판명, 진원지 수사로 진행된다. 위험분석에 적용할 때는 저장매체의 데이터복구를 선행하여 암호화된 복구데이터는 역공학에 의해서 해석하고, 분석이 용이하도록 파일포맷 분류 및 정형화된 형태로 정렬한 후, 범죄 발생시간을 중심으로 단서 데이터분석 및 증거를 산출하고, 필요한 증거는 최종 산출시 백업시스템을 제외한 시스템분석에 사용한 자료는 삭제하는 단계로 수행되며, 주요 프로세스는 데이터복구, 자료검색, 자료정리, 데이터 보안조치이다.

컴퓨터 포렌식은 해킹이나 피싱, 개인정보 유출 등의 범죄 증가로 중요성이 부각되고 있고, 정보보호의 목적이 프라이버시 보호에서 대규모 금전손실 보호로 확정되고 있어, 디지털 증거분석의 활용범위는 범죄수사뿐만 아니라 경영기밀 유출과 지적재산권 보호에 적극 활용될 전망이다.

- 디지털 증거 특징: 가시성 결여로 증거제출 어려움, 삭제 및 변경 용이로 증거 인멸 및 조작가능
- BcN 보안위협: 유무선접속망(연동정보노출, 타망해킹시도), 방송망(콘텐츠 위변조 및 불법사용), SS7(도청 및 스팸)
- RFID 관련 보안위협: 분산서비스 거부공격 및 사물정보 불법수집, 태그정보 추적을 통한 프라이버시 침해위협, 태그와 리더 간 무선구간 도청위협
- USN 기반 정보보호 위협: 의료정보보호의 보안특성은 비밀성, 무결성, 가용성 보장
- 의료정보보호는 개인정보유출방지, 의료정보화 시장 및 표준화 활성화, 안전한 의료서비스 지원
- 의료정보 보안 위협: 네트워크 기반 의료정보관리 및 처리시 위협, 불법접근 및 내부자에 의한 유출, 조작 등의 위협, 센싱기능 오류 및 센싱정보 유출의 위협
- 기술적 보안방안: 데이터보안, 시스템 보안, 네트워크 보안, 접근통제

[기출문제]

36) 81회 정보관리: 컴퓨터 포렌식스

[예상문제]

2교시형

1) 컴퓨터 포렌식의 원칙, 절차에 대해서 설명하시오.

답안제시

[작성] 제80회 전자계산기 조직응용기술사

문제〉 컴퓨터 포렌식

답〉

1. 컴퓨터 법의학 컴퓨터 포렌식

가. 컴퓨터 포렌식의 정의
 - 컴퓨터 침해사고나 컴퓨터 이용 범죄에 관한 증거의 수집, 복원, 저장, 이동, 제시 등 일련의 과정을 통한 증거 확립 방법론

나. 컴퓨터 포렌식이 필요한 이유
 - 증거의 비가시성, 휘발성이라는 컴퓨터 범죄 특유의 환경 대응
 - 침해사고 방지를 위한 기초 데이터 확보

2. 컴퓨터 포렌식의 특징 및 전통적 포렌식과의 비교

가. 컴퓨터 포렌식의 특징
 1) Temporal : 증거가 메모리, 캐시 등 휘발성 매체에 저장됨
 2) 디지털 : 원본과 복사본의 차이가 모호, 전자서명 등 일치 장치 필요
 3) 위변조성 : 위조, 변조, 삭제가 용이
 4) 다양성 : 저장소(메모리, HDD, CD) 및 유형(이미지, 문서, 멀티미디어)

나. 전통적 포렌식과의 비교

구분	전통적 포렌식	컴퓨터 포렌식
목적	증거 수집	증거 복원, 원본 입증
수사	다양한 법의학 지식 필요	컴퓨터 구조및 범죄학
특성	실험 기기 필요	전용 TOOL 필요
방법론	DNA 검사, 지문 채취, 해부 등 검시	저장소 섹터, 클러스터 탐색, 파일 복원

3. 컴퓨터 포렌식의 문제점 및 이슈사항

가. 증거의 법원 입증여부가 관건이나 디지탈 증거물의 특성상 원본 입증, 보관, 이동 등 Chain of Custody 확립이 어려움

나. 증거 탐지의 신속성, 정확성 및 증거 보존의 무결성을 위해 전문 TOOL의 사용이 권장되며 전문 인력의 양성이 시급히 요구됨

"끝"

2 CC

1) 국가 간 정보보호제품 인증 및 평가를 위한
국제공통평가기준 CC의 개요

(1) CC(Common Criteria)의 개념

- TCSEC(미국)과 ITSEC(유럽)의 보안 표준을 기반으로 작성된 정보보호 제품의 객관
  적인 평가를 위해 제정한 정보보호 기능에 대한 국제 표준(ISO 15408)

(2) CC의 주요 특징

- 개발 목적: 보안제품 수출입시 이중평가 방지, 보안 요구사항 유연성 부여
- 국제 공통 평가 기준 상호인정협정 CCRA 가입국가 간 상호 인증 가능
- 평가 등급: EAL(Evaluation Access Level), EAL0−EAL7
- 평가수행지침서: CEM(Common Evaluation Methodology)

2) CC 평가체계 프로세스

(1) CC 평가체계 프로세스 흐름

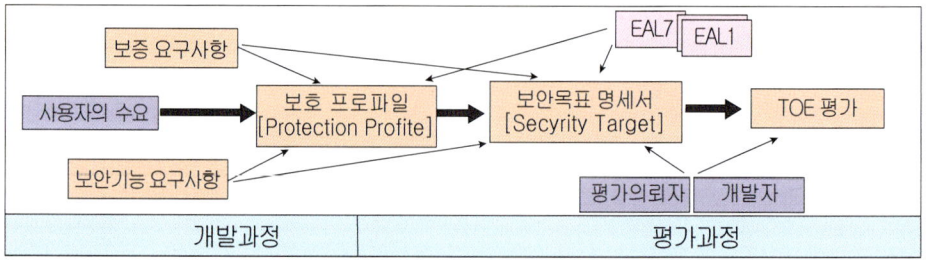

(2) CC 평가체계 프로세스 과정

과 정	주요 내용
개발 과정	- 개발자: 보안기능 요구사항 기반으로 정보보호 시스템 개발 보안기능 설정 - 표준화된 보안 요구사항 표현 위해 보호프로파일(PP) 구조 정의, 활용 - 보안기능 및 보증 요구사항 기반으로 보안 목표명세서 작성 - 보안명세 단계 이후 TOE 요약 명세서 산출
평가 과정	- 평가 자료문서: 보안목표 명세서, TOE에 관한 증거, TOE - TOE가 보안 목표 명세서 만족 여부 확인
운영 과정	- TOE 운영 시 취약성 발견 및 설정 운영환경 개정 요구 시 개발자가 TOE의 추가 변경, 요구사항 보고서로 제출 - 변화된 부분에 대한 재평가 실시

3) CC 평가체계의 구성요소 및 평가활동

(1) CC 평가체계 구성요소

구 분	주요 내용
보안기능 요구사항	TOE 기능에서 요구되는 필요한 보안행동 정의, 제품 영역별 정의 구분 (암호 운용 및 키 관리, 사용자 신원 확인 및 인증, 데이터 보호관리 등)
보증 요구사항	보안기능의 보안목적 부합여부 나타내기 위한 최소한의 요구 정도 (판단대상: 개발과정에 적용되는 개발 절차 및 문서)
보호 프로파일	Protection Profile(PP), 시스템 개발 시 이용자요구에 따른 보안기능 표현 설명서
보안목표 명세서	Security Target(ST), TOE가 제공하는 보안 기능과 평가대상 범위 설명 문서
TOE	평가대상(Target of Evaluation), IT제품이나 시스템(일부 또는 전체), 관련 설명서

(2) CC 평가체계의 평가 대상에 대한 평가활동

평가 대상	평가 활동
보호 프로파일 평가	– 보호 프로파일의 완전성, 일관성, 기술적 타당성 판단 – 평가 대상인 TOE의 요구사항 표현 적합성 증명
보안목표 명세서 평가	– 보안 목표명세서의 완전성, 일관성, 기술적 타당성 평가 – 보호파일의 요구사항 만족여부 증명
TOE평가	– TOE가 보안목표명세서에 명세된 요구사항 만족 여부 증명

4) CCRA 구성 및 역할과 CC의 현황

(1) CCRA 구성 및 역할

– 국제공통 평가기준 상호인정 협정(CCRA)
  • CAP(인증서 발행국): 자국에 평가, 인증 제도를 구축 및 운영, CCRA에서 인정되는 인증서 발급 국가
  • CCP(인증서 수용국): CAP국가에서 발행한 인증서를 수용하는 국가
– CCRA 구성
  • CCRA MC(관리 위원회): CCRA 모든 업무에 대한 최종 결정
  • CCRA ES(집행위원회): 사업계획 수립, CAP회원국 심사, 기술적 이견해소, 평가홍보
  • CCRA DB(개발위원회): 인증제품 사후관리, 개발환경 평가 기준 및 방법론 적용, ISO 표준화
  • CCRA MB(개발실무 위원회): 평가 기준 및 방법론 개발 실무

[길라잡이]

- 국제공통 평가기준 상호인정 협정(CCRA)은 전세계 국가 간 정보보호 제품에 대한 인증을 상호 인정하는 것을 말한다. 지난해 말부터 국가정보원이 가입 절차를 밟고 있는 CCRA는 1998년 미국을 중심으로 영국, 랑스, 캐나다, 독일 등 7개국이 정보보호 제품의 국가 간 교역장벽을 낮추기 위해 맺은 협정이다.
- CCRA에 가입하면 각국은 보안 제품 평가인증 기준을 공통평가기준(CC)으로 표준화한다. CC를 통과한 정보보호 제품이 수출될 경우 협정국 간에는 별도의 평가절차를 거치지 않고 제품을 인정한다.
- CCRA는 인증서발행국(CAP: Certificate Authorizing Participants)과 인증서수용국(CCP: Certificate Consuming Participants)으로 이원화돼 있으며 우리나라는 CAP가 되길 원하고 있다. CAP가 되면 정보보호제품의 평가인증서를 발급하는 동시에 다른 참가국이 발급한 평가인증서를 인증할 수 있다. CCP는 평가인증서는 발급할 수 없고 다른 나라에서 정보보호 제품에 발급한 인증서만을 인정한다.

(2) CC의 현황

- 우리나라 CCRA 가입으로 국내 정보보호 시장 전면 개방, 정보보호 제품의 해외진출 용이, 국내 공공 시장에서 국내외 제품 간 경쟁 강화됨, 국내 정보보호 제품 경쟁력 강화 필요
- CC 3.1버전 개발: 이전 버전에 비해 단순, 명료함, 일관성, 합리성 및 중복성 제거, 개발자의 사용 편이성 향상, 합성제품의 평가 위한 요구사항 추가 등이 주요 목표임

::도우미 임기술사

[설명]

CC(Common Criteria)는 미국의 TCSEC와 유럽의 ITSEC의 보안표준을 기반으로 작성된 정보보호 제품의 객관적 평가를 위해 제정한 국가간 정보보호 제품 인증 및 평가를 위한 국제공통평가기준이다.

보안제품 수출입시 이중평가 방지 및 보안 요구사항에 대한 유연성 부여를 위해 국제공통평가기준 상호인정협정(CCRA)과 가입국가간 상호인증이 가능하며, 평가등급은 EAL0부터 EAL7까지 평가수행지침서(CEM)을 기준으로 부여 받는다.

CC평가체계 프로세스는 개발과정, 평가과정, 운영과정으로 진행되는데, 개발과정에서는 개발자가 보안기능 요구사항을 기반으로 정보보호시스템 개발을 위한 보안기능을 설정하는데, 표준화된 보안 요구사항에 대한 표현을 위해서 보호프로파일(Protection Profile)의 구조 정의 및 활용, 보안기능 및 보증요구사항을 기반으로 보안목표명세서(Security Target)을 작성, 보안 명세단계 이후에 평가대상(TOE: Target of Evaluation)에 대한 요약명세서를 산출하게 된다. 평과과정에서는 보안목표명세서와 평가대상 등을 평가자료 문서로 활용하여 평가대상이 보안목표명세서를 만족하는지 여부를 확인 한다. 운영과정에서는 평가대상 운영시 취약성 발견, 설정 운영환경에 대한 변경 요구시 개발자가 평가대상을 추가변경하고 요구사항을 보고서로 제출하고, 변화된 부분에 대한 재평가를 실시하게 된다.

CC 평가체계의 보안기능요구사항, 보증요구사항, 보호프로파일, 보안목표명세서, TOE로 구성되는데, 보안기능 요구사항은 보안평가대상 기능에서 요구되는 필요한 보안 행동을 정의하고, 제품을 영역별로 정의하여 구분한 것으로, 암호운영 및 키관리, 사용자 신원확인 및 인증, 데이터보호관리 등이 있다.

보증요구사항은 보안기능의 보안목적 부합여부를 표시하기 위한 최소한의 요구 정도로, 개발과정에서 적용되는 개발절차 및 문서 등으로 판단하게 된다. 보호프로파일은 시스템개발시 이용자 요구사항에 대한 보안기능 설명서이고, 보안목표명세서는 평가대상이 제공하는 보안기능과 평가대상 범위를 설명한 문서이며, TOE는 IT제품이나 시스템 및 관련 설명서이다.

CC평가체제에서 수행하는 평가는 보호프로파일 평가, 보안목표명세서 평가, TOE 평가가 있다. 보호 프로파일 평가는 보호프로파일의 완전성, 일관성, 기술적 타당성을 판단하고 TOE가 요구사항을 적합하게 표현했는지 여부를 평가한다. 보안목표명세서 평가는 보호파일이 요구사항을 만족하는지 증명하기 위해 보안목표명세서의 완전성, 일관성, 기술적 타당성을 평가하고 TOE 평가는 TOE가 보안목표명세서에 표현한 요구사항에 대한 만족여부를 증명하는 과정이다.

CCRA는 자국의 인증제도를 구축 및 운영하고 평가하며, CCRA에서 인정되는 인증서를 발급하는 국가인 CAP(인증서발행국)과 인증서발행국에서 발행한 인증서를 수용하는 국가인 CCP(인증서수용국) 간의 국제공통평가기준 상호인정 협정체계이다. CCRA는 CCRA의 모든 업무에 대한 최종결정권한이 있는 관리위원회, 사업계획수립 및 CAP심사, 기술적 이견해소 등을 수행하는 집행위원회, 인증제품 사후관리, 개발환경 평가기준 및 방법론을 적용하고 ISO 표준화를 추진하는 개발위원회, 평기기준 및 방법론 개발실무를 수행하는 개발실무 위원회로 구성된다.

우리나라는 CCRA 가입국으로 국내 정보보호 시장이 전면 개방되어 있고 정보보호 제품의 해외진출이 용이하여, 국내외 보안제품간 경쟁이 강화됨에 따라 국내 정보보호 제품 경쟁력을 강화할 필요가 있으며, 현재 CC 3.1버전이 개발되어 개발자의 사용편의성 향상, 합성제품 평가를 위한 요구사항추가 등을 주요 목표로 하여 이전 버전에 비해 정확성, 일관성, 합리성, 중복성 제거 등이 보완되었다.

[키워드]
- 특징: 보안제품 수출입시 이중평가 방지, 보안요구사항에 대한 유연성 부여, CCRA 간 상호인증가능
- 평가능급(EAL0 ~ EAL7), 평가수행지침서(CEM)
- CC 평가프로세스: 개발과정(보호프로파일, 보증요구사항, 보안기능요구사항, 보안

목표명세서, TOE), 평가과정(보안목표명세서, TOE), 운영과정(운영시 취약성 발견 및 요구사항에 따른 변경과 보고, 재평가 실시)

- CC평계체계 구성요소: 보안기능 요구사항, 보증요구사항, 보호프로파일, 보안목표 명세서, 보호프로파일
- CC평가체계 평가활동: 보호프로파일 평가(TOE의 요구사항표현의 적합성), 보안목 표명세서 평가(보호프로파일 요구사항 만족여부 평가), TOE평가(TOE의 보안목표 명세서 만족여부 평가)
- 국제공통 평가기준 상호인정 협정 CCRA: CAP, CCP, CCRA MC, CCRA ES, CCRA DB, CCRA MB

[예상문제]

- 1 교시형
 1) CCRA

- 2교시형
 1) CC 도입이유와 평가체제 구성요소에 대해서 설명하고 ITSEC, K 시리즈와 비교 하시오.

답안제시

[작성] 제74회 정보관리기술사

문제〉 CC
답〉
1. 국제 보안제품의 공통규격 CC의 이해
가. CC(Common Criteria)의 정의
- 미국의 ITSEC, 유럽의 TCSEC을 모체로 하여 보안제품에 대한 전 세계적인 표준을 지향하는 국제공통 표준 규격
나. 최근 CC가 부각 되는 이유
- 비지니스 측면: 국가간 중복인증에 따른 시간 및 비용 절감 필요
- 정보기술 측면: 보안제품에 대한 국제 표준 규격 필요

2. CC의 주요특징 및 관련 평가기준과의 비교
가. CC의 주요 특징
- 국가 간 공통으로 인증하는 보안제품에 대한 국제표준
- 평가등급은 EVAL1 ~ EVAL7 (EVAL0: 불만족)
- CCRA(Common Criteria Rcongniation Agreement) 협정국간에만 상호 인증
- 미국의 ITSEC 및 유럽의 TCSEC을 포괄

나. ITSEC, K 시리즈, CC의 비교

비교항	K 시리즈	ITSEC	CC
인증국가	한국	미국	CCRA 인정국가
평가등가	K0 ~ K7	D0 ~ A3	EVAL0 ~ EVAL7
보안제품	Firewall, IDS만 해당	모든 보안제품	모든 보안제품 (국내 VPN 먼저 시범적)

3. CC의 활용분야 및 기술동향
가. 현재 KISA에서 VPN 장비에 대해서 시범적으로 CC 인증을 실시하고 있지만 아직까지는 우리나라가 CCRA 인증국이 아니므로 CCRA 인증국간의 CC에 대한 인증은 되지 않음, CCRA 인증국 인증이 먼저 필요함
나. CC는 보안제품 인증에 대한 비용 및 시간을 줄일 것이고 궁극적으로는 국내 K 시리즈를 CC로 대체할 것임

"끝"

3 웹 서비스 보안

1) 웹 서비스(Web Service) 보안의 개요

(1) 웹 서비스 보안의 등장배경

- 적용범위의 확대
  : 웹 서비스의 적용범위가 간단한 내부시스템 통합에서 기업간 시스템 통합 및 오픈
  마켓으로 확대되고 있는 추세
- 상호 운용성의 보장
  : 보안에서도 상호운용성이 있는 연동필요, 웹 서비스 보안관련 표준의 필요성 제기
- End-To-End 전송지원: Intermediary가 있을 경우 메시지 레벨의 보안이 필요

(2) 웹 서비스 보안의 구조적 유형 분류

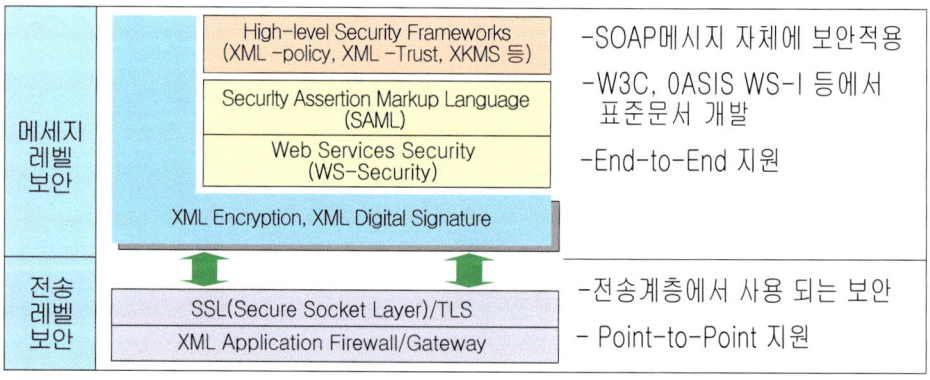

(3) 웹 서비스 보안의 기술 특성에 따른 분류

분류	주요 내용	주요 보안기술
XML정보 보호기술	– XML기반 서비스나 시스템을 위한 보안 기반기술 – 인증, 인가, 기밀성, 무결성, 부인 봉쇄 등의 보안 　서비스 및 보안 정보관리 기능 제공	– XML Signature – XML Encryption – XKMS, XACML
웹 서비스 보안 프레임워크 기술	– XML정보보호 기술을 기반으로 웹 서비스에서 　안전하게 정보를 교환 – 자동화된 방법으로 상호의 보안정책을 처리, 　안전하고 통합된 비즈니스 지원	– 통신보안, 보안정책 – 프라이버시 보호 – 보안세션 관리 – 신뢰관리 기술 등
웹 서비스 응용보안 기술	– 차세대 인프라 및 서비스, 모바일/그리드/시멘틱 　웹 서비스와 같은 환경에서 공통적인 보안위험요소 　를 해결할 수 있는 메커니즘과 다양한 비즈니스 환 　경 고려하여 응용별로 특화된 보안 프로파일 제공	– 웹 서비스 응용 보안 프로파일 　기술, 웹 서비스 보안 상호운영성 　지원기술 – XML 정보보호 기술, 웹 서비스 　보안 프레임워크 기술 이용

2) 전송레벨에서의 웹 서비스 보안

– 초기 웹 서비스 시장에서 주로 사용되었던 방식, 웹 서비스 보안의 기초

구분	주요 내용
SSL/TLS	– 서버와 클라이언트 사이의 보안 세션을 통해 메시지 송수신 – 전송계층과 TCP/IP 계층 사이에 존재
XML Application 방화벽/Gateway	– 하드웨어 Dependent – xDoS(XML Denial of Service) 방지 – 표준, XML 스키마를 통해 Incoming 메시지의 Validation 검사

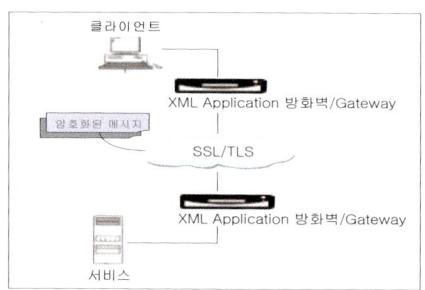

전송레벨 보안의 한계
* Point-to-Point 전송 * 메시지 전체 암호화 * 중간루트를 알기 위해   전체 메시지 복호화

메시지 레벨 보안으로 강화!

3) 메시지 레벨 웹 서비스 보안

- SOAP 메시지 자체에 웹 서비스 보안을 적용함으로써, 전송 레벨 보안의 한계점을 보완

(1) 메시지 레벨 보안의 필요성

- End-to-End 전송방식: Multi-hop일 경우에도 메시지 보안 지원
- Data-Level 암호화 가능: 메시지 내의 필요부분만 암호화 적용가능, Intermediary 에서 메시지 복호화 필요 없음
- 상호운용성 보장: 표준화된 방식 사용으로 이질적 환경에서 상호연동 가능

(2) 메시지 레벨 웹 서비스 보안 종류(XML보안)

표 준	설 명	보안 서비스
XML 서명	– XML문서에 대한 전자서명 생성 및 검증기술	Integrity, Non-Repudatioin, Authentication
XML 암호화	– XML문서에 대한 암·복호화 기술	Confidentiality
XKMS	– XML Key Management Specification – XML 기반 키 관리 서비스 기술	Integrity
SAML	– Security Assertion Markup Language – 보안정보교환기술: 서비스 요청 객체에 대해 인증, 인가, 정보를 교환하기 위한 XML 프레임워크 기술	Authentication
XACML	– eXtensible Access Control Markup Language – XML 기반 접근제어기술: 보안이 요구되는 자원에 대해 XML기반접근제어서비스 제공기술	Authentication

4) 웹 서비스 보안 고려사항

구 분	고려사항
비즈니스의 요구사항을 정확히 이해	– 웹 서비스 보안을 적용하고자 하는 비즈니스의 형태에 대한 정확한 이해 필요 – 현재 비즈니스에 구현되어 있는 보안 인프라에 대한 인지
전송레벨의 웹 서비스 보안	– SSL, XML application방화벽과 같이 전송 레벨에서의 보안부터 우선 구현 – 이미 인프라가 마련되어 있는 환경일 경우 상위레벨의 보안 필요 여부 검토
메시지 레벨의 웹 서비스 보안	– 기초되는 WS-Security 표준부터 적용 – 그 밖의 표준들에 대한 농향 파악 필요 – 필요시 메시지 레벨의 웹 서비스 보안이 구현된 솔루션 구입

5) 웹 서비스 보안 표준 프로토콜

- 확장된 비즈니스 환경에서 웹 서비스 사용을 위해 SOAP메시지에 웹 서비스 보안을
  구현, W3C, OASIS, WS-I 등에서 표준 개발

보안 표준명	설 명
XKMS	키 정보 서비스(X-KISS), 키 등록 서비스(X-KRSS)
XACML	개발자들이 웹을 통해 어떤 사용자들이 접근할 수 있는지를 결정하는 정책들을 기술할 수 있도록 접근제어언어와 요구/응답 언어를 포함
WS-Privacy	웹서비스와 요청자가 선호하는 프라이버시 방식과 기업의 프라이버시 방식에 대해 정의
WS-Policy	송수신자 간의 보안 요구사항, 알고리즘 등을 정의
WS-Trust	파트너 사이의 신용관계에 대해 정의
WS-Federation	이질적인 분산 환경에서 신용 관계를 유지하고 해지할 수 있는 관리 메커니즘 정의
SPML	Security Token Format을 정의 (SAML에 기초)

:: 도우미 임기술사

[설명]

웹 서비스의 적용범위가 기업 간 시스템통합 및 오픈마켓으로 확대되고 있는 추세이고, 웹 서비스보안 관련 표준의 및 보안에서의 상호운용의 필요성이 제기되고 있어, 웹 서비스 보안이 주목받고 있다.

웹 서비스는 구조적 측면에서 메시지레벨 보안과 전송레벨 보안으로 구분하는데, 전송레벨에서의 보안은 웹 서비스 보안의 기초로, 전송계층과 TCP/IP 계층 사이에 존재하여 서버와 클라이언트사이의 보안세션을 통해 메시지를 송수신하는 SSL/TLS, 하드웨어에

의존적이고 xDoS 방지 및 표준 XML스키마를 통해 수신메시지의 Validation을 수행하는 XML 응용 방화벽/게이트웨이를 제공한다.

전송레벨의 보인은 Point-to-Point 전송과 메시지 전체 암호화, 중간루트를 알기 위해 전체 메시지를 복호화하는 보안의 한계로 메시지 레벨 보안으로 강화가 필요하다.

메시지 레벨으로의 웹 서비스 보안은 SOAP 메시지 자체에 웹 서비스 보안을 적용하여 전송레벨보안의 한계점을 보완한 것으로, End-to-End 전송방식에서 Multi-hop일 경우에 메시지 보안을 지원, 메시지 내부의 필요한 부분만 암호화 적용이 가능하고 Intermediary에서 복호화 할 필요가 없는 데이터 레벨의 암호화 기능, 표준방식 사용으로 상호운용성 보장의 특징이 있다. 메시지레벨 보안 종류는 XML문서에 전자서명 생성 및 검증기술을 적용한 XML서명, XML문서에 대한 암복호화기술, XML 키 관리 서비스 기술 XKMS, XML 프레임워크기술 SAML, XML기반 접근제어 서비스제공기술 XACML 등이 있다.

기술특성에 따라 웹 서비스를 분류한다면, XML 정보보호기술, 웹 서비스보안 프레임워크기술, 웹 서비스 응용보안 기술이 있는데, XML 기반 서비스와 시스템을 위한 보안 기반기술인 XML 정보보호 기술은 인증, 인가, 기밀성, 무결성, 부인방지 등의 보안서비스 및 보안정보 관리기능을 제공하는데, XML Signature, XML Encryption, XMKS, XACML, XKMS 등이 있다. 웹 서비스 보안프레임워크기술은 XML정보보호 기술을 기반으로 웹 서비스상에서 안전한 정보 교환 및 상호보안정책 처리와 안전한 통합 비즈니스를 지원하는 것으로, 통신보안, 보안정책, 프라이버시 보호, 보안세션 관리, 신뢰관리 기술 등이 있다.

웹 서비스 응용보안기술은 차세대 인프라서비스 및 모바일, 시멘틱웹 서비스 등의 환경에서 공통적인 보안위험요소를 해결할 수 있는 메커니즘과 다양한 환경에서 특화된 프로파일을 제공하는 것으로, 웹 서비스 응용 보안 프로파일 기술, 웹 서비스보안 상호운영성 지원기술, XML정보보호기술, 웹 서비스 보안프레임워크 기술 등을 이용한다.

웹 서비스 보안시에는 웹 서비스 보안을 적용하고자 하는 비즈니스 요구사항에 대한 정확한 이해와 현재 비즈니스의 형태에 대한 정확한 이해가 필요하고, SSL 및 XML Application 방화벽 같은 전송 레벨에서의 보안구현 후, 인프라 구축시 상위레벨의 보안 필요여부를 검토하여, 기초되는 WS-Security 표준부터 적용하는 메시지 레벨의 웹 서비스 보안을 고려해야 한다.

웹 서비스 보안을 위한 표준 프로토콜은 확장된 비즈니스 환경에서 웹 서비스 사용을 위해 SOAP 메시지에 웹 서비스 보안을 구현하고, W3C, OASIS, WS-I 등에서 표준으로 개발된 것이다.

종류로는 키 정보 서비스(X-KISS) 및 키 등록 서비스(X-KRSS)를 지원하는 XKMS, 개발자들이 웹을 통해 사용자 접근제어를 지원하는 XACML, 웹 서비스 요청자에 대한 프라이버시 방식에 대해 정의하는 WS-Privacy, 송수신자 간의 보안 요구사항 및 알고리즘 등을 정의하는 WS-Policy, 파트너 사이의 신용관계에 대하여 정의하는 WS-Trust, 이질적 분산환경에서 관리 메커니즘을 정의하는 WS-Federation, 보안토큰 포맷을 정의하는 SPML 등이 있다.

[키워드]
- 웹 서비스보안 등장 이유: 웹 서비스 적용범위의 확대, 보안의 상호운용성 및 표준의 필요성 제기
- 구조적 유형(메시지 레벨 보안, 전송 레벨 보안), 기술특성 유형(XML 정보보호기술, 프레임워크기술 응용보안 기술)
- 전송레벨 보안: SSL/TLS, XML Application 방화벽/Gateway, 한계점(Point to Point 전송, 메시지 전체 암호화, 중간루트 알기 위한 전체 메시지 복호화)으로 인해

메시지 레벨 보안으로 강화 필요

- 메시지 레벨 보안: SOPA 메시지 자체에 웹 서비스 보안을 적용하여 전송레벨 보안 한계점 보완 XML서명, XML 암호화, XKMS, SAML, XACML

- 웹 서비스 보안 고려사항: 비즈니스 요구사항 정확이 이해, 전송레벨 웹 서비스보안, 메시지 레벨 웹 서비스보안

- 웹 서비스보안 표준 프로토콜: XKMS, XACML, WS-Privacy, WS-Policy, WS-Trust, WS-Federation

[기출문제]

1) 77회 조직응용: 웹 서비스 보안

답안제시

[작성] 제78회 정보관리기술사
문제〉웹 서비스 보안
답〉
1. 안전한 상호운영성제공 웹 서비스 보안의 이해
가. 웹 서비스 보안(Web Service Security)의 정의
 - 상호운영성, 위치투명성을 제공하며 인터넷을 통해 자유롭게 기업 간 서비스의 등록, 검색, 활용이 가능한 웹 서비스의 정보교환시 사용자와 제공자가 안전한 서비스의 이용이 가능한 보안 인프라
나. 웹 서비스 보안 등장배경
- 적용범위 확대: 내부시스템 통합에서 기업간 시스템통합, 오픈마켓으로 확산
- 상호운영성 보장: 보안관련 표준의 필요성 제기, 보안관련 상호연동 필요
- End-to-End 전송지원: Intermediary가 있을 경우 메시시 레밸의 보안 필요

2. 웹 서비스 보안 모델과 웹 서비스 메시지 보안의 종류
가. 웹 서비스 보안 모델

모 델	특 징	기 술
기본 인증	- ID/Password를 통한 보안	- 인증(Authentication)
전송 레벨	- 전송계층의 보안, Point to Point지원 - 중간루트를 알기 위해 전체 복호화	- SSL/TLS, XML Application 방화벽/게이트 웨이 - 메시지 전체 암호화(효율성 저하)
메시지 레벨	- SOAP 메시지보안, End-to-End 지원 - 데이터레벨 암호화, 상호운용성 보장	- 암호화, XML 서명, SAML, XKMS, XACML - WS-Ploicy, WS-Trust

나. 웹 서비스 메시지보안의 종류

보안 유형	기 구	내 용
XML Signature XML Encryption XKMS 2.0	W3C	XML문서의 정규화후 메시지에 전자서명 부여
		메시지 암호과
		공개키 등록, 분배
SAML 1.1 XACML 1.0 WS-Security	OASIS	웹사이트 간 인증, SSO를 가능하게 하는 프레임워크
		다양한 시스템 간의 접근권한 정의
		XML Signature, XML Encryption, 보안토큰 등을 SOAP에 적용한 보안 프레임워크
Security Scenario Basic Scenario Profile	WS-I	메시지 주고받을 때 방법 제공 (Transport Layer, SOAP Message Layer로 구분)

3. 웹 서비스 보안의 현황 및 발전방향
가. 인증, 허가, 기밀성, 무결성, 부인방지를 제공하는 SOAP 메시지의 형식인 XML보안의 표준화가 기발표 또는 Draft 중이며, IBM, MS 등의 벤더가 주축이 되어 표준화 진행 중임.

나. Point to Point를 지원하는 전송계층의 보안의 토대위에 안전성, 효율성을 지원하는 XML메시지에 대한 보안이 추가되어 기업간 시스템, 애플리케이션의 통합의 중추적인 역할을 할 것임

"끝"

문제〉 XKMS
답〉
1. PKI의 복잡성을 극복한 XKMS
가. XKMS(XML Key Management System)의 정의
- PKI(Public Key Infrastructure) 및 공개키 인증서와 XML(eXtensible Markup Language) 애플리케이션의 통합이 용이하게 지원할 수 있는 공개키 관리를 위한 프로토콜
나. XKMS의 주요장점

장점	내용
구현의 용이성	XKMS는 PKI의 복잡성과 신뢰 처리를 서버측 컴포넌트에게 이동시킴
개방형 표준성	XKMS 프랫폼은 개방형이며, 산업적 표준임
모바일 장치의 접근 가능성	초 경량화된 최소 기느으이 클라이언트 인터페이스를 통해 모바일 장치가 PKI의 모든 기능을 이용할 수 있음
새로운 기능의 확장 용이성	클라이언트의 환경이 아닌 서버특에서 기능 확장이 이뤄짐

2. XKMS 구성도 및 핵심 구성요소
가. XKMS

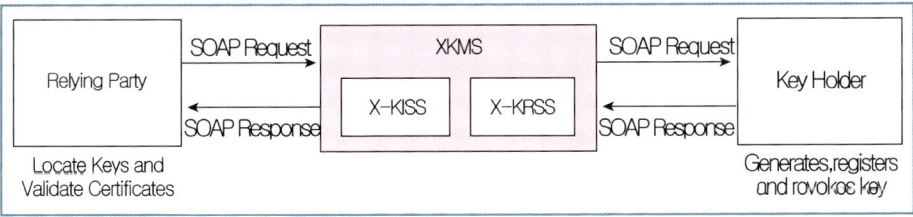

1) X-KISS(XML Key Information Service Specification): 공개키 위치와 식별자 정보 그리고 공개키 연결 기능 지원
2) X-KRSS(XML Key Registration Service Specification): X 키 쌍 소유자에 의한 키 쌍의 등록 지원

나. XKMS 기반 전자서명 및 암호화 처리방식

XML전자서명	XML 암호화
1) 송신자 공개키 XKMS등록	1) 수신자 공개키 XKMS 등록
2) 서명된 메시지 수신자 전송	2) 송신자는 수신자 공개키로 메시지 암호화
3) 수신자 공개키로 서명 검증	3) 수신자 메시지 수신 후 복호화
4) 키 정보 없는 경우 다른 XKMS 연결	4) 키 정보 없는 경우 다른 XKMS 연결

3. XKMS의 동향 및 향후 전망 및 기대효과
가. XKMS 2.0 표준화를 통한 메시지 정의 및 프로토콜상의 보안 요구사항 정의
나. XKL 기반 통신 메시지 보안기술, XML 기반 접근제어 기술, XML 기반 보안 정보교환 기술, 무선
    환경을 위한 XML 정보보호 기술 연구개발 진행
다. 유비쿼터스 및 Web Service 무선 플랫폼에서의 XML 전자서명 및 XML 암, 복호화 기술로 활용

"끝"

문제〉 XML의 서명
답〉
1. XML문서 내의 Tag를 이용한 보안 메커니즘 XML 서명
가. XML 서명(XML Signature)의 정의
  - XML문서의 Tag를 이용 XML 문서내 주요 정보를 서명해 XML문서내 포함 혹은 첨부하는 XML 메시
    지의 보안 메커니즘
나. XML 서명의 필요성
  - Web Service의 XML 인증, 기밀성, 무결성, 부인봉쇄 기능 필요
  - SOAP기반 프로토콜은 방화벽이나 웹서버에 Blocking 되지 않고 WAS에 직접 접근 가능

2. XML 서명의 특징과 XML 서명절차
가. XML 서명의 특징
  1) XML 서명은 반드시 XML원소여야 하며, XML 표준인 NamedSpace, XPath, XPointer, Xlink
     를 준수
  2) XML 문서전체 또는 일부만, 외부문서와 함께 전자서명 가능
  3) XML 문서를 정규화(canonicalization)한 후 digest값을 생성
  4) 임의의 암호서명, 메시지인증 일고리즘, 대칭/비대칭 인증체계, 키 합의방법 허용

나. XML 서명절차

1) 적규화, 기본알고리즘 정의	정규화, 서명방법 선택
2) 서명될 목적 데이터 지정	분리, 내포, 외포 선택
3) Digest 생성	해시 이용
4) 전자서명 생성	전자서명 및 전자서명값 생성
5) 전자서명 완료	Signature Value 생성

3. XML보안의 동향 및 고려사항
가. W3C에서는 XML서명과 함께 XML암호화, XKMS, OASIS에서 SAML, XACML관련 표준화 작업
   과 WS-Security 등의 보안 프레임워크 개발이 표준화되고 있음.
나. SSL/TLS, SHTTP 등의 전송계층의 보안과 함께, 기업간 전사상거래, 의미기반 검색을 위한 Web
   Service, ebXML, 로제타넷, Semantic Web의 기반인 XML메시지에 대한 End to End 보안이 고
   려되어야 함

"끝"

[SAML 정리]

1. 웹 서비스 인증기술의 표준 SAML의 개요

가. 개념: 다른 보안 도메인간의 SSO를 위해 사용되는 e-비즈니스용 XML 기반 웹 서비스 보안기술. (OA-SIS에서 표준화)

2. 구성도/구성요소/요소기술

가. SAML 아키텍처

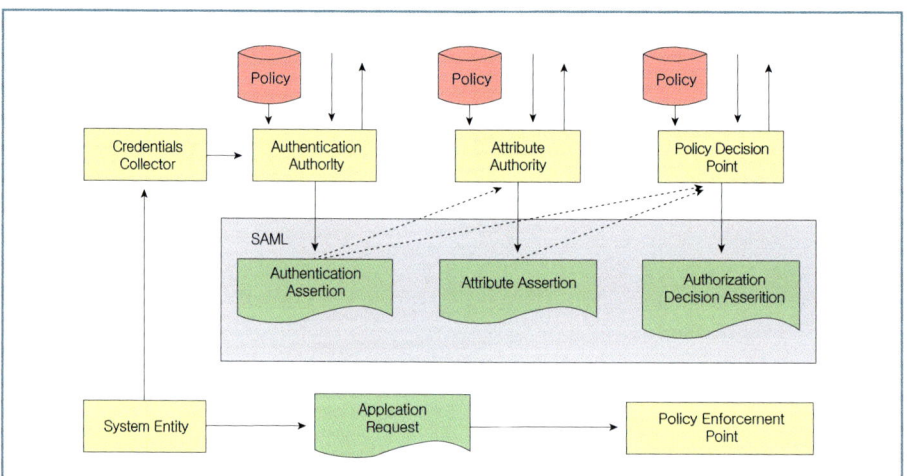

(1) SAML Authority(최초 신뢰되는 SAML 서비스 제공자)가 기본적인 인증정보(Password, 인증서)를 사용자로부터 수신

(2) 기본 인증 정보를 바탕으로 원하는 Assertion을 요청

(3) 해당 요청에 대해 적합한 policy에 따라 정보 추출, 인증 성공시 Assertion 생성

(4) 사용자가 접근한 시스템에서 생성된 Assertion을 수신하게 되고 이에 따른 처리가 실행

나. SAML에 관련된 주요 명세서

명세 구분	내 용
Assertion	Subject(주체)의 인증, 속성, 권한 결정에 대한 정보
Protocol	Assertion에 대한 요청 및 응답에 대한 합의 방법
Bindings	표준 전송 및 메시지 프로토콜상에서의 SAML 메시지 송수신 방법
Profiles	다른 메시지에 SAML Assertion 메시지를 넣는 방법과 규칙

3. SAML을 이용한 SSO(Single Sign On)모델
가. Pull

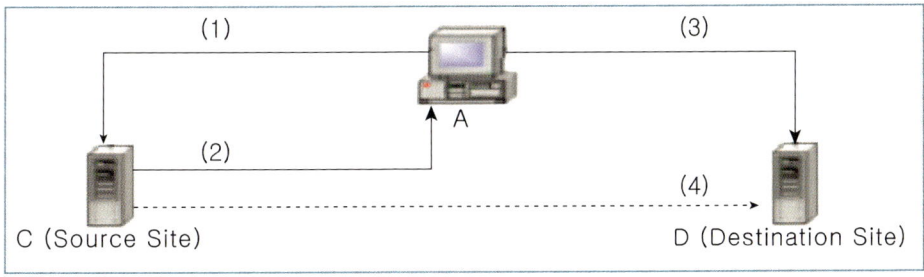

A는 C에 로그인하여 최초 인증을 받게 된다. 최초 인증 후 D에 접근을 하려고 한다.

(1) D에 접속하려는 요청을 C로 보낸다.

(2) C에서는 유일한 값의 Artifact를 생성하여 Destination Site의 위치와 함께 클라이언트에 응답하며 Artifact는 C의 Persistent Storage에 임시 저장된다.

(3) 클라이언트는 Artifact와 함께 Destination Site인 D로 인증요청을 한다. 이 과정에서 클라이언트의 사용자는 직접적으로 관여하지 않는다.

(4) D는 과정(3)에서 수신한 요청자의 Artifact를 C에 전송하여 저장된 Artifact와 비교 후 인증을 확인하게 되고 적합한 인증자라면 C로부터 요청자의 Assertion을 응답 값으로 수신함으로써 최종 D에 SSO히게 된다. 인증이 최종 확인되어 SSO에 성공했다면 C에 생성된 Artifact는 삭제된다.

(1) 번부터 (4)번까지의 과정은 하나의 트랜잭션으로 처리되어 사용자는 한 번의 요청으로 모든 과정을 거쳐 인증을 받게 된다.

나. Push

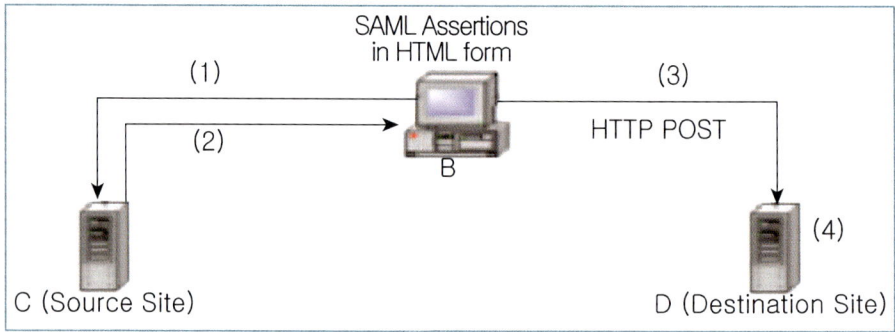

기존의 HTTP에서의 POST방식으로 SAML Assertion을 요청하고 응답하는 방식이다.

(1), (2) 인터넷 프로토콜 상에서 GET방식으로 Assertion을 요청하고 응답받게 된다.

(3) B는 클라이언트에 저장된 Assertion을 HTTP POST방식으로 전송하게 된다. 이 과정에서 표에서 보여주는 것과 같이 Assertion은 Hidden 방식으로 Destination Site인 D로 전송된다. 최종적으로 수신된 Assertion은 인증을 통해 SSO을 마치게 된다.

다. SAML Authorization Decision 모델

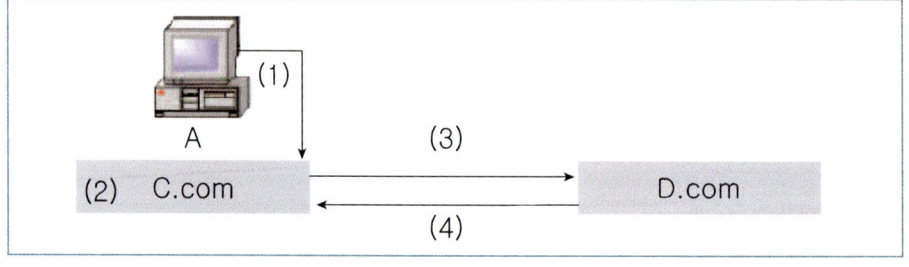

SAML은 Authorization Decision Assertion을 이용하여 접근 권한에 대한 인증을 지원한다. 접근 권한 Assertion은 리소스에 대한 적당한 권한을 가지고 있는지에 대한 결정으로 이에 부합하는 적당한 Action 을 취할 수 있다. SAML Authorization Decision은 Single Sign On에 기반한 다른 사이트로의 이동 시에도 접근 권한 Assertion을 사용할 수 있다.

(1) (2) C.com에 속해 있는 사용자A는 C.com에서 인증되어 리소스에 접근하게 되고 특정 정보를 제공 하고 있는 D.com에 접근한다.

(3) D.com의 정책 서버의 결정에 따라 외부의 사용자에 대한 적당한 권한에 따른 리소스 접근을 가능하도록 해준다(SAML Authorization Decision Assertion은 사용자 인증정보와 접근하려는 리소스 URI, 사용자에 대한 Role 정보를 가지고 있기 때문.)

라. 비즈니스 트랜잭션 모델

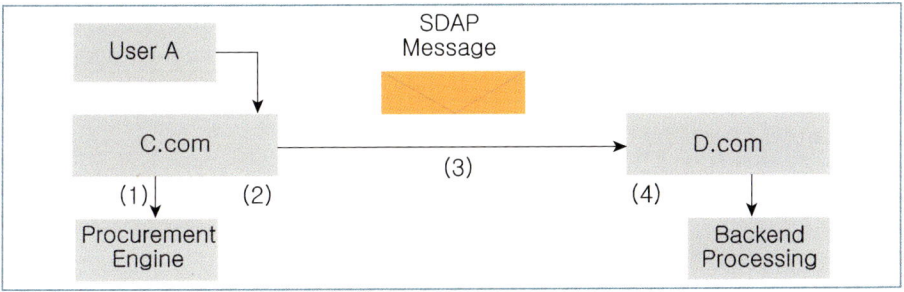

SAML은 인증이나 권한정보 외에 ebXML이나 Web Services 프레임워크에서 안전한 데이터의 교환을 위해 사용될 수 있다.

(1), (2) 사용자A는 C.com에서 인증을 받아 비즈니스 문서인 Purchase Order (PO)의 내용을 작성하고 Request를 생성한다. 이때 XML전자시명을 사용하여 인증을 보장할 수 있다.

(3) C.com은 SOAP Message의 Header 내에 SAML Assertions를 삽입하므로써 PO에 대한 보안 Context를 작성하고 PO는 Payload에 첨부하고 전송한다.

(4) D.com은 SOAP메시지 내에 인증정보를 참조하여 검증을 실행하고 Document와 Header 내의 SAML Assertions를 추출하여 PO를 처리한다.

4. 도입효과, 성공요인, 발전방향

가. SAML, XACML등의 OASIS 보안 표준을 국내 표준으로 수용 필요

나. 정통부 정보시스템 구축 가이드라인에서 웹 서비스를 통한 연계시 사용자 인증 정보의 연계에는 SAML을 사용하여 사용자 정보를 기술할 것이 권고됨

"끝"

4 XML 보안

1) XML 서명(XML Signature)

개 념	– 디지털 콘텐츠에 대한 전자 서명을 XML 문법을 사용하여 표현하고, 이러한 서명을 연산, 검증하는 절차 – 전자문서 혹은 메시지에 대한 인증, 무결성, 부인봉쇄 서비스 제공 – XML 전자서명은 XML 데이터뿐만 아니라 어떤 디지털 콘텐츠에도 적용 가능
특 징	– 전자서명된 결과가 XML 형태로 XML 및 웹 서비스 환경에 접목이 용이 – XML에 대한 부분서명 지원 – Remote에 있는 대상에 대한 전자서명 가능 – 여러 개의 문서에 대한 서명을 하나의 XML 전자서명으로 처리 가능
처리 규칙	– 핵심생성규칙(Core Generation): Reference Generation, Signature Generation – 핵심검증규칙(Core Validation): Reference Validation, Signature Validation
유 형	– Enveloping signature: 서명될 Data Object가 서명에 포함 – Enveloped signature: 서명될 Data Object 안에 서명이 포함 – Detached signature: 서명될 Data Object와 서명이 분리, 동일문서 안의 위치 파악가능

2) XML 암호화(XML Encryption)

등장배경	– 기존 인터넷 상의 암호화된 데이터 방식: SSL, IPSec, PGP, S/MIME 전송시에만 기밀성 제공 – 저장된 형태의 문서에는 기밀성 제공 안 함
개 념	– XML 문서의 일부분(일부 엘리먼트), 혹은 전체(루트 엘리먼트)에 대한 암호화를 제공함으로써, XML 문서의 기밀성을 제공하는 기술(XML 규약, 암·복호화 절차)
특 징	– 전자문서 혹은 메시지에 대한 기밀성 제공 – 암호화된 결과기 XML 형태로 XML 및 웹 서비스 환경에 접목이 용이 – XML에 대한 부분암호화 지원

3) XML KMS(XML Key Management Specification)

개 념	– PKI 기능을 XML 기반 애플리케이션에 용이하게 지원할 수 있는 공개키 관리를 위한 프로토콜 공개키 및 관련정보 관리를 웹 서비스를 통해 해결하고 이용 가능하도록 지원 (XML 전자서명, XML Encryption, WS Security, SAML 등은 PKI기능에 대한 의존도 높음)
특 징	– 클라이언트 측의 복잡한 키관리 기능을 웹 서비스 형태의 XKMS 서비스로 이동(클라이언트의 구현 간소화) – 구성요소 : X-KISS(XML Key Information Service Specification), X-KRSS(XML Key Registration Service Specification)
구성요소	– X-KISS(XML Key Information Service Specification) • 식별자 정보가 주어졌을 때, 필요로 하는 공개키 위치와 식별자 정보, 공개키 연결 기능 지원 • X-KISS Locate Service와 Validate Service로 구성 • 인증서의 유효성 검증 서비스 제공 – X-KRSS(XML Key Registration Sevice Specification) • 키 쌍 소유자에 의한 키 쌍의 등록, 관리를 지원하는 프로토콜 • 키 복구, 재발급 (갱신) 또는 키취소 기능 지원 (Key Registration, Key Revocation, Key Recovery)

4) XACML(eXtensible Access Control Markup Language)

개 념	– 공유된 자원 및 시스템에 대한 사용자의 접근권한을 명시하는 접근제어정책에 대한 표준화된 언어의 제공을 위한 XML기반 접근제어 언어
특 징	– 보안정책에 대한 표준언어 제공 (정책 작성, 검토, 시험 및 승인 등의 보안정책 관리 용이) – 기존의 접근제어 시스템에도 쉽게 적용 가능 – XML의 범용성, 확장성 상속 – 정책언어와 요청 및 응답언어로 구성 – SAML PDP(Policy Decision Point)의 정책결정시 이용가능

5) SAML(Security Assertion Markup Language)

개 념	– 이질적인 웹 접근관리와 보안 제품간에 인증과 인가정보의 교환기능을 제공하는 XML 기반 언어
특 징	– 웹 기반의 시스템에 접근제어, 인증, SSO구현을 목적으로 함 – 동일한 기반의 인증 및 인가 구조를 공유하지 않으면서 상호작용을 하는 다양한 벤더 플랫폼 간의 상호운용성을 제공(XML구조체 Assertion 이용하여 정보교환) – Assertion, Protocol, Binding, Profile이 정의되어 있음
Assertion	– Authentication Assertion: 인증기관에서 발행한 인증 요청자에 대한 성공적 인증 과정 수행 보증, 발행자/인증요청자정보/Assertion 발생시간/기타인증 관련속성 포함 – Attribute Assertion: 속성관리 기관에서 발행, 요청자에 대한 자격 확인 – Authorization Assertion: 승인기관에서 발행, 인증된 요청자가 요청한 자원에 대해 접근허용여부 결정하여 결과 발행

::도우미 임기술사

[설명]

　XM L보안 XML 문서에 대한 무결성, 기밀성, 가용성, 부인봉쇄 등을 지원하는 보안 방안으로 XML 서명, XML 암호화, XML KMS, XACML, SAML 등이 있다. XML서명은 디지털 콘텐츠에 대한 전자서명을 XML 문법으로 검증하는 절차로, XML 데이터뿐만 아니라 다양한 디지털 콘텐츠에 대해서도 적용이 가능하며, XML 및 웹 서비스 환경에 접목이 용이하고, XML에 대한 부분서명 지원이 가능하며, 원격 대상에 대한 전자서명 및 여러문서에 대한 서명을 XML 전자서명으로 처리기능하도록 지원한다. 핵심생성 규칙과 핵심검증규칙을 기반으로, Enveloping Signature, Enveloped Signature, Detached Signature를 지원한다.

　XML 암호화는 XML 문서의 일부나 전체에 대한 암호화를 제공하여 XML의 기밀성을 제공하는 기술로, 암호화된 결과가 XML 형태로 XML 및 웹 서비스 환경에 접목이 용이하다. XML KMS는 PKI 기능을 XML 기반 애플리케이션을 용이하게 지원할 수 있는 공개키관리 프로토콜로, 공개키 및 관련정보 관리를 웹 서비스를 통해 해결하고 이용하도록 지원하며, 클라이언트 측의 복잡한 키관리 기능을 웹 서비스 형태의 XKMS 서비스로 이동하여 클라이언트 구현의 간소화를 지원한다.

구성요소로는 인증서의 유효성 검증서비스를 제공하는 X-KISS와 키복구 및 재발급과 취소기능을 지원하는 X-KRSS가 있다. XACML은 공유된 자원 및 시스템에 대한 사용자의 접근권한에 대한 정책의 표준화된 언어제공을 위한 XML기반의 접근제어 언어로, 기존의 접근제어 시스템에도 쉽게 적용이 가능하고, XML의 범용성 및 확장성 상속이 가능하며, 정책언어와 요청/응답 언어로 구성되어 있다. SAML은 이질적 웹 접근관리 및 보안제품 간에 인증과 인가정보의 교환기능을 제공하는 XML 기반언어로, 웹 기반의 시스템에 접근제어, 인증, SSO구현을 목적으로 하고, 벤더 플랫폼간 상호 운용성을 제공한다.

Attribute Assertion, Authentication Assertion, Authorization Assertion으로 인증기관 및 속성관리기관, 승인기관에서 발행한 요청자에 대한 확인이 가능하다.

[키워드]
- XML서명: 디지털 콘텐츠에 대한 전자서명을 XML문법으로 표현, 연산 및 검증 수행
- XML 암호화: XML문서의 일부나 전체의 암호화 제공, 기밀성 보장
- XML KMS: PKI 기능을 XML기반의 애플리케이션에 적용가능 하도록 지원하는 공개키관리 프로토콜
- XACML: 공유된 자원 및 시스템에 대한 표준화된 XML 기반의 접근제어 언어
- SAML: 이질적인 웹 접근관리와 보안 제품간 인증과 인가정보의 교환기능을 제공하는 XML 기반 언어

[예상문제]

• 1 교시형

SAML

XML 서명

XKMS

• 2교시형

1) Web Service 보안기술의 종류를 설명하시오.

1) 웹 서비스 보안 프레임워크 기술

세부기술항목	주요 내용
WS-Security (웹 서비스 메시지 보안 기술)	− SOAP 기반의 안전한 웹 서비스 메시지 교환 위한 기술 − SOAP을 기반으로 하며 인증, 무결성, 부인봉쇄, 기밀성 등의 보안기능을 확장 제공 − XML 전자서명 및 XML Encryption확장하여 적용 − 보안토큰지원: X.509 Certificate Token Profile, User Name Token Profile
WS-Policy (웹 서비스 보안정책 기술)	− 웹 서비스 응용에 대한 보안정책의 생성과 교환을 위한 기술 − 웹 서비스의 정책 설명 및 전달 위한 범용모델과 해당 구문을 제공하는 명세
WS-Federation (웹 서비스 보안 상호연동 프로파일 기술)	− 핵심 웹 서비스 보안표준들의 상호운용을 위한 프로파일 기술
WS-Privacy (웹 서비스 프라이버시 보호 기술)	− 개인의 프라이버시 선호도와 응용 정책 교환기술 − 웹 서비스와 요청자가 주체의 프라이버시 선호화 기업의 프라이버시 실행 구문 서술방법에 대한 모델 기술
WS-Secure Conversation (웹 서비스 응용 간 통신키 관리 기술)	− 웹 서비스 응용 간 보안 콘텍스트의 생성과 공유를 위한 기술 − 보안 컨텍스트의 생성과 공유 등을 위한 프로토콜과 기능을 명세 − 통신보안 측면에서 보안을 정의
WS-Trust (웹 서비스 신뢰 관리 기술)	− 상이한 보안 체계에 속한 웹 서비스 응용들 간의 인증 및 인가를 지원 − 다양한 신뢰도메인 내에서 보안 토큰의 발행 및 교환 방법과 신뢰관계의 존재 설정 및 접근 방법에 대한 확장 정의

:: 도우미 임기술사

[설명]

웹 서비스 보안 프레임워크 기술로는 웹 서비스 메시지 보안기술, 웹 서비스 보안정책 기술, 웹 서비스 보안 상호연동 프로파일 기술, 웹 서비스 프라이버시 보호기술, 웹 서비스 응용 간 통신키 관리기술, 웹 서비스 신뢰관리 기술이 있다.

웹 서비스 메시지 보안기술인 WS-Security는 SOAP기반의 인증, 무결성, 부인봉쇄, 기밀성 등의 보안 기능을 확장하여 제공하고, XML 전자서명 및 XML Encryption에 확장하여 적공하며 보안토큰을 지원 한다. 웹 서비스 보안정책기술인 WS-Policy는 웹 서비스 응용에 대한 보안정책 생성과 교환을 위한 기술로, 웹 서비스 정책설명 및 전달을 위한 범용모델과 해당구문을 제공하는 명세이다. 웹 서비스 보안 상호연동 프로토콜인 WS-Federation은 핵심 웹 서비스 보안표준들의 상호운용을 위한 프로파일 기술이다. WS-Privacy 기술은 개인 프라이버시 선호도와 응용정책 교환기술로, 웹 서비스 요청자가 주체의 프라이버시 선호화 기업의 프라이버시 실행 구문 서술방법 모델기술이다.

WS-Secure Conversation은 웹 서비스 응용간 보안컨텍스트 생성 및 공유기술로, 이를 위한 프로토콜과 기능을 명세하고 통신보안 측면에서 보안을 정의하고, WS-Trust는 상이한 보안체계를 보유한 웹 서비스 응용들 간의 인증 및 인가를 지원하는 웹 서비스 신뢰관리 기술이다.

[키워드]
- WS-Security: SOAP 기반의 웹 서비스 메시지 교환 보안 기술
- WS-Policy: 웹 서비스 응용에 대한 보안정책 생성 및 교환 기술
- WS-Federation: 웹 서비스 보안 상호연동 프로파일 기술
- WS Privacy: 웹 서비스 프라이버시 보호 및 정책교환 기술
- WS-Secure Conversation: 웹 서비스 응용 간 통신키 관리 기술
- WS-Trust: 웹 서비스 신뢰성 관리 기술

[기출문제]
38) 77회 조직응용: 웹 서비스 보안

1) 유비쿼터스 시대의 개인화 정보 효과적인 제어수단 개인정보보호 개요

(1) 개인정보보호(Privacy Enhancement) 개념

– 정보기술의 발달에 따른 역기능으로 최근 사회문제로 집중 부각되고 있는 개인정보 침해 문제 방지를 위한 종합적 접근 및 대책 방안

(2) 개인정보보호 침해유형

침해 유형	문제점
부적절한 접근과 수집	정보주체의 자기정보 통제권 상실을 야기하는 개인정보 수집
부적절한 분석	동의 없는 사적 정보 분석, 개인에 대한 통제행위 악용 심화
부적절한 모니터링	개인 생활 전반 노출 가능성
부적절한 개인정보유통	개인정보의 불법적 거래 및 유통 가능성
원하지 않은 영업행위	동의 없는 상품 광고, 광고성 정보 전송
부적절한 저장	정보수집 후 수 차례 분석으로 개인정보를 다양한 용도로 재활용

– 개인의 사적 공간, 안전성, 사회적 배제(Social Exclusion)초래, 기업과 소비자 사이에 힘의 불균형 측면에 중요한 위협이 될 수 있음

2) 개인정보 보호 이슈에 따른 개인정보 보호기술

(1) 개인정보 보호 이슈 및 정보보호 기술 활용

구 분	주요 메커니즘	관련 기술
익명성 또는 암호	Strong Authentication	WPKI, Smart Card, 인증 기술
사용자 동의(Notice)	Agreement, Prevention/Detection Control	Monitoring, Notice 기능, Log 분석
정보의 수집 및 제어	Access Control, Logical Flow, Privacy Policy	Privacy Related to Law, Ethics, Investigation, Guideline, Procedure
정보보안(Security)	Application, Network, System, 데이터 기술, 암호화	Smart Card, P3P, 방화벽, VPN, IDS, DB 접근제어, Crypto Toolkit

(2) 개인정보 보호 기술

보호 기술	주요 내용
웹 기반 익명성 제공기술	– 정보와 소유자 간 관계, 송수신 자간 관계 비밀화하여 사용자의 개인 정보보호
에이전트 기술	– 사용자가 파악하기 어려운 인터넷상 정보유출에 대해 사용자 대신하여 통제역할, 쿠키 매니저, 에드 브로커, 스파이웨어 필터 등의 기술
네트워크 기반기술	– 네트워크환경에서 정보 기밀성, 무결성 침해 Proxy, Firewall, IDS, IPS 등
정보보호 기술	– 개인정보의 가용성, 무결성 등을 고려한 암호화, 접근제어 등

3) 개인정보보호 아키텍처 구현방안

(1) 1단계 (개인정보 수집단계)

- 개인정보 정책에 준한 정보의 분류 및 정의
- 주요 내용: OECD 개인정보 보호원칙(수집제한, 정확성확보, 목적명시, 이용제한, 안정성확보, 공개, 개인참여, 책임)

(2) 2단계 (개인정보 정책에 준한 접근제어 방안)

- 주어진 개인정보 정책에 따른 효과적인 역할별 접근제어 방안 확립

- 주요 내용

개인정보정책	– 목적, 적용 및 책임 범위 등을 고려하여 등급화(5단계)
개인정보절차	– 정의된 개인정보 정책 세부사항 달성 위해 관련분야 세부적 명시
개인정보가이드라인	– 개인정보 시스템 운영자, 관리자 측면 실행 가이드 절차 제시

(3) 3단계 (개인정보 기반 프레임워크 구축)

- 지정된 접근제어 기반의 개인정보 시스템 확립 및 관련 정보보호 기술 연동방안 수립

- 상세 내역

정책/관리 통제기반	– 개인정보보호 정책기술, 개인정보보호 정책관리
운영/기술 통제기반	– 데이터 기반: Data 보호, 접근통제 – 네트워크 기반: 전송, 오남용 방지 – 응용/시스템 보안: 정보, 오남용 방지

4) 개인정보보호 관련 표준 및 국가별 동향

(1) 개인정보보호 관련 표준

- P3P(Platform for Privacy Preferences)
  - W3C가 웹사이트 이용 시 프라이버시 보호 위해 정한 표준 기술 플랫폼
  - 개인 사용자의 Privacy보호 Preference를 명시, 사용자 브라우저가 보호 정책 위반 웹 서버 차단, 개인정보 유출 사전 방지
- OECD
  : 개인정보의 사 생활권 보호, 정보의 자유로운 유통장려, 국내사생활보호입법에 의한 자유로운 정보유통에 대한 제한방지, 관련 국내법규정과의 조화가 목적

(2) 개인정보보호 국가별 동향

국 가	법제도 현황	운영기관
프랑스	개인정보법 (정보처리 축적 및 자유에 관한 법률 제정)	국가정보처리자유위원회
영 국	데이터 보호	ICO
미 국	금융 프라이버시권법, 전기통신 프라이버시법, 프라이버시 통신법 및 의료기록 비밀보호법	대통령 주요기반 시설보호위원회

::도우미 임기술사

[설명]

개인정보보호는 정보기술 발달에 따른 역기능으로 최근 사회문제로 부각되고 있는 개인정보침해 문제방지를 위한 종합적인 대책방안으로, 개인정보 침해는 개인의 사적인 공간, 안정성, 사회적 배제 초래, 기업과 소비자 사이의 힘의 불균형 측면에서 위협이 될 수 있다. 주요 침해유형으로 부적절한 개인정보 접근 및 수집과 분석, 부적절한 모니터링 및 개인정보 유통, 원하지 않는 영업 행위, 부적절한 저장 및 사용 등이 있다.

개인정보보호를 위해서는 익명성이나 암호화 이용, 사용자의 동의, 정보수집 및 제어, 정보보안 측면에서 정보보호 기술이 활용되어야 하며, 웹 기반의 익명성 제공기술이나 에이전트 기술, 네트워크 기반 기술, 정보보호 기술 등을 통해서 가능하다.

개인정보보호를 위한 아키텍처는 개인정보 수집, 개인정보정책에 대한 접근제어, 개인정보 기반 프레임워크 구축환경을 구분하는데, 개인정보 수집단계에서는 개인정보 정책에 대한 정보 분류와 정의가 수행되는데, 개인정보 수집제한, 정확성 확보, 목적명시, 이용제한, 안정성확보, 공개, 개인참여, 책임 등에 대한 것으로 OECD 개인정보 보호원칙을 따른다.

개인정보 정책에 준한 접근제어 방안으로는 주어진 개인정보정책에 따른 효과적 접근제어방안을 확립하여, 개인정보보호정책에 따라 정의된 개인정보 정책의 세부사항을 달성하기 위한 관련분야를 세부적으로 명시한 개인정보 절차, 개인정보 시스템 운영자 및 관리자 측면의 실행가이드 절차를 제시한 개인정보 가이드라인을 수립한다. 다음으로 개인정보 정책에 따른 효과적 접근제어방안을 확립하기 위해 개인정보정책, 개인성보 절차, 개인정보 가이드라인 등을 정의하고, 개인정보 기반 프레임워크 구축단계에서는 지정된 접근제어 기반의 개인정보 시스템 확립과 관련정보 기술연동방안 수립을 위해 개인정보보호

정책기술 및 정책 관리를 위한 정책/관리 통제기반과 데이터, 네트워크, 응용/시스템 보안을 위한 운영/기술 통제기반으로 프레임워크를 구축한다.

개인정보보호는 관련표준으로는 W3C가 웹사이트 이용시 프라이버시 보호를 위해 정한 표준기술로, 개인사용자의 Privacy 보호 Preference를 명시하고 개인정보 유출을 사전에 방지하는 P3P가 있고 OECD에서는 개인정보의 사생활권을 보호한다. 국가별동향을 보면, 프랑스에서는 국가정보처리자유위원회에서 개인정보법, 영국은 ICO에서 데이터보호, 미국은 대통령 주요기반 시설보호위원회에서 금융 프라이버시권법, 프라이버시 통신법 및 의료기록 비밀보호법 등으로 개인정보보호를 지원한다.

[키워드]
- 개인정보보호 침해유형: 부적절한 접근과 수집, 분석, 모니터링, 개인정보유통, 저장, 원하지 않은 영업
- 개인정보보호 이슈: 익명성 또는 암호, 사용자 동의, 정보의 수집 및 제어, 정보보안
- 개인정보 보호기술: 웹 기반 익명성 제공기술, 에이전트 기술, 네트워크 기반기술, 정보보호기술
- 개인정보보호 아키텍처 구현방안: 개인정보 수집단계(OECD개인정보 수집원칙 준수), 개인정보 정책에 준한 접근제어 방안(개인정보 정책, 절차, 가이드라인), 개인정보 기반 프레임워크 구축(정책/관리 통제기반, 운영/기술 통제기반)
- 개인정보보호 관련표준: P3P(W3C), OECD 개인정보보호 표준

[기출문제]
39) 78, 83회 정보관리: 개인정보보호
　　86회 조직응용: 개인정보보호를 위한 시스템 구성 및 구현방안

[예상문제]
- 1 교시형
1) P3P

- 2교시형
1) 인터넷에서 사용할 수 있는 사용자 인증방법의 종류와 특징을 설명하시오.
2) 개인정보침해로 발생하는 정보화 역기능의 종류 및 대응방법을 설명하시오.

7 의료정보보호

1) u-Healthcare를 위한 핵심 서비스 의료정보보호의 개요

(1) 의료 서비스 패러다임의 변화

- 정보집중적(Information Intensive)이고, 분절화(Fragmented) 특성을 가진 의료 서비스에 대한 의료정보화는 병원정보화에서 e-Health 그리고 u-Health로 진화
- BT, IT, NT 기술 발전에 따라 발전된 u-Health 서비스 활성화, 첨단기술 이용한 혁신 서비스 제공

(2) 의료정보보호의 필요성

- 개인 정보 유출 방지: 개인 의료정보 유출로 인한 프라이버시 침해 위협 방지
- 의료정보화 시장 활성화: 시장활성화 가로막고 있는 보안 위협요인 해결
- 의료정보화 표준화 활성화: 의료정보화 상호 협력을 위한 공유 지원
- 안전한 의료서비스: e-Health, u-Health를 지원하는 안전한 원격 진료 보장

2) 의료정보 보안 특성 및 보안 위협

(1) 의료정보 보안 특성

- 의료정보에 대한 비밀성 보장: 유비쿼터스, 무선환경에서의 의료정보 비밀성 보장
- 의료정보에 대한 무결성 보장: 악성코드 등으로 인한 정보파괴, 시스템 문제 등 해결
- 의료정보에 대한 가용성 보장: 재해시 데이터 및 시스템 자원, 서비스 보장

(2) 의료정보 보안 위협

- 네트워크 기반 중앙집중 시스템에 의료정보 저장, 관리, 처리시 위협
- 불법접근 및 병원 내부자의 개인 의료정보 폭로, 조작가능, 유출 증가
- e-Health: 의료정보 이동성 증가, 이동량 증가로 의료정보에 대한 외부공격 가능성 증가
- u-Health: 센싱기능 부정확으로 진단오류, RFID를 이용한 과도한 개인정보수집으로 인한 프라이버시 침해 가능성 증가

3) 의료정보 보안 방안

(1) 기술적 보안 방안

보안 방안	주요 내용
데이터 보안	- 데이터 접근 관리, 암호화, 보관 기간 설정, 백업본 저장 및 물리적 보안 - 기간만료 의료정보 삭제 메커니즘, 의료정보 분산 저장
시스템 보안	- Trusted Computing Base(TCB): 보안정책 시스템 집합, 독립적 평가기관이 검증 - 시스템 접근 및 안정성 보장을 위함
네트워크 보안	- 무선 네트워크 및 무선 단말에 대한 보안, 무선 보안 구간 인증 및 암호 툴 - 네트워크 보안장비 내장용 바이러스 백신, IDS, VPN 장비 및 보안관리 - 사용자 인증을 위한 AAA장비 등
접근 통제	- 병원 시스템에 적합한 접근통제 메커니즘(접근통제 규칙 수립), 식별과 인증 - 의료정보 접근 기록 수집, 로그 관리로 정기적 독립적 감사

(2) 법 제도적 보안 방안

- 현행 의료법의 개인정보보호 등에 관한 부분의 재점검으로 현실화 하는 방안
- 의료 종사자들에 대한 교육강화
- 의료정보 취급 제품 시스템 보안성 평가 인증
- 의료정보 취급 사업장 정보보호관리체계(ISMS) 인증 대상에 편입

4) 의료정보보호 기술 표준과 현황

(1) 의료정보보호 기술 표준

표 준	주요 내용
ASTM E31.20	환자에 대한 유일성 식별(UHID), 의료정보 문서 디지털 서명, 권한 제어 메커니즘 등
ISO/TC215 WG4	PKI기반 인증서 도입, 의료정보 권한 관리 모델제시(도메인, 역할, 위임, 접근제어)
HL7 SIG	통신계층에 따른 위협분류, 보안서비스 요구사항 정리, 보안 서비스 프레임워크와 HL7 EDI 통신보안에 관한 가이드 작성

(2) 의료정보 보호 현황

- 미국은 HIPPA를 통해 전자 의료정보의 기술, 관리, 물리적 대책에 대한 규정을 하고 있고, EU의 경우 의료기기 안전 조건 충족 CE마크 부착 의무화, 기술표준 및 제도연구가 진행 중임
- 국내 보건복지부 건강정보보호 체계구축, 개인 의료정보보호 및 프라이버시 보호 권리, 개인 의료정보 취급자의 보호조치 의무와 책임, 의료정보 관리 절차 등을 포함한 개인 의료정보 보호법 제정 위한 건강정보보호 자문위원회 운영 중임

::도우미 임기술사

[설명]

기술발전 및 컨버전스 패러다임을 중심으로 u-Health 서비스의 활성화에 따라 개인정보 유출방지를 기본으로 안전한 의료서비스에 대한 보장이 필요해졌다. 의료정보에 대한 보안위협 사항으로는 네트워크 기반의 중앙집중 시스템에 의료정보 관리 및 불법접근과 내부자에 의한 정보유출, 센싱기능의 오류 및 정보송수신시 침해 등이 있다. 의료정보의 비밀성, 무결성, 가용성 보장을 위하여 데이터/시스템/네트워크/접근통제에 대한 기술적 보안방안과 의료정보를 취급하는 의료종사자의 교육 및 관련제품인증, 의료법 등에 대한 법·제도적 보안방안이 있다. 의료정보보호를 위한 기술표준으로는 PKI 기반의 인증서를 도입하여 권한관리 모델을 제시한 ISO/TC215WG4와 보안서비스 프레임워크 및 통신보안에 대한 가이드가 제시된 HL7 SIG 등이 있다.

[키워드]
- e-Health, u-Health, u-Healthcare, IT/BT/NT 기술 발전 및 융합
- 의료정보보호의 보안특성은 비밀성, 무결성, 가용성 보장
- 의료정보보호는 개인정보유출방지, 의료정보화 시장 및 표준화 활성화, 안전한 의료서비스 지원
- 의료정보 보안 위협: 네트워크 기반 의료정보관리 및 처리시 위협, 불법접근 및 내부자에 의한 유출, 조작 등의 위협, 센싱기능 오류 및 센싱정보 유출의 위협
- 기술적 보안방안: 데이터보안, 시스템 보안, 네트워크 보안, 접근통제

[기출문제]
40) 72회 조직응용: HL7

1) 유비쿼터스 인프라 환경에서의 보안 위협

(1) BcN 관련 보안위협

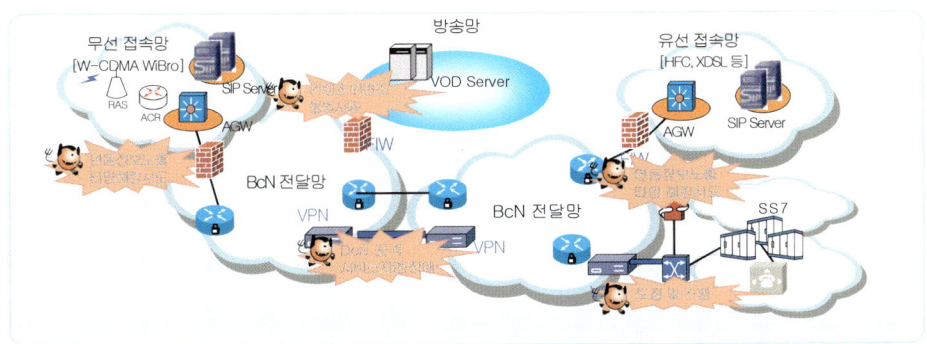

(2) RFID 관련 보안위협

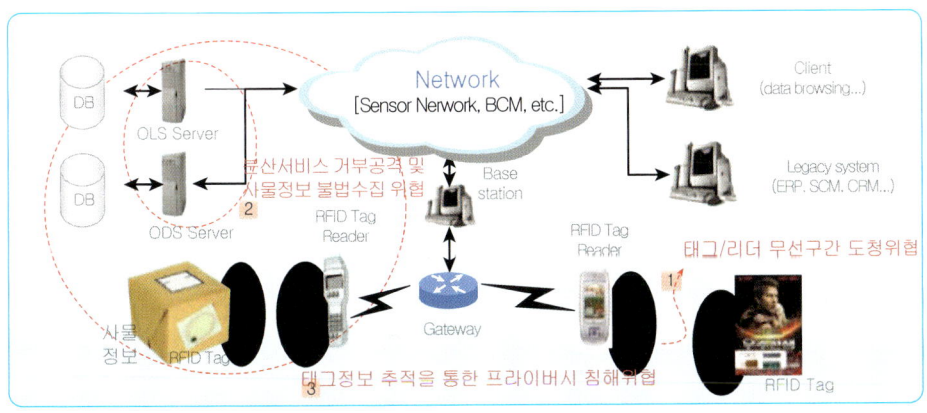

(3) USN 기반 정보보호 위협

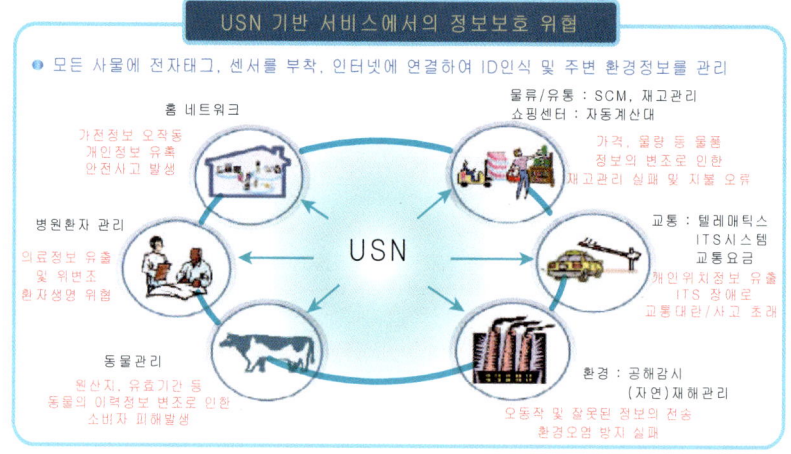

2) 안전한 유비쿼터스 환경을 위한 방안

(1) 안전한 정보인프라 구축- u-Security

- 위험 및 이슈
  - BcN을 통한 피해 확산, 지능형 단말의 BcN에 대한 영향력 증가, USN 정보의 위조
  - S/W 크기 및 복잡성 증가에 따른 취약점 급증, 소프트인프라웨어의 장애 및 사이버공격
  - 금전을 목적으로 하는 사이버 공격의 증가, 국가기반 서비스 시설의 침해사고 위협증가

- 대응 전략

구 분	전략 과제	세부 과제
네트워크	BcN 통합안전 관리 체계구축	– BcN 침해사고 예방 및 대응체계 마련 – 이기종 연동망 안전 관리방안 마련 – 지능형 네트워크 로봇(URC) 등 신규 서비스 정보보호체계 구축
	USN 안전관리 체계구축	– USN 안전관리체계 구축 – 안전한 IPv6 환경 전환 및 운영기반 마련
S/W	소프트웨어 안전, 신뢰성 강화	– 소프트인프라 정보보호 프레임워크 개발 – 공개형 및 내장형 소프트웨어 정보보호 품질보증체계 구축 – S/W산업 활성화를 위한 플래그쉽 소프트웨어의 정보보호 기술기반 확보
u-인프라	사이버침해사고 억제력 확보	– 인터넷 침해사고 대응체계 고도화 – 디지털 포렌직 기반구축 – u-인프라 정보보호 진단 및 관리강화 – 정보보호 거버넌스 기반 구축

(2) IT 서비스 신뢰기반 확보– u-Trust

- 위험 및 이슈
  • 다양한 기기와 사물이 통신 주체로 등장함에 따라 인증 환경의 변화
  • 도용된 ID로 유비쿼터스 서비스 불법 접근 가능
  • 복잡한 디바이스의 기능은 보안에 취약
  • 유비쿼터스 서비스에 대한 인증제도 미흡

- 대응 전략

구 분	전략 과제	세부 과제
이용자 신뢰	차세대 전자인증 프레임워크 구축	- 인증위협 수준별 전자인증 프레임워크 개발 - 새로운 전자인증에 적합한 법제도 개선
	디지털 ID 관리체계 구축	- ID 관리시스템 구축 - ID 도용방지를 위한 제도 개선
콘텐츠 신뢰	건전한 디지털 콘텐츠 보호체계 마련	- 통방융합 및 모바일 환경의 콘텐츠 보호체계 구축
디바이스 (플랫폼) 신뢰	U-디바이스 신뢰 및 상호호환성 확보	- 디바이스 인증을 위한 정책 프레임워크 구축 - u-디바이스 신뢰성 제고를 위한 TPM 도입활성화
서비스(조직) 신뢰	신뢰할 수 있는 U-서비스 이용기반 마련	- 정보보호 관리체계 인증 고도화 - 융복합 IT 서비스 정보보호 사전평가 체계 구축
신뢰기반구축	유비쿼터스 환경 신뢰기반 구축	- u-서비스 적용을 위한 암호개발, 이용 체계 정비 - 민간분야 암호모듈 평가체계 구축

(3) 이용자의 프라이버시 보장- u-Privacy

- 위험 및 이슈
  - 개인정보보호 대상확대, 개인정보보호 인식부족 및 사업자 부주의
  - 개인정보 수집 및 활용 증가, 위치정보, 영상정보 등 개인정보의 질적 변화

- 대응 전략

구 분	전략 과제	세부 과제
개인정보	개인정보보호 아키텍처 구축	– 개인정보보호 기술 개발, 기술지원체계 구축 및 활용 강화
	개인정보보호 사회 문화적 환경조성	– 개인정보관리 책임자, 이용자 대상 교육 및 홍보 – 개인정보보호 문화구축 및 취약계층 특별관리, 국제협력 강화
	개인정보보호 법제도 정비	– 개인정보 수요억제 방안 마련 – 개인정보 사용자 관리 감독 강화
위치정보	위치정보보호	– 위치정보보호 기술규격 개발 및 규칙관리, 관련 법제 정비
바이오 및 의료정보	바이오 및 의료정보보호	– 바이오정보보호 기준마련 및 인식제고 – 의료정보 관련 기술표준화 및 보호체계 마련
영상정보 및 신규 미디어 콘텐츠 정보	영상정보 및 신규미디어 콘텐츠 정보보호	– CCTV 관련 영상정보보호 체계마련 – 신규미디어를 통한 서비스 이용정보보호
RFID및 VoIP 서비스 이용정보	RFID및 VoIP 서비스 이용 정보보호	– RFID서비스 프라이버시 보호제도 정비 및 기술개발 – VoIP서비스 프라이버시 보호 기술 개발 및 인식제고

(4) 깨끗하고 건전한 정보이용환경 조성– u-Clean

- 위험 및 이슈
  • 통신 방송 융합 등 정보이용환경 변화 및 뉴미디어 이용 활성화
  • 이용자의 역할증대 및 낮은 정보보호 인식수준
  • 사이버 폭력 및 불건전 정보증가와 멀티미디어 중독현상 심화

- 대응 전략

구 분	전략 과제	세부 과제
건전정보	불법 불건전 정보 대응방안 확립	– 불법 유해정보 규제체제 재정립 및 유통근절 – 불법 유해정보 피해자 구제, 사이버 공해(스팸) 대응
정보이용자	건전한 정보이용자 육성	– 멀티미디어 의존, 중독 대응 – 건전한 인간상 및 윤리의식 확립
정보이용환경	u–Clean 문화조성 및 확산	– u–정보보호 교육, u–정보보호 문화운동 – 인권보호 및 신뢰 확립

3) EISA(Enterprise Information Security Architecture)

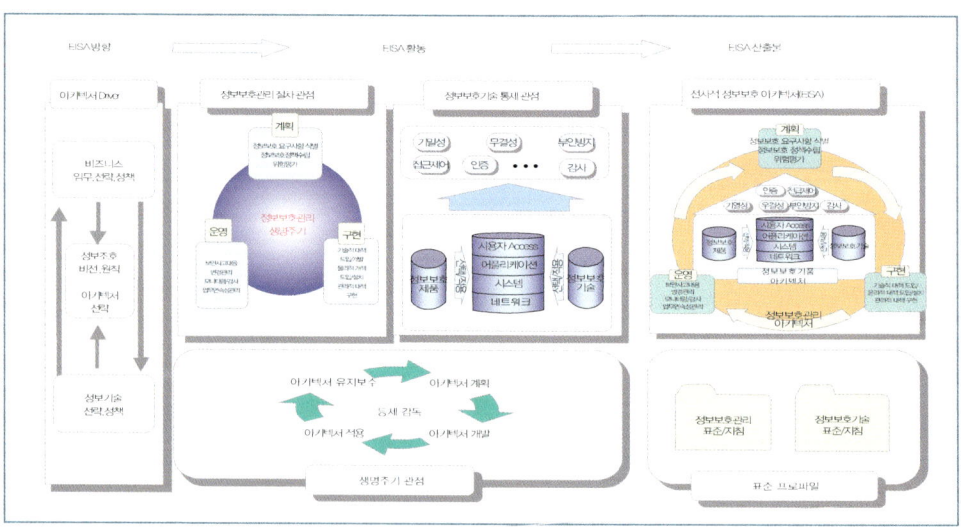

:: 도우미 임기술사

[설명]

유비쿼터스 정보보호를 위해서는 유비쿼터스 인프라환경에서의 보안위협을 분석하고, 안전한 환경을 구축하기 위한 방안을 수립해야 한다.

유비쿼터스 인프라환경에서의 보안 위협 중 광대역통합망 BcN 환경에서는 BcN 전달망과 무선접속망 간의 연동정보 노출 및 타망에서의 해킹시도, 방송망과의 연동환경에서는 콘텐츠 위변조 및 불법사용 등의 취약점이 있고, PSTN데이터 트래픽의 혼잡을 BcN환경으로 부담을 옮기는 방편으로 정의된 통신프로토콜이며 고속패킷스위칭이 가능한 SS7과 BcN과의 연동에서 도청 및 스팸의 취약점이 있다.

RFID 환경에서는 태그와 리더 간 무선구간의 도청위협, 태그정보 추적을 통한 프라이버시 침해위협, RFID 구축환경 및 연계네트워크와의 연동환경에서의 분산서비스거부공격 및 사물정보의 불법수집 등 의 보안위협이 발생할 가능성이 있다. USN 기반 서비스는 모든 사물에 전자태그나 센서를 부착하고 인터넷에 연결하여 ID 인식 및 주변환경정보를 관리하므로, 다양한 분야에서 정보보호 위협이 존재하는데, 홈네트워크 서비스 환경에서 가전정보의 오작동, 개인정보 유출, 안전사고가 발생할 수 있고, u-Healthcare 등 병원환자관리 서비스에서 의료정보 유출 및 위변조로 인한 환자생명 위협 가능성이 있으며, 유통관리 환경에서 가격, 물량 등 물품정보의 위변조로 인한 재고관리 실패 및 지불오류 가능성이 있다. 또한, 텔레매틱스 및 ITS 시스템 능의 교통정보 서비스 환경에서 개인위치 정보 유출, ITS 장애로 인한 교통대란 및 사고초래의 위협가능성이 있다.

이를 예방하고 대응하기 위한 안전한 유비쿼터스환경 구현방안으로 안전한 정보인프라 구축, IT서비스 신뢰기반 확보, 이용자의 프라이버시 보장, 건전한 정보이용환경 조성 등이 필요하다.

안전한 정보인프라 구축을 위한 u-Security는 BcN을 통한 피해확산 및 USN 정보의 위조, 소프트웨어 복잡성에 따른 취약점 급증, 소프트웨어인프라웨어의 장애 및 사이버 공격, 국가 기반시설의 침해사고 위협증가의 위험에 대응하기 위해, 네트워크 분야에서는 BcN과 USN안전관리체계구축이 필요하고, 소프트웨어 분야에서는 소프트인프라 정보보호 프레임워크 개발 등으로 소프트웨어 안전성 및 신뢰성을 강화해야하며, u-인프라 부분에서는 정보보호 진단 및 관리강화화 침해사고 대응체계를 고도화하여 사이버침해사고 억제력의 확보고 필요하다.

IT서비스의 신뢰기반 확보를 위한 u-Trust는 기기와 통신기반의 인증환경 변화, 유비쿼터스 불법접근, 유비쿼터스 서비스에 대한 인증제도 미흡 등의 위험이 있어, 차세대 전자인증 프레임워크 구축이나, 디지털 ID 관리체계 구축을 통한 이용자 신뢰성 확보, 건전한 디지털 콘텐츠 보호체계 마련, u-디바이스 신뢰성 및 상호호환성 확보, 신뢰할 수 있는 u-서비스 이용기반 마련, 유비쿼터스 환경 신뢰기반 구축 등이 필요하다.

이용자의 프라이버시 보장을 위한 u-Privacy는 개인정보보호, 위치정보, 영상정보 등의 개인정보 변화 및 수집과 활용의 증가와 개인정보보호에 대한 인식부족 및 사업자의 부주의 등의 위협에 대해 개인정보보호 아키텍처 구축 및 사회문화적 환경조성, 개인정보보호 법제도 정비 등을 통한 개인정보 보호, 위치정보 기술규격 개발 및 관련 법제정비 등을 통한 위치정보보호, 의료정보관련 기술표준화 및 보호체계 마련을 통한 바이오 및 의료정보보호, CCTV 관련 영상정보보호 체계 마련 및 신규미디어 콘텐츠 정보 보호, RFID 및 VoIP 서비스 프라이버시 보호기술 및 제도 정비를 통한 이용정보 보호 등이 필요하다.

건전한 정보이용환경 조성을 위한 u-Clean은 통신방송 융합 등 정보이용환경 변화와 이용자의 역할 증대대비 낮은 정보보호 인식수준, 사이버폭력 및 불건전한 정보증가 등의 위험에 대응하기 위해, 불법 및 불건전 정보 대응방안 확립, 건전한 이용자 육성, u-정보보호 교육 및 u-정보보호 문화운동 등으로 u-Clean 문화조성과 확산이 필요하다.

EISA는 전사적인 정보보호 아키텍처로, 아키텍처 Driver를 통해 EISA 방향을 설정하고, 정보보호관리 절차 및 정보보호 기술통제, 생명주기 관리 관점에서 EISA 활동을 수행힌 후 표준 프로파일을 통한 전사적 정보보호 아키텍처 산출물이 도출된다.

[키워드]

- BcN 보안위협: 유무선접속망(연동정보노출, 타망해킹시도), 방송망(콘텐츠 위변조 및 불법사용), SS7(도청 및 스팸)
- RFID 관련 보안위협: 분산서비스 거부공격 및 사물정보 불법수집, 태그정보 추적을 통한 프라이버시 침해위협, 태그와 리더간 무선구간 도청위협
- USN 기반 정보보호 위협: 홈네트워크(가전정보 오작동, 개인정보 유출, 안전사고 발생), 교통정보서비스(개인위치정보 유출, IT장애로 교통대란 및 사고초래), 물류/유통서비스(물품정보의 위변조로 인한 재고관리 실패 및 지불오류), 병원서비스(의료정보 유출 및 위변조)
- 보안인프라 구축(u-Security): BcN/USN 안전관리 체계구축, 소프트웨어 안정성 및 신뢰성 강화 사이버침해사고 및 억제력 확보를 위한 u-인프라 구축
- IT 서비스 신뢰확보(u-Trust): 이용자 및 콘텐츠 신뢰환경 구축, 디바이스 신뢰성 및 상호호환성
- 프라이버시 보장(u-Privacy): 개인정보보호, 위치정보보호, 바이오 및 의료정보보호, 영상정보 및미디어콘텐츠 정보보호, RFID 및 VoIP 서비스 이용정보보호
- 건전한 정보이용환경 조성(u-Clean): 불건전정보 대응방안 확립, 건전한 정보이용환경 구축
- 전사적정보보호아키텍처(EISA): 정보보호관리절차, 정보보호 기술통제, 아키텍처 생명주기 기반 아키텍처 계획 수립 후 구현 및 운영수행

[기출문제]

41) 84회 조직응용: 유비쿼터스 네트워크 보안, 80회 조직응용: Ad-hoc 네트워크 보안

77회 조직응용: RFID 보안

[예상문제]

• 2교시형

1) 유비쿼터스 컴퓨팅 보안위협 요소 및 대응방법을 설명하시오.

2) RFID로 발생할 수 있는 개인정보 침해 및 대응방법을 설명하시오.

[마지막으로 드리는 글]

• 책이라는 것은 정적입니다. 즉, 출력물이므로 급변하는 요소를 반영하기 어려운 문제점을 가지고 있습니다. 하지만, 본 책은 기술사 학습에 필요한 모든 것을 포함합니다.
• 단, 최근의 해킹동향 및 대응방법 혹은 정부의 보안정책 등은 KISA 홈페이지에서 주간정보보호동향 및 각 보안업체 홈피를 통해서 마지막으로 확인 바랍니다.
• 그러면 여러분은 정보보안에 대해서 완벽히 끝날 것입니다.

STEP 11

정보보안 실전 모의고사 풀이

제36회
세리 정규 모의고사
(보안 전문 테스트)

www.serigisulsa.com

세리 기술사회

제1교시

제36회 정규 모의고사 풀이

[기본문제]

- 암호화
- 보안커널
- Web Server 보안 취약요소와 대응방법에 대해서 설명하시오.
- Digital Divide
- DoS 공격 중 Sync Flooding과 Smurfing Attack에 대해서 설명하시오.
- XrML(eXtensible Right Markup Language)
- Anomaly Detection, Misuse Detection, Reputation Base 보안탐지
- 프라이버시 침해 기술과 대응기술에 대해서 설명하시오.
- KMI(Key Management Infrastructure)
- UTM(United Treat Management)
- XKMS(XML Key Management System)
- ISMS(Information Security Management System)
- RFID 보안 위협요소 및 보안기술에 대해서 설명하시오.

[선택문제]

10. PMI
11. I-PIN 2.0
12. DDoS
13. CC 인증

세리 기술사가 만들면 다릅니다.

문제 분석

문제 1>	암호화		
카테고리	보안>암호화	문제 유형	암호화 기법
출제의도	. 암호화에 대한 기본용어, 암호화 기법의 종류 및 종류별 특징		
접근관점 및 예상문제	. 차세대 대칭키 암호화 기법 AES . 무선에서의 비대칭키 기반 암호화 기법 ECC		

문제 1> 암호화
답>
1. 메시지의 기밀성을 제공하는 방법 암호화의 개요
    가. 암호화(Encryption)의 정의
      – 메시지의 내용이 불명확하도록 평문을 재구성하여 암호화된 문장으로 만드는 행위
      – 복호화는 암호화의 역과정으로 암호문을 암호화 알고리즘을 활용하여 평문으로 만드는 행위
    나. 암호화 기술의 분류
      1) 암호화 단위에 따른 분류

구분	주 요 내 용
스트림 암호화	. 한번에 1Bit 혹은 1 Byte씩 암호화
블록 암호화	. 평문을 블록으로 나누어 암호화(DES, SEED 등)

      2) 키에 따른 분류

구분	주 요 내 용
대칭키(관용키)	. 암호화 키와 복호화 키가 동일(DES, AES, SEED, IDEA 등) . 키 분배가 어려움
비대칭키(공개키)	. 암호화 키와 복호화 키가 다른 기법(RSA, Rabin, ECC 등) . 키 분배가 쉽고, 전자서명 가능

---

2. 대칭키 암호화 기법과 비대칭키 암호화 기법 종류
    가. 대칭키 암호화 기법

종류	주 요 내 용
DES	. Data Encryption Standard . 56Bit Key로 64Bit Block을 16단계로 암호화 . 3 DES는 112Bit 키를 사용하여 안정성 증대
AES	. Advanced Encryption Standard . DES를 대신할 128Bit 블록 암호화 표준, 키는 128, 192,256 Bit, 블록128 Bit
SEED	. 국내에서 개발한 128Bit 대칭키 방식의 블록 암호화 알고리즘

    나. 비대칭키 암호화 기법

종류	주 요 내 용
RSA	. 소인수분해의 어려움에서 안정성을 얻음 . Key 크기는 1024 Bit, 속도가 느림
ECC	. Elliptic Curve Cryptosystems . 이산대수에서 사용하는 유한체의 곱셈군을 타원 곡선군으로 대치하는 암호화 체계 . 짧은 암호화 키로 높은 안정성(RSA= 1024 Bit, ECC = 160 Bit) . 무선 통신 분야에서 활용

제36회 모의고사 풀이   정보보안

3. 대칭키 방식과 비대칭키 방식 차이점

항목	대칭키 방식	비대칭키 방식
장점	· 암호화 및 복호화 속도가 빠름 · 하나의 비밀키만 관리하면 됨	· 공개키로 암호화하여 높은 수준의 암호화 가능(전자서명 가능)
단점	· 비밀키 전달의 문제 발생	· 속도가 느림. PKI 솔루션을 구축해야 함

"끝"

추가 학습 포인트
◆ SEED, AES, ECC는 별도의 1교시 형 준비가 필요함.

세리 기술사가 만들면 다릅니다.

문제 분석

문제 2>	보안커널		
카테고리	보안>시스템	문제 유형	Secure OS
출제의도	. Secure OS의 핵심 요소인 Security Kernel의 기능		
접근관점 및 예상문제	. Secure OS . PMS(Patch Management System)		

문제2> 보안커널
답>
1. Secure OS의 안정성을 제공하기 위한 보안 커널 개요
　가. 보안커널(Security Kernel)의 정의
　　- 운영체제에 내재된 보안 상의 결함으로 인하여 발생 가능한 각 종 해킹으로 부터
　　보호하기 위해 기존 운영체제 내에 보안기능을 통합 시킨 커널
　나. 보안커널 구조

2. 보안커널의 보안기능 및 설계원칙
　가. 보안커널 보안기능
　　1) 식별 및 인증: 고유한 사용자 신분에 대한 인증 및 검증
　　2) MAC(강제적): 객체에 대한 접근을 결정
　　3) DAC(임의적): 사전에 보안 정책이나 보안 관리자에 의하여 개별 사용자 접근통제
　　4) 안전한 경로: 패스워드 설정 및 접근허용의 변경 등과 같은 보안작업 수행 시에 경로제공
　　5) 침입탐지: 정상적인 사용패턴을 분석하여 비정상적인 사용 발생 시 경보 제공
　　6) 감사기록: 보안관련 사건기록의 유지 및 감사기록의 보호. 감사기록에 대한 분석
　나. 보안커널 설계원칙

설계원칙	주 요 내 용
최소권한	· 사용자 권한을 최소의 권한으로 운영하여 의도적 공격으로 부터 손상을 최소화
권한분리	· 객체에 대한 접근은 하나 이상의 조건에 의하여 결정되어. 하나를 우회해도 객체가 보호 되어야 함
사용 용이성	· 보안 메커니즘은 사용이 용이하여 우회 가능성이 적어야 함.
보호 메커니즘의 경제성	· 충분한 분석 및 검증이 가능하도록 작고, 단순한 보안 시스템 설계

3. 보안커널의 구현방법 및 고려사항
　가. 동일한 운영체제. 호환 운영체제. 새로운 운영체제 등의 형태로 보안 커널이 구현될 수 있음.
　나. 하지만 기존 운영체제와 호환성을 위해서 호환 운영체제에 보안커널을 탑재하는 방식
　다. 안정성을 위해서 CC(Common Criteria) 평가를 통하여 검증이 필요함.　끝

제36회 모의고사 풀이   정보보안

추가 학습 포인트

◆ 본 문제는 Secure OS 문제에 대해서도 동일하게 서술하면 된다.

◆ 본 문제와 더불어 PMS(Patch Management System)에 대해서 간략한 메모를 해놓는 것이 좋다.

세리 기술사가 만들면 다릅니다.

문제 분석

문제 3>	Web Server 보안 취약요소와 대응방법에 대해서 설명하시오.		
카테고리	보안>Web 보안	문제 유형	WWW 보안
출제의도	. WWW에서의 일반적인 위협요소와 대응방법		
접근관점 및 예상문제	. Web 보안 요소에 대응방법 . 웹 접근성		

문제3> Web Server 보안 취약요소와 대응방법에 대해서 설명하시오.
답>
1. World Wide Web 서비스를 위한 Web Server 개요 및 보안 위협요소
　가. Web System 처리방식

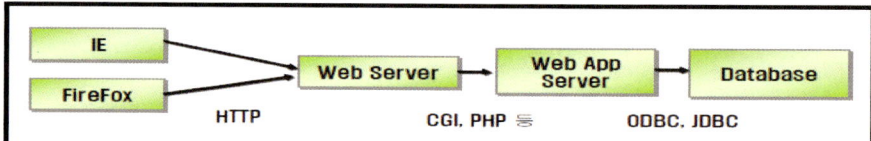

　. 다양한 웹 브라우저의 요청을 받아 애플리케이션을 실행하여 정보 서비스를 수행함.
　나. Web 위협 분류

구분	위협	주 요 내 용
위협에 따른	Passive Attack	· 브라우저와 서버 사이에 네트워크 트래픽 도청 · 제한된 웹 사이트에 정보 접근을 얻음
	Active Attack	· 다른 사용자 도용, 클라이언트와 서버 사이의 메시지 변경 · 웹 사이트 정보변경
위치에 따른	브라우저와 웹 서버 사이	· 네트워크 트래픽 도청

2. Web Server 보안 취약성

보안 취약성	주 요 내 용
구현상 취약성	· Application의 Buffer Overflow로 인한 잘못된 메모리 참조
웹 서버 설정	· 디렉토리 접근제한, 디렉토리 리스팅, CGI, PHP, SSI 설정 오류 · 예: SSI(Server Side Include) 서버에 파일을 포함하고 있는 지정된 프로그램 실행 · 예: 심볼릭 링크, /etc/passwd 등 중요 파일 링크를 연결
CGI 취약성	· 중요 파일에 대한 불법접근, 불법적인 프로그램 실행 · 예: 웹 서버가 Root로 운영될 경우 CGI 취약성으로 권한 획득, 외부 사용자가 임의의 명령 실행
DOS 취약성	· DOS, DDOS, DRDOS, TCP Sync Flooding

3. Web Server 보안 대응방법
　가. 중요 파일 구성: 데몬리스트 inetd.conf, 서버 디렉토릭 접근 access.conf,
　　　웹 서버 실행 통제 http.conf 접근통제
　나. CGI 최소권한으로만 실행, CGI 수행 통제, 낮은 수행순서
　다. 버그패치, 보안도구, 보안 프로토콜 SSL, IPSEC, SET, S-HTTP 사용
　라. 안전한 네트워크 환경 설정, 외부망과 내부망 분리 운영 "끝"

세리 기술사가 만들면 다릅니다.

문제 분석

문제 4>	Digital Divide		
카테고리	보안>정보화 역기능	문제 유형	정보격차
출제의도	. 정보화 역기능의 이해와 문제점. 대응방법		
접근관점 및 예상문제	. 정보화 역기능의 사회적 문제점 및 대응방법 . 개인정보 침해의 금융사기와 연관한 문제점 및 대응방법		

제36회 모의고사 풀이　　　　　　　　정보보안

문제 4> Digital Divide
답>
1. 정보화 역기능 해소를 위한 정보격차 개요
　가. 정보격차(Digital Divide)
　　– 디지털 정보에 대한 접근과 인용 및 활용에 있어서 존재하는 사회적 집단 간의 차이 또는 단절 현상
　　– 정보화 사회로 발전과 더불어 컴퓨터와 인터넷 이용에 제약을 받는 정보 소회계층이 등장
　나. 최근 정보격차가 중요하게 인식되는 이유
　　1) 개인적: 직업 선택 불이익과 소득격차 발생
　　2) 사회적: 빈부격차, 문화적 단절, 사회통합 저해요인
　　3) 국가적: 인적자원 공급제한, 사회 복지 비용 증가, 국가 경쟁력 악화
2. 정보격차의 종류 및 정보격차 해소 이론
　가. 정보격차의 종류
　　1) 정보격지의 주체: 성별간, 계층간, 세대간, 지역간, 국가간 격차
　　2) 정보격차 대상물: 아날로그 정보격차와 디지털 정보격차, 일상 정보격차와 업무관련 격차
　　3) 정보격차 심화정도: 정보취약, 정보단절, 정보 계층화, 정보 계급화
　　4) 정보격차 메커니즘: 정보접근, 정보활용, 정보생산 격차
　나. 정보격차 해소이론

나. 정보격차 해소이론

이론	주 요 내 용
확산이론	· 새로운 기술의 보급과정에서 일시적으로 나타나는 현상 · 초기는 엘리트 이용자만 나중에 모든 계층에 확산됨
격차가설	· 정보통신 기기의 보유 및 이용능력의 만성적 부재
현실론	· 정보통신 기기의 보유 및 이용능력의 일시적 부재

3. 정보격차 정책동향 및 해소방안
　가. UN: 국가간, 인종간, 소득계층간 정보격차 해소 대책 촉구, 국내: 정보격차해소를 위한 법률
　　　제정, 정보화 교육 및 정보 이용 시설 지원
　나. 정보격차 실태 조사, 정보통신 인프라 구축, 정보화 교육, 국제 협력 기금 조성, 인력양상 "끝"

추가 학습 포인트

◆　본 문제에서 나오는 단어들은 특히 정보관리 기술사를 준비하는 분에게 반드시
　　숙지되어야 단어들이다.

세리 기술사가 만들면 다릅니다.

문제 분석

문제 5>	DOS 공격기법 중에서 Sync Flooding과 Smurfing Attack에 대해서 설명하시오.		
카테고리	보안>해킹기법	문제 유형	DOS
출제의도	. DOS 해킹기법의 특성과 대응방법		
접근관점 및 예상문제	. DOS, DrDOS, DDOS의 해킹기법과 대응방법		

제36회 모의고사 풀이   정보보안

문제 5> DOS 공격기법 중에서 Sync Flooding과 Smurfing Attack에 대해서 설명하시오.
답>
1. TCP Sync Flooding 공격 기법
   가. TCP Sync Flooding 기법 개요
   - 임의적 조직에 의해서 만들어진 패킷을 통해서 이루어지는 공격기법
   - 많은 수의 half-Open TCP 연결을 시도하여 상대 호스트의 Listen Queue를 가득 채움
   - TCP 서비스 거부를 유발 시킴
   나. TCP Sync Flooding 공격방법

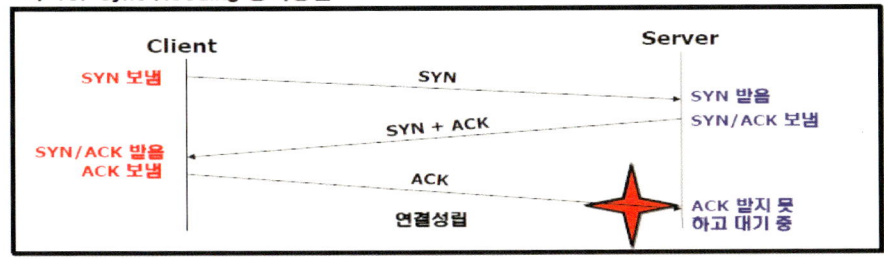

· 클라이언트가 마지막 Ack를 보내지 않아 Server를 대기하게 만듬

제36회 모의고사 풀이   정보보안

2. Smurfing 공격기법
   가. Smurfing 기법 개요
   - ICMP 프로토콜과 IP Broadcast 주소를 이용한 공격 기법
   - Broadcast로 Echo Request를 보내 대량의 Echo Reply를 임의의 주소로 집중 전송
     하는 원리
   나. Sumurfing 공격기법

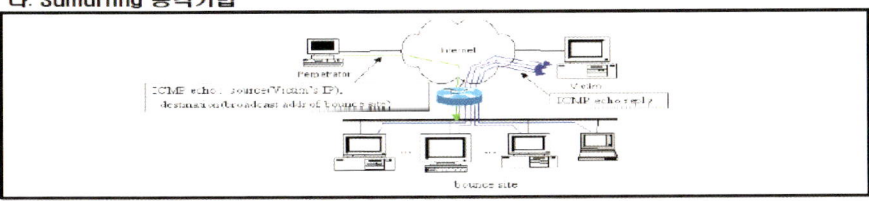

3. TCP Sync Flooding과 Smurfing 대응 기법
   가. Sync Flooding은 Server의 백로그 큐의 증가, Half Open Time을 적게 가지고 감.
   나. Smurfing은 모든 라우터의 내부 Interface마다 Direct Broadcast 기능을 막아 줌.
       즉, 내부측으로 자신의 ?.?.?.255의 주소로 ICMP echo(Ping) 요청이 들어가지 못하도록
       함. "끝"

문제 분석

문제 6>	XrML		
카테고리	보안>디지털컨텐츠 보호	문제 유형	DRM언어
출제의도	. 디지털 컨텐츠 보호를 위한 권리관계 언어 파악		
접근관점 및 예상문제	. CCL, XrML, INDECS와 연관한 문제 . Web 2.0 저작권 관리와 연관한 문제		

제36회 모의고사 풀이   정보보안

문제 6> XrML
답>
1. 디지털 컨텐츠 권리 조건을 위한 XrML 개요
   가. XrML(eXtensible Rights Markup Language) 정의
      - 디지털 컨텐츠 및 Web Service와 관련된 권리와 조건을 표현하기 위해서 특별히 고안된
        XML 기반의 마크업 언어
   나. 최근 XrML 사용 목적
      - DRM언어로 컨텐츠 제공업자는 DRM언어를 이용하여 특정한 권한만을 부여
      - 사용기간과 조건을 명시하고 사용권한에 따라 일정한 요금 부과할 수 있음
2. XrML 구성요소 및 관련 권리관계 기법과 차이점
   가. XrML 구성요소
      1) 라이센스, 권한부여, 사용자 확인(사람, 장치, 응용)
      2) 권리(Right): View, Play, Print, Copy
      3) 리소스(Resource): Work, Service, Name
      4) 조건(Condition): Fee, time, Geography
   나. 관련 권리관계 기법과 차이점

이론	CCL	XrML
대상	. Web 컨텐츠	. 모든 디지털 컨텐츠
특징	. 권리관계 정의 자체 언어	. XML 기반 권리관계 정의
활용	. UCC 등	. PDF, IMG, 동영상 등
연계시스템	. 포털과 제작간의 관계	. DRM에서 사용하는 언어

제36회 모의고사 풀이   정보보안

3. XrML 적용분야 및 최근 동향
   가. Dublin Core, RDF, UDDI, WSDL, XML Encryption Syntax and Processing
   나. XML Signature Syntax and Processing, DRM이 적용된 각각의 온라인 컨텐츠 검색
   다. 좋은 컨텐츠 검색할 수 있는 도구로서 사용자나 저작권자 모두에게 효과적인 솔루션
   라. Web 2.0이 활성화로 인하여 컨텐츠에 대한 권리관계 정의가 분명하지 못하므로
       CCL, INDECS, XrML을 활용하여 분명한 권리관계 정의가 필요함. "끝"

추가 학습 포인트

◆ 디지털 컨텐츠 보호 기술 관련해서는 항상 중요한 주제이다. 즉, DRM, INDECS, DOI, Watermarking(Fingerprint, Steganography), XrML, MPEG21의 내용은 반드시 학습이 필요하다.

세리 기술사가 만들면 다릅니다.

문제 분석

문제 7>	Anomaly Detection, Misuse Detection, Reputation Base 보안탐지		
카테고리	보안>보안탐지	문제 유형	침해 탐지기법
출제의도	. IDS의 탐지기법인 이상탐지, 오용탐지기법에 대한 이해 . 바이러스를 대응하기 위한 평판기반 탐지 기법		
접근관점 및 예상문제	. 보안탐지 기법 . 클라우드 시큐리티		

문제 7> Anomaly Detection. Misuse Detection. Reputation Base 보안탐지

답>

1. 비정상 행위 탐지를 위한 Anomaly(이상탐지) Detection 개요
   가. Anomaly Detection 정의
   - 정상적인 행위에 대한 Profile을 생성하고 실제 수집되는 감사정보를 Profile과 비교 해
     정상 행위로 벗어나는 행위를 탐지하는 기술
   나. Anomaly Detection 장단점과 기법
   1) 장점: 알려지지 않은 침입방법까지도 탐지 가능
   2) 단점: 침입이 아닌데도 침입으로 판단
   3) 기법: 신경망, 통계적 방법, 예측가능 패턴 생성 등 구현기술 적용
2. 침입정보를 활용하는 Misuse(오용탐지) Detection 개요
   가. Misuse Detection 정의
   - 침입패턴을 미리 저장하여 감사정보를 패턴과 비교(Pattern Matching 기술)
   나. Misuse Detection 장단점과 기법
   1) 장점: 알려진 공격에 대한 탐지율이 높음
   2) 단점: 새로운 유형 공격에 취약하고 지속적인 Patch가 필요함
   3) 기법: 전문가 시스템, 조건부 확률
3. 신종파일, 애플리케이션의 신뢰도를 공유하는 Reputation Base(평판기반) 탐지 개요
   가. Reputation Base 정의
   - 처음 보거나 잘 알려지지 않은 파일 및 애플리케이션이 등장할 때, 신뢰성 여부를
     많은 수의 사용자를 통하여 평판을 확인하는 탐지방법

나. Reputation Base 탐지방식

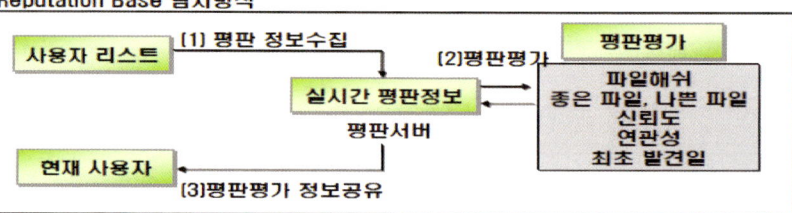

3. 보안탐지 기법 간의 차이점

항목	오용탐지	이상탐지	평판기반
탐지특성	・블랙리스트 방식	・화이트리스트 방식	・평판정보
특성	・바이러스 및 해킹 패턴 정보 보유	・정상적인 사용 패턴 정보 활용	・웹 사용자들의 평판정보 활용
단점	・신규 패턴이 갱신	・탐지 오류 발생	・탐지 정보 실시간 교류가 필요함.
활용	・IDS, IPS	・IDS, IPS	・탐지 운영센터 필요

"끝"

세리 기술사가 만들면 다릅니다.

문제 분석

문제 8>	프라이버시 침해기술과 대응기술에 대해서 설명하시오.		
카테고리	보안>정보화 역기능	문제 유형	개인정보보호
출제의도	. 프라이버시 침해의 문제점과 침해방법, 기술적 측면의 대응방법		
접근관점 및 예상문제	. 개인정보 침해로 인하여 발생할 수 있는 사회적 문제점 . P3P		

세리 기술사 커뮤니티(www.serigisulsa.com)　　　27　　　74회 정보관리 기술사 임호진(limhojin@lycos.co.kr)

제36회 모의고사 풀이　　　　　　　　　정보보안

문제 8> 프라이버시 침해기술과 대응기술에 대해서 설명하시오.
답)
1. 안전한 e-Privacy 환경조성으로 "따뜻한 디지털 세상 구현"
　가. e-Privacy 보호의 필요성 대두
　　- 최근 개인정보 침해 문제가 사회적 문제로 집중 부가됨, 이에 따른 해킹, 금융사고의 지속적 증가 발생
　　- 이에 따라 개인정보 침해방지를 위해서는 사후적, 단편적 처방을 벗어나 보다 종합적인 접근 및 대책마련
　나. e-Privacy 범위

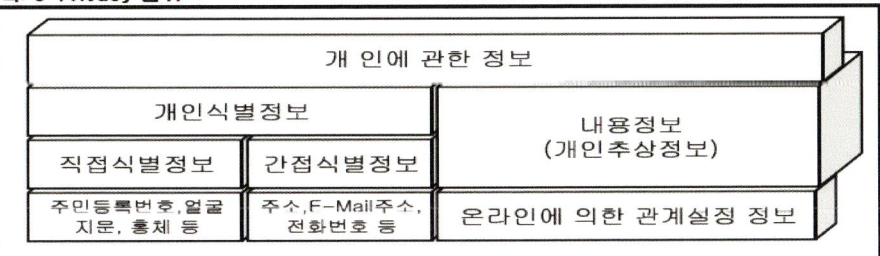

세리 기술사 커뮤니티(www.serigisulsa.com)　　　28　　　74회 정보관리 기술사 임호진(limhojin@lycos.co.kr)

2. 프라이버시 침해기술

침해기술	주 요 내 용
TCP/IP 주소	• TCP/IP 주소의 분배 및 관리체계 특성 때문에, 인터넷 이용 시 TCP/IP 주소를 추적하여 이용자 신원을 확인하는 것이 용이함
Domain name	• E-Mail의 출처를 확인하는 것은 매우 간단하며, 누구나 ISP 정보와 e-Mail 이용자의 ID를 알 수 있음
IPv6	• IPv6는 인터넷 상의 모든 장치에 고정된 주소를 할당하는 것으로 새로운 주소는 하드웨어 속에 내장되어 이를 이용하여 추적
쿠키(Cookie)	• 쿠키파일을 이용하여 인터넷 이용자의 신원을 쉽게 파악 • 로그인 정보 및 전자상거래 소비정보 등
Spyware	• 무료 혹은 유료로 배포되는 소프트웨어에 들어 있는 일정의 프로그램 모듈을 통칭하는 것으로 설치한 소프트웨어에서 개인정보를 유출
웹 버그(Web Bug)	• 온라인 이용자가 모르는 사이에 이용자에 관한 정보를 유출 • 이용자의 시스템을 파괴도 할 수 있는 기술임

2. 프라이버시 대응기술

대응기술	주 요 내 용
P3P	• W3C에서 개발한 개인정보보호 표준기술 플랫폼 • 웹 사이트에서 이루어지는 데이터 처리에 관한 표준을 제시 • P3P 목적은 이용자 자신의 정보를 관리할 수 있도록 권한을 넘김
프라이버시 정책 생성	• OECD가 발표한 "프라이버시 보호 및 개인정보의 국가간 유통에 관한 지침"에 따라 개발, 프라이버시 정책 문구를 자동적으로 생성하는 기능을 가짐
쿠키관리	• 이용자로 하여금 언제 쿠키가 자신의 컴퓨터에 저장되었는지를 결정하게 함으로써 쿠키의 수용 여부를 결정하고 관리할 수 있도록 함
암호화 소프트웨어	• 암호화를 통해 자신의 전자 메일 메시지, 저장된 파일, 온라인 커뮤니케이션을 보호 할 수 있는 기능을 제공
익명화 기술	• 이용자와 웹 사이트 사이의 중재자를 통하여 익명으로 웹 서핑을 할 수 있게 하는 기술

"끝"

세리 기술사가 만들면 다릅니다.

문제 분석

문제 9>	KMI		
카테고리	보안>PKI	문제 유형	Key관리
출제의도	. 비밀키 관리를 위한 인프라, 목적과 특징 이해		
접근관점 및 예상문제	. 공인전자문서 보관소		

제36회 모의고사 풀이　　　　　　　정보보안

문제 9> KMI
답>
1. 비밀키 관리를 위한 키 관리 기반구조 KMI 개요
  가. KMI(Key Management Infrastructure) 정의
    - PKI(Public Key Infrastructure)기반 시스템에서 신원정보, 문서내용 등 중요정보를 담고 있는 암호키(비밀키)를 관리 해 주는 시스템
  나. 최근 KMI가 부각되는 이유
    1) 암호용 비밀키의 분실 및 복제에 대한 예방, 디지털 자산정보의 불법유출 방지
    2) 관리자의 의도적 키 분실 등 예방, 범죄 수사를 위한 공익적 목적
2. KMI 구성요소와 관리 시스템 간의 차이점
  가. KMI 구성요소

구성요소	설명
키복구 기관	암호키 관리, 복구 기관
키복구 서버	개인키 손실 발생시 복원 시스템
KMI 사용자	PKI인증서, 인증키 사용자, 국가기관

나. KMI와 관련 시스템 간의 차이점

이론	공인전자문서 보관소	KMI
목적	. 모든 전자문서 위탁보관	. 비밀키에 대한 위탁보관
장점	. 전자문서 관리 효율성 증대	. 비밀키 분실 및 범죄 수사
특성	. 공인된 위탁기관	. 공인된 위탁기관
활용	. 기업 내, 기업 간의 사용 　되는 전자문서	. PKI 기반의 비밀키 . Key Escrow

3. KMI 적용사례 및 기대효과
　가. Netscape의 CMS, VeriSign의 KMS, KISA의 KMI 시범 시스템, GPKI에 적용
　나. 인터넷의 안정성 확보를 위해 기업업무, 전자상거래, 금융 서비스를 이용 할 수 있고,
　　　공인인증기관, 전자정부, 일반기업의 사내 그룹웨어 이용한 사설 인증 서비스 등에 사용
　다. 키로밍 서비스를 통해 온라인 증권 거래 서비스, 암호의 역기능 방지 즉, 암호키 분실 및
　　　손실에 대한 신속한 복구 및 인증기관의 신뢰도 향상 "끝"

세리 기술사가 만들면 다릅니다.

문제 분석

문제 9>	UTM		
카테고리	보안>통합보안	문제 유형	통합보안 솔루션
출제의도	. 각종 보안 솔루션을 연계하기 위한 통합 보안 솔루션 이해		
접근관점 및 예상문제	. SSO, EAM, IAM, ESM, UTM 2.0, VPN, Firewall, IDS, IPS		

제36회 모의고사 풀이   정보보안

문제 10> UTM
답>
1. 통합 보안관리를 위한 UTM System 개요
 가. UTM(United Treat Management) System 정의
  - 다양한 보안 솔루션 기능을 하나로 통합하여 보안 문제를 쉽고 편리하게 관리 및 해결하는
    통합 보안 관리 시스템
 나. UTM 주요특징
  1) 다 기능: Firewall, IDS, IPS, VPN 등과 컨텐츠 필터링(안티바이러스, 유해 차단 기능)
  2) 통합: 주요 보안기능 및 보안 솔루션이 하나의 장비나 솔루션으로 통합 관리
  3) 관리: 다양한 공격 및 위협에 대해서 유연한 대처 및 모니터링, 설정 환경 제공
2. UTM 구성요소 및 통합 보안 시스템 구성
 가. UTM 구성요소

구분	상세 내용
구성 시스템	게이트웨이, PC, 관리시스템, 서비스 센터 등
보안 기능	방화벽, VPN, IPS, 웹 보안, 안티 바이러스, 안티 스팸, NAC & IP/MAC관리, 메신저 보안, P2P보안
관리 기능	패치 관리, 정책 관리, 로그 관리, 사용자 관리, 환경 관리, 정보 제공

제36회 모의고사 풀이   정보보안

 나. 통합 보안 시스템 구성

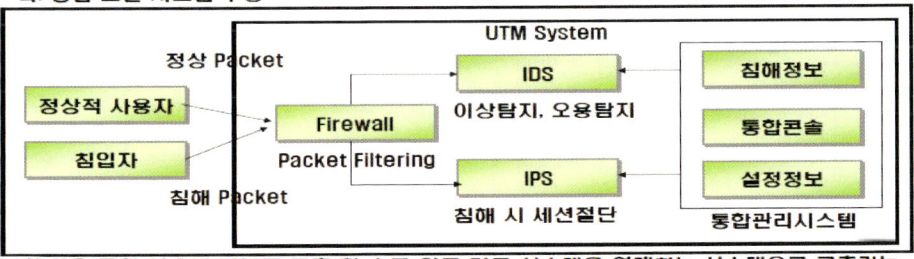

· UTM은 통합 시스템 하나로 구축 할 수도 있고 기존 시스템을 연계하는 시스템으로 구축가능
3. UTM 기대효과 및 현황
 가. 다양한 보안 솔루션 도입 및 효율적 운영을 위한 비용, 시간, 물리적 공간, 인력확보 등의
    문제점을 해결
 나. 시장 및 보안 기술의 변화에 따른 강력한 통합 보안관리 서비스 제공
 다. 주요 보안 솔루션 등이 기능 중심으로 융합, 네트워크 프로세싱 유닛 등을 채택하여
    고성능 중대형 네트워크에서 효과적으로 활용되는 등 다양한 통합 보안 방안이 주목받고
    있음 "끝"

문제 분석

문제 11>	XKMS		
카테고리	보안>W3C 보안 기술	문제 유형	Web Service 보안
출제의도	. PKI 및 Web Service에서 Key 관리 기술		
접근관점 및 예상문제	. Web Service 보안: SAML, XML Encryption, XML Signature		

제36회 모의고사 풀이　　　　　　　　정보보안

문제 11> XKMS
답>
1. PKI(Public Key Infrastructure)의 복잡성을 극복한 XKMS 개요
　가. XKMS(XML Key Management System) 정의
　　- PKI 및 공개키 인증서와 XML 애플리케이션의 통합이 용이하게 지원 할 수 있는 공개키 관리를 위한 프로토콜
　나. XKMS 장점
　　1) 구현 용이성: XKMS는 PKI 복잡성과 신뢰처리를 서버 컴포넌트에게 이동함
　　2) 개방형 표준: XKMS 플랫폼은 개방형, 산업 표준
　　3) 모바일 장치 접근: 초 경량화된 최소 기능 클라이언트 인터페이스를 사용하여 모바일 장치가 PKI 모든 기능을 이용할 수 있음
　　4) 기능 확장성: 서버 측에서의 기능확장
2. XKMS 구성도 및 XKMS 활용부분
　가. XKMS 구성도

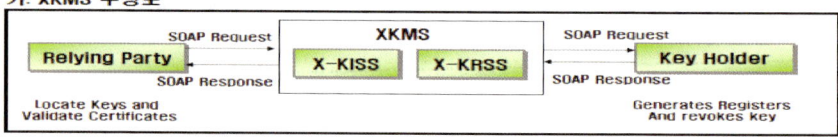

486　정보처리기술사 보안 3.0

제36회 모의고사 풀이   정보보안

1) X-KISS(XML Key Information Service Specification): 공개키 위치와 식별자 정보, 공개키 연결 기능 지원
2) X-KRSS(XML Key Registration Service Specification): X 키 쌍 소유자에 의한 키 쌍의 등록지원
나 XML 서명과 XML 암호화에서 XKMS 활용

XML 전자서명	XML 암호화
. 송신자 공개키 XKMS 등록	. 수신자 공개키 XKMS 등록
. 서명된 메시지 수신자 전송	. 송신자는 수신자 공개키로 메시지 암호화
. 수신자 공개키 서명 검증	. 수신자 메시지 수신 후 복호화
. 키 정보 없는 경우 다른 XKMS연결	. 키 정보 없는 경우 다른 XKMS 연결

3. XKMS 동향 및 향후 전망
   가. XKMS 2.0 표준화를 통한 메시지 정의 및 프로토콜 상의 보안 요구사항 정의
   나. XML 기반 통신 메시지 보안기술, XML 기반 접근제어 기술, XML 기반 보안 정보교환 기술,
      무선환경을 위한 XML 정보보호 기술 연구 개발 진행
   다. 유비쿼터스 및 Web Service 무선 플랫폼에서의 XML 전자서명 및 XML 암복호화 기술로
      활용 "끝"

세리 기술사가 만들면 다릅니다.

문제 분석

문제 12>	ISMS		
카테고리	보안>정보보호인증	문제 유형	ISO 27000
출제의도	. ISMS 목적, 인증 특성 및 효과		
접근관점 및 예상문제	. ISO 27000. ERM(Enterprise Risk Management)		

문제 12> ISMS

답>

1. 정보보호를 위한 정책, 조직수립, 위험관리를 위한 ISMS 개요
  가. ISMS(Information Security Management System) 정의
    - 정보보호의 목적인 정보자산의 기밀성, 무결성, 가용성을 실현하기 위한 절차와 과정을 체계적으로 수립.문서화 하고 지속적으로 관리 및 운영하는 시스템
  나. ISMS의 주요 목적
    1) 정보자산의 안전, 신뢰성 향상, 정보보호관리에 대한 인식 재고
    2) 조직의 정보보호역량 강화, 정보통신기반 시설의 보호 및 신뢰도 향상
2. ISMS 인증제도 특징 및 정보보호 관리 과정
  가. ISMS 인증제도 특징
    - 국내 실정에 적합한 정보보호관리 모델 제시(영국 OGC BS7799 인증참조)
    - 공신력 있는 기관(인터넷 진흥원/KISA)에 의한 심사 및 인증
    - 국내 최고 분야별 전문가들에 의한 인증심사
    - 국내 정보보호 관련 법제도 반영
  나. ISMS 인증 종류

인증	설명
인증심사	최초로 인증을 받는 경우의 심사
갱신심사	인증 유효기간(3년) 만료 이전에 유효기간의 연장을 목적으로 실시하는 심사
재심사	인증을 받은 ISMS 범위 내에 중대한 변화가 발생하는 경우 실시하는 심사 (인증유효기간과 인증번호는 기존 인증서를 승계함)
사후관리심사	인증 받은 기관이 ISMS를 지속적으로 유지하고 있는 지를 점검하는 심사

다. ISMS 관리과정

관리과정	주 요 활 동	산출물
1단계: 정보보호 정책 수립	· 정보보호정책 수립단계에서는 조직 전반에 걸친 상위 수준의 정보보호 정책수립하고 정보보호를 수행하기 위한 조직 내 각 부분의 책임을 설정	· 정보보호 정책서
2단계: 정보보호 관리체계 범위 설정	· 정보보호관리체계의 범위를 설정하고 범위 내의 정보 자산을 식별하여 범위를 명확히 함	· 정보보호 관리체계 · 인증 범위서
3단계: 위험관리	· 조직문화와 정보자산에 적절한 위험관리 전략과 계획을 수립, 위험을 분석하고 평가하여 위험과 우선순위를 결정, 위험을 수용 가능한 수준으로 감소시키기 위해 필요한 정보보호 대책을 선택하고 이들을 구현할 계획 수립	· 위험분석. 평가 보고서 · 정보보호 대책 명세서 · 정보보호 계획서
4단계: 구현	· 위험관리 단계에서 수립된 정보보호 계획에 따라 대책을 구현하고 필요한 교육과 훈련을 진행	· 자산목록 · 시스템 구성
5단계: 사후관리	· 운영하는 과정에서 상시적인 모니터링을 수행하고 장기적인 내부감사를 통해 정책 준수상황을 확인 · 이러한 결과에 기초하여 정보보호 관리 체계 재검토 및 관리체계 개선	· 정보보호 관리체계 · 내부감사 보고서 등

제36회 모의고사 풀이 　　　　　　　　　　　　 정보보안

3. ISMS 기대효과 및 현황
　가. 기업 자산에 대한 식별과 위험요소 파악, 위험요소별 대응계획 수립으로 비즈니스 연속성
　나. 지속적인 관리를 통하여 신뢰성 및 안정성 확보
　다. 정보보호 관리 능력 향상 및 체계적인 대응 방법 수립
　라. 대 고객 신뢰도 향상 및 서비스 수준 확보 "끝"

[참고] ISMS 인증심사 기준

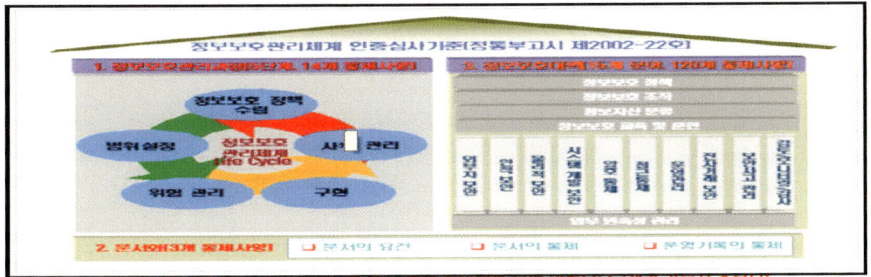

세리 기술사가 만들면 다릅니다.

문제 분석

문제 13>	RFID 보안 위협요소 및 보안기술에 대해서 설명하시오.		
카테고리	보안>유비쿼터스 보안	문제 유형	RFID/USN 보안
출제의도	. RFID 보안위협 요소 및 대응방법으로 개인 프라이버시 침해와 부채널 공격에 대응 방법		
접근관점 및 예상문제	. RFID/USN 보안 . Ad-hoc Network 보안 . Smart Card 보안		

문제 13> RFID 보안 위협요소 및 보안기술에 대해서 설명하시오.

답>

1. 비접촉 인식 기술 RFID 개요

  가. RFID(Radio Frequency Identification) 정의
    - Micro Chip을 내장한 Tag, Label, Card 등에 저장된 데이터를 무선 주파수를 이용하여 RFID Reader에서 자동 인식하는 기술

  나. RFID 종류
    1) 주파수에 따른: 유통/물류에서 사용하는 433MHz, 항만의 900MHz 사용
    2) Reader 형태: 전용 Reader기 사용, CDMA폰에 Reader를 탑재한 Mobile RFID(900MHZ에서 433Mhz로 변경: 모비온)

2. RFID 보안위협 요소 및 보안기술

  가. RFID Tag Reader 간의 보안 취약점

보안요소	주 요 내 용
도청	· Tag와 Reader기 사이의 통신을 Radio 방식 · 인가받지 않은 Reader가 접근제어 기능 없이 Tag로 접근
트래픽 분석	· Tag의 응답 값 분석을 통한 Tag 소지자를 추적가능 · 위치 프라이버시 침해
Spoofing	· 공격자가 사전에 지정한 코드가 작동되도록 공격하는 기법
DOS	· Tag와 Reader간의 질의와 응답이용, Reader에 수많은 질의를 보내 정상응답 방해
부채널 공격	· RFID Tag 전력사용량, 무선신호를 분석하여 키를 도출

  나. RFID 보안기술

보안기술	주 요 내 용
Kill Tag	· 사용자 요청에 따른 Tag 무효화
Faraday Cage 원리	· 주파수를 차단 할 수 있는 차폐망을 이용
방해전파	· RFID Tag 신호를 인식할 수 없도록 방해전파 전송
Blocker Tag	· 외부침입을 막기 위한 차단 Tag
재 암호화 방법	· 암호화된 RFID Tag 정보를 다시 정기적 암호화 수행

3. RFID 보안 문제점 및 현황

  가. RFID Tag는 추적성의 특성을 가지고 있어 유통에서 물건에 대한 구매자 추적을 통하여 개인 프라이버시 침해요소가 있음.

  나. RFID, 스마트 카드와 같은 무선 신호를 이용한 기술은 부채널 공격에 취약성을 가지고 있고, 즉, 오류 메시지 공격, 전자기파 공격, 전력분석 공격에 대한 대비가 필요함. "끝"

부 록

세리 정보처리기술사 정규과정

1. 세리 정보처리기술사 정규과정 개요

- 정보관리기술사 및 전자계산기조직응용기술사 시험에 단기간에 합격을 위해서 초보자를 위한 과정

2. 과정 소개

과 정	비 용	구현 방법
정규과정	66만 원(VAT포함)	- 기본 이론강의, 자체 모의고사, 초급반 스터디 지원
세리스터디	66만 원(4개월 기준)	- 정규과정 수료자 대상이거나 기본시험 통과자에 한함(타 교육기관 출신자도 테스트 후 참석 가능)

3. 입과 시 혜택

- 정규과정 입과자는 www.serigisulsa.com에 정회원 승격(~2년간 유효함)
- 세미나 교재 제공: 기술사 학습에 필요한 기본교재 및 정보처리기술사 시험합격자 정리 노트, 1교시 대비용 100개 답안, 모의고사 풀이, 기출풀이, 주요 토픽 집중 설명서 등 외 다수
- 과목별 동영상 강의제공(오프라인 강의 및 온라인용 전용 콘텐츠)
- 세리 정규 모의고사 및 공개 세미나 참석권 부여: 1개월에 1~2회 실시되는 공개 세미나 부여(수치해석, SW분석/설계, 컴퓨터 구조, 최신기술 등/변화되는 주제 중심), 매월 1회 실시되는 정규 모의고사 참석권 부여

- 주간 Report: 경영과 컴퓨터, 정보과학학회지, ZDNet, DataNet 등에 연재된 주요 토픽에 대한 정리집
- 반복적 무료 재수강 실시(공식적으로는 입과 후 1년간, 비공식적으로 합격할 때까지 지원)
- 일대일 답안 컨설팅 및 수검전략 지원
- 평일 정규과정 참석자 스터디 공부 지원(기술사 참여)
- 지방 참석자를 위한 지원 서비스 실시(매년 2회 지방 세리 정규과정에 참석 가능)
- 정규과정은 오프라인과 온라인 병행 서비스 실시

4. 오프라인 진행 방법

회수		학습 내용	교재
1주차	수검전략	• 전체 학습 로드맵, 답안작성 방법, 커뮤니티를 통한 학습방법, 답안정리 방법, 암기방법, 최근 기술사 및 모범답안 검토	• 세리 수검전략, 100개 암기 답안지, 기술사 정리 노트 배포
	스터디팀 구성	• 스터디조 구성 및 온라인 지도 기술사 배정, 스터디 운영방법 및 목표 공유	
	SW공학	• 소프트웨어공학 전체 아키텍처 강의	• SW공학 전체 마인드 맵
2주차	SW토픽	• 소프트웨어공학 개별 토픽 집중 학습	• SW공학 교재 및 세리노트
3주차	객체지향	• 소프트웨어 아키텍처 중심의 SW개발방법 및 실전 사례(SA, UML, ORM, ISO 품질 외)	• 세리 소프트웨어 아키텍처
4주차	IT산업정보	• ISP, EA, BPR, SOA 및 IT Governance(EA 및 SOA 중심)	• 세리 EA, SOA 교재
5주차	IT산업정보	• IT산업정보 세부 토픽 학습	• 세리 IT산업정보시스템, IT산업 정보시스템 책
6주차	네트워크	• 프로토콜 중심의 네트워크	• 세리 네트워크 교재(1)

회수		학습 내용	교재
7주차	DB	• 데이터 모델링 중심의 데이터베이스	• 세리 DB교재 및 Digital Data Management 책
8주차	테크놀로지(1)	• 최신 IT기술 토픽 학습(1)	• 세리 IT테크놀로지(1)
9주차	종합시험	• 첫 주차에 배포된 50개 답안 1교시 400분 시험(종합 FULL TEST 실시) 및 네트워크(2) 강의	• 세리 네트워크 교재(2)
10주차	테크놀로지(2)	• 최신 TI기술 토픽 학습(2)	• 세리 IT테크놀로지(2)

*기타: 세리 컴퓨터 구조, 세리 보안 교재 별도 배포(매월 공개 세미나 형식으로 강의 실시)

5. 인맥 네트워크 형상

－기술사 합격 이후 세리 기술사 멤버로서 대외활동 및 기존 세리 기술사회 및 최근 기술사들과 인맥 네트워크 형성

6. 스터디 장소 제공

－쌍용 교육센터 및 비트 컴퓨터, 세리 안국 세미나 장소 등에서 스터디 장소 제공

세리 정보처리기술사 정규과정 이점

1. 최단기간의 합격 지름길 제공

- 6개월 만에 합격한 84/86/87회 기술사 및 많은 경험을 보유하고 있는 선배 기술사
  의 지원으로 최단기간 합격의 노하우 제공

2. 고품질의 정보제공 서비스

- 기술사 정리노트, 기술사 답안 및 각 과목별 핵심교재와 모의고사 풀이, 기출풀이,
과목별 동영상 서비스, 일일 답안 컨설팅 등의 세리 기술사회의 기술사들이 최고의 서비
스 제공

3. 몸으로 하는 공부

- 전략과 전술이 아니라 실천하는 공부 프로세스 제시, 매월 정규 모의고사 실시

4. 국내 최소 비용 및 합격할 때까지 서비스 지속

- 거품을 제거하기 위해서 세리 기술사들이 불필요한 운영비용을 모두 제거
- 국내 최저비용으로 타 교육기관에 비해 1/5 수순
- 또한 장기간의 공부 기간이 필요하므로 수료 후에도 지속적인 서비스 실시
- 많은 교육비를 지불한다고 최고의 서비스를 받는 것은 아니다. 세리 기술사는 직장인
  을 위한 국내 최저의 비용으로 국내 최고의 서비스를 제공한다.
  기타 자세한 것은 www.serigisulsa.com 참조

(http://www.serigisulsa.com/?menu=seminar)

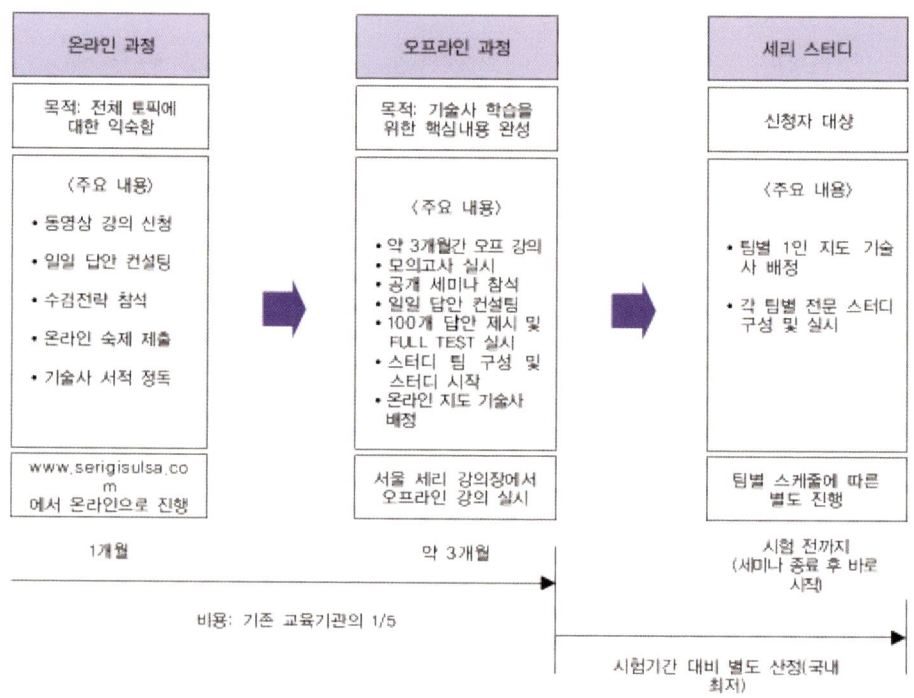

참석방법: /limhojin123@paran.com, 010-9043-5223으로 연락 바람(수시참석 가능).

▣ 별첨. 세리 기술사회에서 운영하는 사이트 ▣

■ 정보처리기술사 사이트

　－http://www.serigisulsa.com

■ www.serigisulsa.com에서 정기적으로 정보관리기술사 및 조직응용기술사 정규과
　정 실시 및 공개 강의, 정규 모의고사, 스터디를 실시

■ 정보시스템감리사 사이트

　－http://www.serigamrisa.com

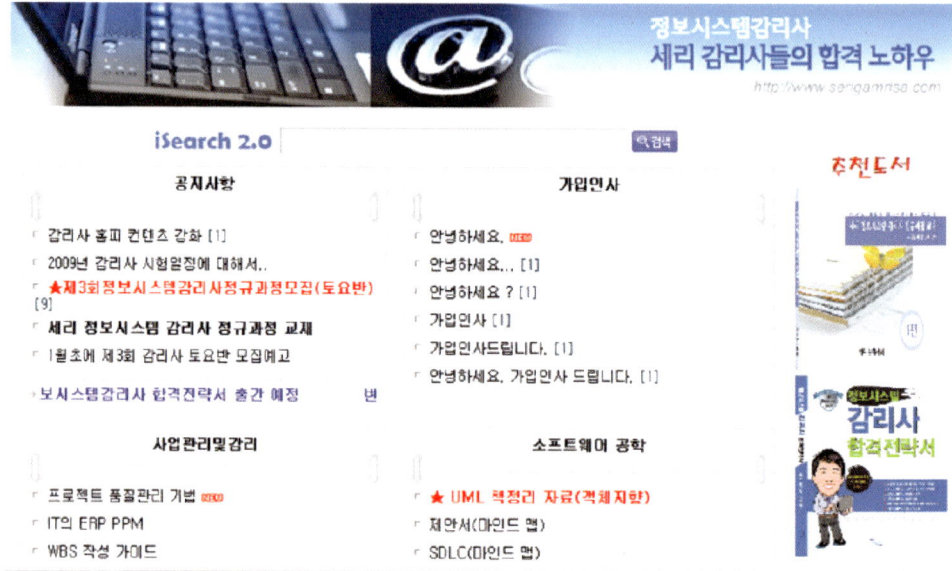

■ 세리 기술사 커뮤니티

　－http://www.seri.org/forum/gisulsa/

세리기술사회

http://www.seri.org/forum.cgi/ssd/

IT기술사(정보관리기술사/조직응용기술사/정보처리기술사),정보시스템감리사,PMP,I

홈 | 포럼소개 | 회원안내 | 도서야놀이터

■ 정보처리기술사를 준비하는 누구에게나 정보를 Open하며 현재 5,100여 명이 가입되어 있는 온라인 사이트이다. 세리기술사회의 모태가 되었으며 세리기술사를 주축으로 정보처리기술사를 준비하는 데 필요한 자료들이 아무런 제약사항 없이 공개된다. 현재도 꾸준한 가입자가 증가 추세에 있으며 학습을 준비하려는 분에서부터 학습준비가 어느 정도 된 예비 기술사분들에 이르기까지 꾸준한 참여가 이루어지고 있는 사이트이다. 학습할 때 꾸준한 모니터링을 하기 바란다. 해당 사이트를 통해서 많은 정보처리기술사 분들이 합격을 위한 도움을 받았다.

세리 기술사회 저서

정보처리기술사 합격전략서

최근 합격 패러다임의 전달
-세리기술사 합격전략 오프라인 강의 CD 제공
-시작부터 채점 및 자격증 수령까지 전 과정의 정보 제공
-합격 노하우 및 기술사 합격후기
-최근 기술사들이 말하는 토픽 및 학습전략
-실전 세리 모의고사 풀이

정보처리기술사 보안(security) 3.0

세리기술사 비공개 노하우 및 모의고사 동영상 CD 제공
-초보자를 위한 상세한 설명과 최근 정보보호에 대한 모든 이슈 수록
-정보처리기술사 교재를 위한 답안형태 구조 및 설명형구조 제시
-각 주제별 키워드 제시 및 기출문제 제시
-정보처리기술사 합격자 답안분석을 통한 최고답안 제시
-실전 정보보안 모의고사 문제 제공

정보처리기술사 데이터베이스 3.0

세리기술사 비공개 노하우 및 모의고사 동영상 CD 제공
- 초보자를 위한 상세한 설명과 최근 정보보호에 대한 모든 이슈 수록
- 정보처리기술사 교재를 위한 답안형태 구조 및 설명형구조 제시
- 각 주제별 키워드 제시 및 기출문제 제시
- 정보처리기술사 합격자 답안분석을 통한 최고답안 제시
- 실전 정보보안 모의고사 문제 제공

정보처리기술사 기출문제 해설집 1편

- 초보자를 상세한 해설
- 기출문제 분석방법 및 준비방법 제시
- 정보처리기술사 문제풀이를 통한 예상문제 제시
- 기술사들이 제시한 기출문제를 통한 합격전략 분석
- 고득점 기술사들의 합격방법 및 합격후기

정보처리기술사 기출문제 해설집 2편

-초보자를 상세한 해설
-기출문제 분석방법 및 준비방법 제시
-정보처리기술사 문제풀이를 통한 예상문제 제시
-기술사들이 제시한 기출문제를 통한 합격전략 분석
-고득점 기술사들의 합격방법 및 합격후기

정보처리기술사 핵심 문제 해설집 1편

-초보자를 위한 핵심 주제 상세 설명 및 답안 제시
-정보처리기술사 수검전략 및 오프라인 동영상 제공
-최근(86회) 기술사가 말하는 합격후기
-4개월 만에 1% 합격률 시험에 합격하는 방법 및 조언
-정보처리기술사 핵심문제 및 답안, 상세한 설명 제시
-정보처리기술사 실제 답안 제시 및 본인 답안과 비교 분석

정보처리기술사 핵심 문제 해설집 2편

−초보자를 위한 핵심 주제 상세 설명 및 답안 제시
−정보처리기술사 수검전략 및 오프라인 동영상 제공
−최근(86회) 기술사가 말하는 합격후기
−4개월 만에 1% 합격률 시험에 합격하는 방법 및 조언
−정보처리기술사 핵심문제 및 답안, 상세한 설명 제시
−정보처리기술사 실제 답안 제시 및 본인 답안과 비교
분석

정보처리기술사 핵심 문제 해설집 3편

세리기술사 비공개 노하우 및 모의고사 동영상 CD 제공
−초보자를 위한 핵심 주제 상세 설명 및 답안 제시
−4개월 만에 1% 합격률 시험에 합격하는 방법 및 조언
−정보처리기술사 핵심문제 및 답안, 상세한 설명 제시
−정보처리기술사 실제 답안 제시 및 본인 답안과 비교 분석
−정보처리기술사 서브노트 제공

정보시스템감리사 합격전략서

[주요 구성]
−초보자를 위한 정보시스템감리사 합격방법 제시
−최근 출제동향 및 출제패턴 분석
−최단기간 합격을 위한 합격방법론
−정보시스템감리사 기출문제 풀이
−정보시스템감리사 예상문제 풀이
−www.serigamrisa.com 참조

보안(security) 3.0

초 판 인 쇄 │ 2011년 3월 14일
초 판 발 행 │ 2011년 3월 14일

지 은 이 │ 임호진, 백신혜
펴 낸 이 │ 채종준
펴 낸 곳 │ 한국학술정보(주)
주   소 │ 경기도 파주시 교하읍 문발리 파주출판문화정보산업단지 513-5
전   화 │ 031)908-3181(대표)
팩   스 │ 031)908-3189
홈 페 이 지 │ http://ebook.kstudy.com
E-mail │ 출판사업부 publish@kstudy.com
등   록 │ 제일산-115호(2000.6.19)

ISBN   978-89-268-1898-5 13560 (Paper Book)
          978-89-268-1899-2 18560 (e-Book)

이담 Books 는 한국학술정보(주)의 지식실용서 브랜드입니다.